国家林业和草原局普通高等教育"十三五"规划教材

# 林木群体遗传学

## Forest Population Genetics

胡新生　　陈晓阳　　Francis C. Yeh　　编著

中国林业出版社

**图书在版编目(CIP)数据**

林木群体遗传学 / 胡新生，陈晓阳，Francis C. Yeh 编著 . —北京：中国林业出版社，2021.12

国家林业和草原局普通高等教育"十三五"规划教材

ISBN 978-7-5219-1461-0

Ⅰ. ①林…　Ⅱ. ①胡… ②陈… ③F…　Ⅲ. ①林木–群体遗传学–高等学校–教材　Ⅳ. ①S718.46

中国版本图书馆 CIP 数据核字(2021)第 263772 号

**中国林业出版社教育分社**

策划、责任编辑：肖基浒

电话：(010)83143555　　　　　　　　　　　传真：(010)83143516

出版发行　中国林业出版社(100009　北京市西城区刘海胡同 7 号)
　　　　　E-mail：jiaocaipublic@163.com　　电话：(010)83143120
　　　　　网址：http：//www.forestry.gov.cn/lycb.html
经　　销　新华书店
印　　刷　北京中科印刷有限公司
版　　次　2021 年 12 月第 1 版
印　　次　2021 年 12 月第 1 次印刷
开　　本　787mm×1092mm　1/16
印　　张　14.75
字　　数　368 千字
定　　价　45.00 元

# 前　言

森林覆盖了地球31%以上的陆地表面,为约80%的陆地生物提供家园。森林提供木材、燃料、食品以及生物制品原料等,还提供生态系统服务,如碳储存和封存、养分循环、土壤保存、水和空气净化以及生物多样性支持。此外,森林拓展了生态旅游和休闲活动的社会功能和文化意义。林木群体遗传学知识对于为保护和管理世界上最宝贵的可再生资源提供可靠的科学基础,因而至关重要。

群体遗传学是一门内容丰富的交叉学科,涵盖遗传学、进化学、系统学、育种学、生态学、保护学、分子生物学、数学和统计学。它检验一个群体中基因型频率、基因库中等位基因频率以及随时间改变这些频率的因素之间的关系,同样也应用基因树理论研究群体的进化过程。这本林木群体遗传学教材是为对遗传资源的保护和管理(特别是森林遗传资源)感兴趣的高年级本科生和研究生而设计的,也可作为森林资源保护、生物技术等相关专业的教学参考书。要理解本教材中的内容需要具备初步的遗传学或高等数学基础。

本教材分为7章。第1章介绍理解群体遗传学所需的概念和方法背景。第2章着重于理解哈迪—温伯格定律,使我们能够比较一个种群随时间变化的实际遗传结构与在哈迪—温伯格平衡(即,不进化)时预期的遗传结构。第3~5章分别阐述了随机遗传漂变、基因流和自然选择对群体遗传结构影响的重要性和进化效应。第6章是关于数量遗传学和进化,提供了将自然选择、遗传变异和适应性进化的速度和方向定量联系起来的经典理论框架,主要侧重于具有连续变异的性状。第7章是群体遗传学在树木改良与遗传保护中的应用。在第2章到第6章,我们还介绍了用于群体遗传学分析的相关软件包,在每一章的最后都有复习思考题供学生进一步掌握关键知识。

本教材的部分内容曾作为华南农业大学林学与风景园林学院本科生林木遗传育种学和研究生遗传数据分析课进行了讲授。在整个编著过程中,感谢加拿大肖飞女士为相关文献下载提供的热情帮助和无限支持,感谢林木遗传育种教研室骈瑞琪和周玮老师给予的帮助,感谢博士研究生王茜及硕士研究生程祥、李玲玲、肖钰、何梓晗等细致的文字校正工作,感谢中央财政林业改革发展基金(2018-GDTK-08)和华南农业大学人才引进项目(4400-K16013)的资助。

由于时间仓促,书中难免存在疏漏之处,欢迎广大师生在教学实践和使用过程中提出宝贵意见,以便今后修正。

编著者

2020 年 12 月 30 日

于广州

# Foreword

Forests cover over 31 percent of the world's land surface and are home to an estimated 80 percent of the world's terrestrial biodiversity. They provide goods such as timber, fuel, food, and bioproducts. They also provide ecosystem services such as carbon storage and sequestration, nutrient cycling, soil preservation, water and air purification, and biodiversity support. In addition, forests offer social and cultural opportunities in ecotourism and recreation. Knowledge of the population genetics of forests is critical in providing a sound scientific basis to the conservation and management of the world's most valuable renewable resources.

Population genetics is a very diverse discipline, covering genetics, evolution, systematics, breeding, ecology, conservation, molecular biology, mathematics and statistics. It examines the relationship among genotype frequencies in a population, allele frequencies in its gene pool, and factors that can change these frequencies over time. It also examines the evolutionary processes from the prospective of the coalescent gene tree. This textbook of forest population genetics is designed for senior undergraduates and graduate students who have interests in the conservation and management of genetic resources in general and forest genetic resources in particular. Preliminary knowledge in genetics or mathematics is required for an understanding of the materials presented in this textbook.

This forest population genetics textbook is organized into seven chapters. Chapter 1 deals with the conceptual and methodological backgrounds necessary for understanding population genetics. Chapter 2 focuses on understanding the Hardy－Weinberg Law that enables us to compare the population's actual genetic structure over time with the genetic structure we would expect if the population were in Hardy－Weinberg equilibrium (i. e. , not evolving). Chapters 3, 4 and 5 show the importance and evolutionary effects of random genetic drift, gene flow and natural selection, respectively, on the population genetic structure. Chapter 6 on quantitative genetics and evolution provides the formal theoretical frameworks for quantitatively linking natural selection, genetic variation and the rate and direction of adaptive evolution, with a focus primarily on traits that take a continuous range of values. Chapter 7 is concerned with applications of population genetic theories to tree improvement and genetic conservation. From Chapters 2 to 6, we also introduce the related software packages for population genetic analysis. At the end of each chapter, there is a list of review questions for references.

Parts of this textbook were taught in the course of forest genetics and breeding for undergraduates and genetic data analysis for postgraduates in the College of Forestry and Landscape Architecture, South China Agricultural University (SCAU). During the entire process of editing and writing this book, we appreciate Mrs. Fei Xiao for her warm help and unlimited support in providing relevant literature in Canada. We appreciate kind help from Drs Ruiqi Pian and Wei Zhou from the same teaching and research department of forest genetics and breeding at SCAU, a Ph. D. student Xi Wang, Master students Xiang Cheng, Lingling Li, Yu Xiao and Zihan He for their efforts in text corrections. We acknowledge the forestry reform and development fund of the central finance (2018-GDTK -08) and South China Agricultural University for talent introduction project (4400-K16013).

It is inevitable that there might be some mistakes in the textbook. We sincerely appreciate of receiving opinions and suggestions from teachers and students when using the book for teaching and study so that we can revise them in the future.

Xinsheng Hu   Xiaoyang Chen   Francis C Yeh

Decmber 30, 2020

Guangzhou, China

# 目　录

# Contents

# 第1章　群体遗传学概述

## 1.1　历史背景

    群体遗传学是研究各种进化动力作用下的群体遗传结构的学科，基本进化动力包括突变、遗传漂变、迁移及自然选择。群体遗传学家建立了基因频率动态的数学模型，并从这些模型中得出了关于群体遗传变异的结论，并用经验数据测验这些结论。

    群体遗传学与进化论和自然选择的研究密切相关，通常被认为是现代达尔文主义的理论基础，这是因为自然选择是影响群体遗传构成的最重要因素之一。当群体中的某些个体由于更好地适应环境而繁殖超过其他个体时候，自然选择便发生了。假设适应性差异至少部分是由于遗传差异的原因，这将导致群体的基因组成随着时间的推移而变化。因此，群体遗传学家希望通过研究遗传组成变化模型来阐明进化过程，并允许对不同进化假说的结果进行检验。

    群体遗传学研究领域的出现可以追溯到综合进化论(evolutionary synthesis)时期，由于费希尔(Fisher)、霍尔丹(Haldane)及莱特(Wright)的工作，在20世纪20~40年代，他们将孟德尔遗传学原理与达尔文自然选择相结合，用数学方法计算出选择对孟德尔遗传下的群体遗传组成变化的理论结果。这些在"新达尔文综合论"的形成中起到了至关重要的作用，并强化了群体遗传学是进化论核心的观点。

    第一个重大成就是Fisher在1918年发表的论文《关于孟德尔遗传假设的亲属之间的相关性》，认为当一个连续变化的性状受到大量孟德尔因素的控制时，每个因素对该性状的影响都很小，那么该性状在一个群体中将呈现近似正态分布。鉴于人们普遍承认达尔文的选择适应过程成功解释了连续变化的性状观点，表明这些性状的分布与孟德尔主义是一致的，这是朝着达尔文和孟德尔调和的重要一步。

    Fisher(1918，1930)、Haldane(1924，1927，1930，1931，1931b，1932)和Wright(1931，1937，1940，1942，1943，1978)的数学理论实现了完全的协调统一。他们各自建立了数学模型，以探索自然选择和其他进化力量(如突变、遗传漂变和迁移)如何随着时间的推移改变孟德尔群体的基因组成。这些理论在我们对进化论的理解上取得了重大进展，因为它们使得各种进化论的结果能够被定量分析，而不仅仅是定性描述。关于自然选择能实现什么或不能实现什么，或者自然选择可能导致的基因变异模式的口头争论，被明确的数学解释所取代。建立数学模型来阐明进化过程的策略仍然是当代群体遗传学的主导研究方法。

    Fisher、Haldane及Wright之间存在着重要的学术差异，其中一个不同之处在于他们对自然选择的不同看法。Fisher 和 Haldane 都坚信，到目前为止，自然选择是影响群体遗传组成的最重要因素。Wright 没有淡化自然选择的作用，但他也认为，偶然因素在进化中起着至关重要的作用，一个物种群体之间的迁移也是如此。此外，Wright 强调上位性（epistasis），即单个基因位点上等位基因之间和不同位点的基因之间的非相加相互作用，其程度比 Fisher 和 Haldane 认为的要大得多。

在进化与遗传走向综合时，对基因的物理基础、基因怎样调控生物的功能和发育还没有深刻认识，直到 20 世纪中期，遗传的物理基础、基因调控作用及酶功能等有了全新的理解，分子生物学的产生使得对生物体结构与功能有了更机械的解释，1972—1980 年，DNA 测序以及遗传操作技术发展，奠定了经典分子生物学的基础，进化生物学与分子生物学似乎走向另一个综合，进一步丰富现代分子群体遗传学的发展。一方面为群体遗传学研究提供了大量的筛选分子标记技术，例如，同工酶技术应用获得蛋白质水平上遗传标记，基于聚合酶链反应（polymerase chain reaction，PCR）技术建立的 DNA 标记筛选，至今 DNA 第三代测序技术应用，这些分子生物技术的发展和应用使得群体遗传学的实际研究取得了长足进步；另一方面，与分子生物学发展几乎并行，分子群体遗传学理论也有了进一步研究和发展，人们逐步认识到大多数分子变异不影响生物的适合度（fitness），即"中性理论"（Kimura，1983），多数分子变异可以用突变—随机遗传漂变加以解释，认为中性 DNA 碱基突变率存在常数，即分子钟（molecular clock）假设等，以应用 DNA 序列数据为对象的群体遗传学理论得到了快速发展。例如，用基因树（gene genealogy）或基因溯祖理论（coalescent theory）（Kingman，1982a，1982b）来解释群体的不同进化过程。至今群体遗传学实际研究采用广泛分子标记，既有以单一标记为单位的基因型或基因频率分析，又有以 DNA 序列为数据的群体序列分析，或两者混合应用，两种途径是相互关联的，DNA 序列变异为分子标记存在的遗传基础。

基因是从父母传给后代的遗传单位，基因位点是特定基因在染色体上所处的位置。染色体为一段很长的 DNA（脱氧核糖核酸），通常独立于其他染色体分离的。基因是 DNA 的一个区域，而 DNA 区域又由一系列核苷酸组成。DNA 中有四种核苷酸或碱基：腺嘌呤（A）、胸腺嘧啶（T）、鸟嘌呤（G）和胞嘧啶（C）。A 和 G 是嘌呤，C 和 T 是嘧啶。DNA 是一种双链分子。当 A 在一条链上时，它就与另一条链上的 T 配对，而当 G 在一条链上时，它就与另一条链上的 C 配对。

基因可能在不同的染色体上，也可能因为在同一条染色体上而显示出物理上的连锁。两个基因之间的重组率是它们的物理距离或遗传图谱距离的函数。如果基因位于不同的染色体上或同一染色体上相距很远，它们将在遗传传递中表现出独立性，即所谓的独立分离，并且在后代中将有相同数量的亲本配子和非亲本配子。相反，当基因紧密相连时，它们之间的重组数量就会很少，因此几乎所有的后代都会包含亲代配子排列，这些配子排列将被世代保留。因此，独立的基因分离对于产生新的基因组合，增加群体内的遗传变异是很重要的。

遗传学家经常交替使用基因和基因位点这两个术语。基因的不同形式可以是无穷无尽的。当一个基因位点上只有一个等位基因时，这个基因位点被称为单态。当一个基因位点上有两个或两个以上的等位基因时，这个基因位点被称为多态。基因大多是编码单位，可以产生 RNA 或多肽，然后变成蛋白质和酶。基因组是生物体中所有基因的单一拷贝。

在高等生物体中，每个个体都有两个特定基因的拷贝，一个来自母系，另一个来自父系，这种个体被称为二倍体，将拥有两套完整的基因组。因此，一个群体中的基因拷贝数是个体数的两倍。给定一个基因位点，一个二倍体个体可能有两种共同的遗传构成或基因型。当位点上的两个等位基因完全相同时，这个个体被称为纯合子。当位点上的两个等位基因不同时，这个个体被称为杂合子。

群体遗传学家通常使用下标来标记给定基因或位点上的不同等位基因。例如，$A$ 位点的等位基因将被指定为 $A_1$，$A_2$，$\cdots$，$A_i$。类似的，另一个位点 $B$ 的等位基因将被指定为 $B_1$，$B_2$，$\cdots$，$B_j$。因此，二倍体个体中 $A$ 基因的基因型可能是纯合子，比如 $A_1A_1$，也可能是杂合子，比如 $A_2A_4$。同样，同一二倍体个体中 $B$ 基因的基因型可能是纯合子，比如 $B_2B_2$，也可能是杂合子，比如 $B_2B_4$。对于给定染色体上的连锁基因，等位基因被称为单倍型(haplotype)的数组，例如，$A_1B_2C_5D_3\cdots$ 每个二倍体个体在一个特定的遗传区域都有两种单倍型。有时，术语单倍型指的是既包括基因又包括其邻近区域的 DNA 序列。

哈迪—温伯格(Hardy–Weinberg)定律为群体遗传学研究提供了基础(Hardy，1908；Weinberg，1908)，这是对自然群体进行遗传分析的唯一且最重要的定律。为了说明哈迪—温伯格定律，假设亲本群体中双等位基因位点 $AA$、$Aa$ 和 $aa$ 的基因型频率分别为 $P$、$Q$ 和 $R$，其中 $P+Q+R=1$。等位基因 $A$ 和 $a$ 的频率分别为 $p$ 和 $q$，可在下一代中估计，见表 1-1。

表 1-1　哈迪—温伯格定律推论

| 亲本 | | 子代 | | |
| --- | --- | --- | --- | --- |
| 基因型组合 | 频率 | $AA$ | $Aa$ | $aa$ |
| $AA \times AA$ | $P^2$ | 1 | 0 | 0 |
| $AA \times Aa$ | $2PQ$ | 1/2 | 1/2 | 0 |
| $AA \times aa$ | $2PR$ | 0 | 1 | 0 |
| $Aa \times Aa$ | $Q^2$ | 1/4 | 1/2 | 1/4 |
| $Aa \times aa$ | $2QR$ | 0 | 1/2 | 1/2 |
| $aa \times aa$ | $R^2$ | 0 | 0 | 1 |
| 总和(下一代) | | $(P+Q/2)^2 = p^2$ | $(P+Q/2)(Q+R/2) = 2pq$ | $(R+Q/2)^2 = q^2$ |

等位基因和基因型频率的稳定性表明，在没有随机漂变、突变、迁移和自然选择的情况下，孟德尔遗传的本身就能在大随机交配的二倍体群体中保持遗传多样性。值得注意的是，只有在雌性和雄性等位基因频率相同的情况下，才能在一代随机交配中达到哈迪—温伯格平衡(Hardy–Weinberg equilibrium，HWE)时基因型比例。这一前提条件只适用于世代不重叠的群体。在生活史较复杂的群体中，HWE 是在几个世代的时间内逐渐获得的。

与以基因频率分析途径不同，以 DNA 序列为基础分析群体经历的各种进化过程是从基因溯祖开始的，假设从群体中随机抽取若干各样本，对某基因或同源序列测序，获得序列样本，进行基因树分析。如图 1-1 所示，从群体中随机抽取 5 个样本，所能观测到的数据就是 5 样本 DNA 之间碱基序列差异，根据 DNA 片段测序并进行构建极大似然基因树，内节点表示该序列为其所含有的下面序列的祖先，漂变过程导致不同基因起源在不同的时间的祖先，通过基因树可以研究许多有关群体进化问题。例如，估计所有分枝长度（$t_1$，$t_2$，…，$t_8$），计算不同分枝上突变差异；测验分子钟假设；测验不同分枝上的选择性质（正、负选择或中性）；测验是否存在部分基因序列基因交换和推测祖先同源片段序列等问题。

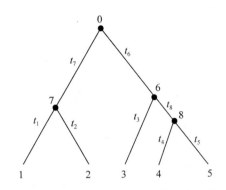

**图 1-1　从基因树角度分析群体遗传结构**

注：从群体随机抽取的 5 个样本标记测序基因树，黑原点（内节点）表示祖先 DNA 序列

采用基因频率和 DNA 序列分析分别从不同的角度上分析群体的进化和生态学过程，提供相互补充的信息，从而深入理解群体历史和现在发生事件，这些我们将在后面的章节中进行介绍。

## 1.2　遗传变异检测

遗传标记已被广泛应用，并为人们了解许多森林物种的群体遗传结构做出了重要贡献。遗传标记必须易于识别，与特定的基因位点相关联，而且最好是高度多态的，因为纯合子不提供任何信息。遗传标记可分为两类：①生化标记，检测基因产物水平的变异，如蛋白质和氨基酸的变化；②分子遗传标记，检测 DNA 水平的变异，如核苷酸的缺失、复制、倒位和插入。遗传标记可以表现出两种遗传方式，即显性/隐性或共显性。如果纯合子的遗传模式可以与杂合子的遗传模式区分开来，那么遗传标记就被称为共显性的。一般来说，共显性遗传标记比显性遗传标记可提供更多的信息。

萜烯（Von Rudloff *et al.* ，1988）、同工酶（（Yeh and Layton，1979；Yeh and O'Malley，1980；Yeh，1988；Xie *et al.* ，1992；Yeh *et al.* ，1994）是 20 世纪 70~90 年代广泛应用于森林群体遗传学研究的两个生化标记。随着 20 世纪 80 年代分子生物学的发展，DNA 分子遗传标记产生，一些常用的基于 DNA 的分子遗传标记类型包括：限制性片段长度多态性 RFLP（restriction fragment length polymorphisms）（Glaubitz *et al.* ，2000）、扩增片段长度多态性 AFLP（amplified fragment length polymorphisms）（Ahn *et al.* ，2019）、随机扩增多态性 DNA RAPD（random amplified polymorphic DNA）（Yeh *et al.* ，1995）、可变数目串联重复序列 VNTR（variable number of tandem repeat）（Zhao *et al.* ，2014）、简单序列重复 SSR（simple sequence repeat)、微卫星多态性(microsatellite polymorphism)(Chen *et al.*，2020)、单核苷酸多态性或 SNPs(single nucleotide polymorphisms)(Zhang and Zhang，2005)、短串联重复序列 STR(short tandem repeat)(Rogstad，1996)和拷贝数变异体 CNV(copy number variation)(Prunier *et al.*，2019)。

　　基于 DNA 的分子标记是真正的遗传标记，用于研究森林群体的遗传结构，它与生化标记相比具有三个明显的优势：第一，也是最重要的优势，可以检测到无限数量的基于 DNA 的分子标记。相比之下，生化标记的数量仅限于少量的单萜和同工酶，通常不到 20 个标记。第二，基于 DNA 的分子标记不会因树木的组织类型或发育阶段而异，因为检测是基于 DNA 本身，而不是基于单萜和同工酶等基因的产物。几乎可以从植物的任何部位(芽、叶、胚、大配子体、根、茎、树皮和木材)中提取 DNA，因此可以从树木的许多组织类型和最多的发育阶段进行基于 DNA 的分子标记检测。第三，它们不受环境的影响。Harry 等(1988)在乙醇脱氢酶(ADH)染色的凝胶上发现了两个同工酶位点，其中一个位点是厌氧诱导的，在未诱导的组织中检测不到，但是使用 DNA 技术，无论组织是否缺氧，这两个 ADH 基因位点都可以被检测到。

　　在以 DNA 为基础的分子遗传标记中，存在着相对重要的优势和劣势。例如，与 RFLP 相比，RAPD 标记通常更简单、更快速。RAPD 分析也不需要使用 RFLP 所使用的放射性同位素，然而，RAPD 是显性标记，与共显性 RFLP 标记相比，RAPD 的信息量较少。此外，RAPD 基因位点为双等位基因，所有能在一个位点检测到的就是 PCR 产物的存在或不存在，而 RFLP 可以在一个基因位点上检测到多个等位基因。应该指出的是，没有一种基于 DNA 的分子遗传标记在各方面都优于所有其他基于 DNA 的分子遗传标记，它们各有自己的长处和局限。最终，选择哪种基于 DNA 的分子遗传标记用于森林群体遗传调查将取决于以下特点：易用性、所需 DNA 的质量和数量、自动化程度、重复性、每次分析检测到的可变位点数、每次分析的成本和研究设施的功能、类型及其可用性。

　　高通量基因组技术提供了强大的分子遗传标记，极大地改变了森林群体遗传研究的格局。然而，大规模的基因组数据给统计和生物信息学数据分析带来了相当大的挑战，因为位于染色体上彼此接近的 DNA 片段往往是一起遗传的。因此，这些大规模基因组数据可能会显示出高度相关。以有 12 条染色体的针叶树为例，当基于 DNA 的数据由许多分子遗传标记组成时，比方说数百个，它们将通过位于同一染色体而揭示彼此之间的物理联系。如果它们位于不同的染色体上或位于相距很远的同一条染色体上，它们将表现出独立的分类，在后代中将有相同数量的亲本配子和非亲本配子。当它们紧密相连时，它们之间会有少量的重组，因此几乎所有的后代都会包含亲代配子排列，这些配子排列将被世代保留，这违反了群体遗传学和标准统计模型所要求的独立假设。此外，许多遗传系统由基因—基因相互作用或基因网络组成，在高维数据(high-dimensional data)的统计模型中预先指定交互作用的影响，特别是高阶交互作用是不现实的。这些高维、相关和交互的基因组数据的复杂性将需要灵活而强大的统计学习工具来进行有效的统计分析。

　　统计和遗传分析的计算工具将在这本森林群体遗传学教科书的第 2 章至第 6 章中提供相关分析软件信息。

## 1.3 群体遗传进化的基本动力

群体的遗传组成取决于不同位点的等位基因频率及其遗传效应。在群体遗传变异中，影响基因频率的基本进化动力有突变、遗传漂变、迁移和自然选择。交配系统（mating system）重新分配基因型频率，与四种基本动力互作改变基因频率。类似的，重组产生新基因型与基本动力互作，改变基因频率。

（1）突变

突变产生新的遗传变异，突变可以定义为基因组中 DNA 碱基序列的任何变化。突变可能涉及一个碱基被另一个碱基替换，单个碱基的缺失或插入，DNA 片段的缺失或复制，或 DNA 片段的倒置。

每个位点的突变率因基因和生物体的不同而不同。一般来说，多细胞生物体的突变率（$1\times10^{-6} \sim 1\times10^{-4}$）高于细菌和微生物（$1\times10^{-10} \sim 1\times10^{-8}$）。尽管突变率很低，新的突变在一个物种中持续出现，因为一个物种中有许多个体，每个个体中都有许多基因。例如，一个有 100 万个体（$10^6$）的多细胞物种，假设每个基因位点的平均突变率为每 10 万个配子中有一个（$1\times10^{-5}$），那么在给定的世代中，每个基因位点的平均新突变数量将为 $2\times10^6\times10^{-5}=20$。因此，突变是遗传变异的来源，每一代都以新等位基因的形式为物种提供大量新的遗传变异。

Fisher（1930）指出，一个没有选择优势的新突变体在第 1 代的存活率为 0.6321，在第 10 代时存活率降至 0.1582，在第 40 代，选择性中性突变的存活率只有 4.7%。因此，单个突变不太可能在群体中存活并对群体遗传多样性做出贡献，除非它具有明显的选择优势。

当存在突变偏向，即不同突变发生的概率不同时，突变可能会影响进化的方向。例如，与选择方向相反的回复突变可能导致突变—选择平衡。在分子水平上，如果从 C 到 T 的突变比从 T 到 C 的突变更频繁，那么带有 C 的基因型频率将倾向于升高。如果选择偏向于两个突变中的任何一个，但同时拥有两个突变没有额外的优势，那么发生最频繁的突变就是最有可能在群体中固定的突变。有的突变可能没有效果，改变基因的产物，或者阻止基因发挥作用，如中性突变。不同类群中不同的插入和缺失突变偏向会导致不同基因组大小的进化。

（2）遗传漂变

自然群体通常数量有限且数量较少，而遗传漂变是指这些群体中等位基因频率的随机波动。在随机交配群体中，这种波动至少以两种方式影响等位基因频率：一是可能导致严重的初始漂变，如奠基者效应（founder effect），这可能会产生重要的进化后果；二是当一些偶然事件或因素将一个群体被分割成多个亚群体时，就会发生这种情况，随后，每个亚群体分别进化，基因频率将取决于起始时亚群体的样本。

在随机交配群体中，尤其是在小群体中，更重要的是从配子中随机抽取的等位基因频率从一代到下一代的随机波动的影响。一些特殊情况，如极少数个体的繁殖成功，可能会减少庞大群体的有效数量，以至于遗传漂变也很重要。由于植物的早期物候期而对花粉库贡献最大的少数亲本，或者在动物的交配选择中占主导地位的少数雄性就是例子。

在遗传保护中，通常我们希望知道一个有限群体的遗传多样性会以多快的速度消失。答案可以从杂合度的衰减来检验。在一个部分或完全与世隔绝的群体中，在许多世代中存活的少量个体将导致遗传多样性的衰减。如果群体数量 $N$ 很小，杂合度的降低速度可能会很快。在性别比为 1：1、无突变和无选择的条件下，随机交配下的期望杂合度每世代下降 $1-1/(2N)$。当 $N=32$ 时，经过 10 代和 100 代的遗传漂变，一个基因的杂合子基因型分别有 14% 和 80% 丢失。当 $N$ 为 32 的一半时，在第 10 代和 100 代后，分别有 27% 和 96% 的杂合基因型丢失。如果 $N=4$，10 代后群体中只剩下 26% 的杂合基因型，到了第 40 代，所有的杂合基因型都消失了。

遗传漂变的影响主要取决于有效群体数 $N_e$ 而不是调查群体数 $N$。在有性繁殖群体中，繁殖的雌性和雄性的数量通常是不相等的，所以 $N_e$ 只是其中的一小部分。为了说明这一点，让 $N=N_f+N_m$ 在一个 $N_f$ 母本和 $N_m$ 父本的群体中。Li(1955)证明了有效群体数为：

$$N_e = \frac{4N_f N_m}{N_f + N_m} \tag{1.1}$$

对于特定的林木群体，如果由于花粉亲本数量较少，$N_m$ 只有 1/10 的 $N_f$，那么 $N_m=0.1N_f$，$N=1.1N_f$，$N_e=(0.40/1.1)N_f=0.33N$，表明有效群体数量仅为调查群体数量的 1/3。

经过许多世代，遗传漂变可能会导致变异的丧失，最终导致等位基因的固定。一个中性位点上的新等位基因在一个群体内固定的概率是 $1/(2N_e)$，其中 $N_e$ 是该群体中的有效群体数量。较小的且孤立群体有较小的 $N_e$，更易受遗传漂变的影响。遗传漂变作用于两个（或更多）相互隔离的群体时，可导致它们之间等位基因频率产生差异。在每个群体中独立出现的突变也会减小群体之间的差异，基因流（迁移/扩散）可以使群体间的等位基因频率同质化，并可能抵消遗传漂变的影响。因此，在这些过程之间达到遗传平衡的时间取决于有效群体大小、迁移和突变率综合作用，这种平衡可能需要几个世代才能实现。

（3）迁移或基因流

在许多物种中，群体是由相邻亚群体之间不时地发生迁移的亚群体网络组成，即集合群体。每个亚群体内的交配可以是随机的，亚群体之间的遗传分化水平取决于迁移的程度以及迁移库和接受亚群体中的相对等位基因频率。当迁移范围很广时，整个群体接近于一个随机交配单位。当迁移受到限制时，亚群体可能会有很大的不同。因此，即使群体连续分布在一个地区，当群体分布范围大于任何基因型（如个体）或配子（如花粉）可以迁移到另一个亚群体并与居住群体杂交的距离时，也就有可能存在局部遗传分化。

要有多少迁移才会使得亚群体变得彼此相似？Nei(1973)定义了一种比较亚群体内的遗传多样性与亚群体之间的遗传多样性的度量方法（$G_{st}$）。假设亚群体的数量较多且突变率非常小，则在迁移和突变之间达到平衡 $[G_{st}=1/(1+4N_e m)$，式中，$N_e$ 是一个亚群体的有效群体数量；$m$ 是单位世代繁殖的迁移个体的比例]。如果 $N_e m \gg 1$，$H_t = \hat{H}_s$ 亚群体间遗传分化较小（$H_t$ 是整个群体的杂合子频率，$\hat{H}_s$ 是亚群体杂合子频率均值）。如果 $N_e m \leqslant 1$，则 $H_t \gg \hat{H}_s$，并且子群体之间存在显著的遗传分化。

（4）自然选择

自然选择，包括性选择，是指某些性状使个体更有可能存活和繁殖的现象。群体遗传学通过将适合度定义为在特定环境中生存和繁殖概率来描述自然选择。适合度通常由符号 $w=1-s$ 给出，其中 $s$ 是选择系数。当一种基因型处于选择劣势时，它给下一代带来的后代比例低于其他基因型。这种生殖适合度的下降被称为适合度的下降。当 $s$ 为中等时，中等等位基因频率的变化率急剧增加，低等位基因频率和高等位基因频率的变化率迅速下降。这就是为什么即使是严重不利的等位基因在低频率下也会相对持久的原因。

自然选择本身并不创造新性状，突变是变异的来源。自然选择只改变了群体中已经存在的变异比例。自然选择和突变两个过程的相互作用导致了群体适应性进化。有益的突变可能很少见，而且只会带来很小的优势，但通过自然选择，这些突变在群体中的比例可能会在许多世代中增加。任何特定的有益突变的发生概率都是非常低的，但自然选择是非常有效的，可以使这些个别低概率突变带来的改进累积起来。

选择与迁移联合作用时会产生不同的结果，在一个位点两个等位基因情况下，Wright（1940）指出，当杂合子的适合度介于两个纯合子之间时，如果迁移率 $m$ 远小于 $s$，则亚群体的等位基因频率主要受选择方向的制约，迁移的缓解作用很弱，亚群体间会有很大程度的遗传分化；相反，当 $m$ 远大于 $s$ 时（如风媒植物），迁移的影响将超过选择的影响，在达到迁移—选择平衡时，亚群体等位基因频率与总平均等位基因频率相差不大，亚群体间的遗传分化有可能不显著。

自然选择作用于表型，群体遗传模型假设用相对简单的关系来预测表型，从而根据一个或少数位点上的等位基因来预测适合度。通过这种方式，自然选择将具有不同表型的个体适应性差异转化为群体中基因频率在连续几代中的变化。在群体遗传学出现之前，许多生物学家怀疑，适合度上的微小差异是否足以对进化产生重大影响，群体遗传学家通过比较选择与漂变效应，部分回答了这一问题。当 $s$ 大于 $1/(2N_e)$ 时，选择可以克服遗传漂变。当满足这一条件时，新有利突变体变得固定的概率大约等于 $2s$，这种等位基因的固定时间几乎不受遗传漂变的影响，与 $\log(N_s)/s$ 呈正比。

自然选择既可以降低某些等位基因的频率，也可以保持非中性位点的等位基因频率。选择作用于决定表型的基因变异，影响个体的适合度。只有在有害的影响或限制个体达到生殖成熟并将其基因遗传给下一代的情况下，个体的适应性才会降低。选择可以通过几种方式影响等位基因频率，例如，定向选择（directional selection）和歧化选择（disruptive selection）根据基因的相对适合度从群体中移除等位基因。当性状的适合度取决于个体在群体中具有该性状的频率的情况下，频率依赖选择（frequent-dependent selection）发生。与频率正相关的选择有利于高频等位基因，通常会导致该等位基因在几个世代中固定；相反，与频率负相关的选择倾向于低频率的等位基因，因此随着时间的推移，另类等位基因更受青睐，当选择增加一个等位基因的频率时，另一个等位基因频率就会降低，随着时间的推移，偏爱的等位基因之间的交替将导致等位基因相对频率的变化，但不会倾向于从群体中移除等位基因。平衡选择（balance selection）也会起到维持等位基因变异的作用，因为在每一代中，极端形式都会被选择出来，但在下一代中，由于等位基因独立性，它们会再次出现。

## 1.4　林木群体遗传学研究的基本问题

突变、遗传漂变、基因流或迁移和自然选择是决定林木群体内遗传多样性和群体间遗传分化的主要进化动力。遗传多样性的空间结构在很大程度上是考虑到物种的生物过程及其群体历史的情况下，这些动力的相对影响的函数。林木是长寿的，而且是固定不动的，它们不能轻易逃离环境去寻找更合适的栖息地，因此，在入侵动植物、本土昆虫和疾病、森林碎片化和气候变化等压力下，它们可能会受到多年生态系统变化的影响。

除了只能无性繁殖的物种外，大多数林木都有两种基因传播方式，即通过花粉和种子传播基因，它们在基因传播的距离上往往是不同的。基因传播可以发生在两个独立的生命周期阶段：一是受精前的花粉传播；二是受精和胚胎发育后的种子传播。当一个或多个种子由于迁移过来的花粉受精而产生并在一个群体内生长时，或种子从一个群体传播到另一个群体时，就会发生基因流。花粉的远距离传播和种子的局部传播是许多林木的特征。这可能导致地理上相距遥远的群体之间遗传变异大部分同质化，以及家系群体之间的细微规模分化。

与农作物、食草动物和寄生虫相比，林木生长在时空波动的环境中，具有世代周期长、遗传负荷高和环境异质性等特点，这些特征决定了林木群体遗传学研究有其自身的特点和需求，以下从几个方面简单讨论一下应用群体遗传学知识能解决的部分基本问题。

(1)量化林木群体遗传结构

树木作为森林生态系统中的主体，其遗传多样性对于稳定和实现森林生态系统三大功能(生态、经济及社会服务功能)具有重要意义。对于单一树种而言，森林树木生长习性和繁殖生态的特征有助形成不同的群体遗传结构，多数林木群体表现出种群内高水平的遗传多样性但群体间分化很小的特点，这一结论与林木大群体规模、生长时间长、交配系统及种子和花粉扩散特征相关。

因此，有必要了解在物种、群体、单株及基因等不同层次上遗传多样性水平，定量评价各种等级上的变异具有重要意义。群体遗传结构提供物种在群体水平上的背景信息，这是遗传管理需要的最基本的信息(Brown，1978)。遗传分化的分析可以扩展到任何层次的等级细分。例如，群体可以在地理区域内建立，个体可以在地理区域内的群体内生长。为了对物种的群体内遗传多样性和群体间基因分化做出公正的估计，应该制订多群体抽样方案及选择合适的分子标记进行分析，这正是群体遗传学要解决的问题。

量化群体内遗传多样性可以用不同指标，如多态性或多态率、多态位点的比例、等位基因变异的丰富度、每个位点的平均等位基因数、有效等位基因数、平均预期杂合度等指标。量化群体间遗传分化常用的参数为 $F_{st}$ 表示，这是 Wright(1951)首先提出的一种概括性统计方法，也是群体遗传学中的一个重要参数。对于不同的标记类型，有许多类似于 $F_{st}$ 的统计量，如 $G_{st}$(Nei，1977)、$R_{st}$(Slatkin，1995)、$\Phi_{st}$(Weir and Cockerham，1984)等，这些 $F_{st}$ 类似表达式共同点是它们的值取决于群体内的遗传变异量，因为高水平的遗传变异通常会导致比低水平的变异更低的 $F_{st}$ 估计值。

（2）提供林木群体遗传资源保护策略

遗传资源的可持续经营可以定义为通过一系列的计划、组织和措施使遗传资源满足人们生存需要的同时，使其遗传多样性维持原有的水平，或遗传多样性水平产生速率等于其衰减速率（胡新生等，2000）。这涉及遗传多样性的维持机制、遗传多样性分布特点，以及理解维持和保护遗传多样性的经营方式。

分子标记因受环境的影响小，具有相对的遗传稳定性，一般认为多数分子标记是选择性中性标记，此外，它还具有明显的遗传方式特征，如叶绿体 DNA 的分子标记在许多针叶树中为父系遗传，而在被子植物中为母系遗传。应用分子标记分析能揭示许多有关生物、生态及历史的重要信息，分子标记能检测到的群体遗传变异信息，包括交配系统、群体内和群体间遗传多样性、花粉与种子流对基因流的相对贡献率、距离隔离效应、群体起源与形成途径等。

这些信息与应用适应性数量性状检测得到的信息是互补的，因为数量性状受环境影响，其变异反映了选择适应过程，如遗传与环境的互作效应，也可以用群体内遗传方差、群体间遗传方差等度量，这常常是中性分子标记不能检测到的，因此，应结合两种标记的遗传变异信息，制定理想的遗传资源管理策略，群体遗传学研究正提供了这些必要信息。

（3）提供天然林与人工林经营策略

已知天然林与人工林两者之间存在一种源和库的关系，天然林遗传资源是人工林遗传资源的基础和后备材料，经营要求是不同的，从需要持续维持的时间上看，天然林遗传资源需要长期维持，而定向工业人工林遗传资源仅是满足人们一定时期特定需要，只需在短期维持。从维持的遗传多样性水平上看，天然林多样性水平大于定向人工林，因为可把定向人工林所用的基础材料看作天然林的抽样样本，但也有例外，如转基因人工林中的靶向基因频率等于 1，为人工遗传改造的群体。此外，天然林和人工林还存在许多其他方面的差异，如对病虫害的抵抗力、地力维持、生产力等。

群体遗传学中有关基因流的理论，有助于理解人工林经营对策，如表 1-2 列出的不同类型人工林对材料的要求不同（胡新生等，2001；Hu and Li，2003a），经营对策的群体遗传学理论依据就是当源群体基因频率与库群体基因频率存在差异时，基因流有可能改变接受群体的遗传组成。

表 1-2　不同类型的人工林所需要的遗传材料

| 类型 | 宜选用的遗传资源材料 |
| --- | --- |
| 定向工业人工林 | 多世代遗传改良材料（遗传变异狭窄） |
| 一般用材林 | 当地种源林分资源（未遗传改良的普通材料） |
| 防护林（水土保持林，水源涵养林，防风固沙林，农牧林，海岸、河流防护林） | 天然林遗传资源材料（尽量代表天然林遗传变异） |
| 农用林 | 遗传改良材料（遗传变异狭窄）或天然林材料 |
| 经济林 | 多世代遗传改良材料（遗传变异狭窄） |
| 城市林 | 城市林改良或未改良遗传材料 |

注：引自胡新生等，2001。

（4）提供评价种子园营建技术

已知一个树种的群体交配系统提供了该树种是如何将其遗传物质从一个世代传递到下一个世代的基本信息，交配系统研究可有助于推测群体的基因型组成；分析多基因位点连锁不平衡程度；推测种子园的种子质量及提供种子园营建设计的有关信息；在一定程度上可用于分析天然群体的遗传结构分化水平（张新新等，2019）。群体的异交率和自交率估计可以用来评价种子园种子质量。例如，近交和自交容易导致种子败育、种子质量不高，从而提供了改建种子园技术依据，如调整种子园种植密度等。群体遗传学在交配系统方面研究可以回答这个问题。

除了上述提到的几个问题外，林木群体遗传学还有广泛的应用。如林木育种群体的遗传多样性评价、种源试验的理解、树种间基因渐渗（gene introgression）与杂交带（hybrid zone）问题、树种谱系地理变异（phytogeography）与谱系分选（lineage sorting）问题、地理景观与基因流关系（景观遗传学，landscape genetics）、数量性状遗传变异的维持与进化理论等。在此我们提出以下几个方面的问题供读者思考：

（1）种群内变异——遗传多样性、交配系统和种群结构

群体间遗传变异的分布和遗传分化程度，即遗传群体结构？影响群体间遗传变异和分化的因素有哪些？具体有：有效群体大小的时间和空间模式是什么？交配系统的时空格局是什么？基因流的时空格局是什么？遗传变异是否与地理和环境变量相关？

（2）地理变异——小种、渐变群和生态型

某一物种的原生范围内是否存在小种差异？如果存在，与特定栖息地或生态位相关的生态型能否在一个小种中被识别出来？是否存在与某些环境梯度有关的遗传地理变异模式？梯度变异的一个可能的解释是，不同的自然选择作用于连续的环境梯度，以连续的方式改变等位基因频率，从而影响群体适应能力。大多数广泛分布的树种是否表现出复杂的地理变异模式？例如，在大和小地理尺度上，同一物种内出现的渐变群（cline）、生态型或其他模式？

（3）进化遗传学——分化、物种形成和杂交

什么样的进化动力对森林树种的异域物种形成（allopatric speciation）和同域（sympatric speciation）物种形成是重要的？桉树属植物有 700 余种，其中许多属同域分布；杨属有 29 种，其中许多属同域分布。阐明每个属的分类学和系统发育关系，确定接触区和渗入区是很重要的。

（4）基因保存——原地（*in situ*）、迁地（*ex situ*）和取样策略

基因保护的种群数量和保护点数是多少？森林经营管理做法对群体遗传多样性有何影响？

随着高通量测序技术的发展和普及，群体基因组分析在非模式树种的应用将会很快得到应用，林木群体遗传学的理论为高密度分子标记的应用提供坚实的基础。本教材所提供的资料将使读者获得必要的知识，以了解群体遗传学及其在林业中的应用。

## 复习思考题

1. 简述基于基因频率分析与基于 DNA 序列分析群体遗传结构异同。

2. 研究群体结构如何选取分子标记？

3. 群体进化的基本动力有哪些？将交配系统和重组视为进化动力合适吗？

4. 简述森林的特点对群体遗传结构的影响。

5. 举一个例子说明应用群体遗传学理论指导城市森林营造。

# 第2章　哈迪—温伯格定律

## 2.1　群体概念

群体的遗传组成是我们认识群体遗传进化的重要切入点，因为进化是以群体为单位进行的，而非以个体为单位进行的(Barton *et al.*，2007)，这里所指的群体主要指种内群体，种、属及以上分类单位的"群体"的进化一般情况下要弱些，没有种内选择进化激烈。种内群体的进化间接地强化了种间及更高分类级别的分化，在这里不做进一步展开讨论。种内群体内个体基因之间按照一定的交配方式组合，分配基因传递到子代，在这过程中，群体的遗传组成(如等位基因数、等位基因频率及基因型频率)有可能发生变化。我们把具有潜在相互交配繁衍后代并居住在一定地理区域的同种个体集合称为群体。

实际调查群体遗传组成时，需要理解群体界定是有一定困难的。这是由于有些物种个体一年内不同时间在不同地方居住，如一些食草动物、鸟类等种群，这些物种群体的地理边界很难确定，总在迁徙；一种较为普遍的现象就是同一种群的个体处于不同的繁殖年龄，在不同的发育繁殖阶段或间歇期(如有的植物种子长期休眠等)，即存在世代重叠(overlapping generation)，这种现象在动植物群体均存在；还有一些植物既可以进行有性繁殖，也可以进行无性繁殖，无性繁殖偏离了上述群体概念。因此，在群体抽样和分析时，应考虑这些因素的影响。

群体个数可以多或少，用群体各基因型或基因数量来描述群体状态是一种方法，由于基因型数量多，即使是少数基因，由亲本组合、分离产生不同基因型的种类也是巨大的，因此用绝对基因数量来描述群体遗传变化较为复杂，一种更为简洁且有效的描述是借助群体内各基因型或基因的相对比例来描述群体的变化，即基因型频率(genotype frequency)或基因频率(gene frequency)。这类似于物理学中有关气体理论，应用速度、温度、压力等概念要比应用一定体积内气体粒子数量，粒子运动集合等描述更为简洁而有效。基因型频率和基因频率概念的产生起始于Fisher(1930)、Wright(1931)及Haldane(1932)，后来得到进一步完善。

描述群体的另一条相关的途径就是从单个或多个群体获得基因或DNA序列样本，再构建基因谱系/树(gene genealogy；类似于树状分支图，用于连接单个基因位点不同等位基因之间亲缘关系)(图2-1)。在时间上，从现在往回看，当前存在的群体基因在不同的时间都会回溯到共同祖先，即溯祖理论(coalescence theory)(Kingman，1982a，1982b)，不同基因的基因谱系分支图可以不一样，同时不同群体因不同历史过程而呈现出不同基因谱系图及分支长度。

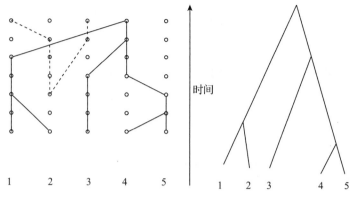

**图 2-1　5 基因溯祖过程**

注：左边为一群体随机抽取的 5 个基因，虚线连接的基因已消失了；右边是对应的
5 基因样本基因树，内接点为丢失的祖先基因

群体遗传组成变化受多种因素或进化过程影响，包括不同类型的人类或自然活动（表 2-1），这些活动都直接或间接地与四种基本进化过程，即突变、选择、迁移及漂变等进化过程相关联。其他因素，如重组和交配系统等因素也参与基因频率改变。这些基本进化过程可以独立或互作去影响一个群体的遗传结构或基因谱系。在维持一个特定群体的遗传组成过程中，不同进化过程的作用是不相等的，理论上可以把任一个群体的遗传组成看成在以这四个基本过程及其各种互作组合为基底组成多位空间的一个点，不同遗传背景的群体可以落在不同的空间点上，针对特定群体，作特定的分析。

**表 2-1　影响森林群体基因频率变化的人为和自然因素**

| 过程 | | 人类活动 | 自然活动 |
|---|---|---|---|
| 系统变化 | 回复突变 | | 自然存在的稳定辐射 |
| | 迁移与杂交 | 种子和花粉人为引入、杂交 | 风与动物的花粉、种子扩散 |
| | 选择 | 森林采伐 | 自然疏伐 |
| 随机变化 | 随机突变 | 放射物质等违规处理 | 不稳定的辐射 |
| | 随机迁移 | 无规则的花粉和种子携带 | 自然种子和花粉随机扩散 |
| | 随机选择 | 放牧、非木材采集 | 自然选择、食物链 |
| | 随机漂变 | 随机采伐 | 森林火灾、病虫害发生 |
| 环境变化 | 自然演替 | 刀耕火种经营 | 自然适应改变、生态位改变 |
| | 环境梯度 | 工业化、生境破碎化 | 大气污染、气候变化 |

注：引自 Hu and Li, 2002a。

在了解群体概念、基本进化动力以及群体遗传变异基础后，就可以深入分析群体遗传特征，最简单的情况是分析基因型和基因频率的变化，群体内单个位点及多位点遗传多样性等特点，以下我们从分析单个群体的基因型和基因频率变化途径开始，着重介绍 Hardy-Weinberg 平衡定律及其测验。

## 2.2　基因型与基因频率估计

### 2.2.1　分子标记选用

在检测群体遗传组成和估计基因频率之前，首先面临的问题就是筛选合适的遗传标记，这是因为已知功能基因虽然容易检测基因型和基因频率，但很难找到。随着现代分子生物技术（如基于 PCR 和高通量测序技术）应用，已开发出许多不同类型的分子标记用于调查群体个体基因分型（genotyping），包括卫星 DNA（microsatellites）、单核苷酸多态性（SNP）等，这些标记在遗传模式，表型特征、突变率或遗传变异程度等方面都有差异。表 2-2 归纳了部分常用的 DNA 标记类型及其特点，有关这些分子标记形成的分子生物技术和实验原理，读者可参考有关书籍。选用合适的分子标记需要考虑以下几点：

**表 2-2　常用 DNA 遗传标记特点**

| 遗传标记 | 表现型 | 遗传模式 | 基因组 | 耗费 | 变异水平 |
| --- | --- | --- | --- | --- | --- |
| RFLP | 共显性 | 双亲、单亲 | 核、细胞器 DNA | 低 | 低—中等 |
| SNPs | 共显性 | 双亲、单亲 | 核、细胞器 DNA | 中—高 | 中等 |
| 卫星 DNA | 共显性 | 双亲、单亲 | 核、细胞器 DNA | 中—高 | 高 |
| RAPDs | 显性 | 双亲 | 核 DNA | 低 | 高 |
| AFLPs | 显性 | 双亲 | 核 DNA | 中 | 高 |
| ISSR | 显性 | 双亲 | 核 DNA | 中 | 高 |
| SRAP | 显性 | 双亲 | 核 DNA | 中 | 高 |

注：ISSR（inter simple sequence repeats）：简单序列重复区间扩增；SRAP（sequence related amplified polymorphism）：序列相关扩增多态性。

（1）研究的群体遗传学或生态学问题

所研究的遗传与生态学问题涉及面广，如通过估计群体基因频率来评价生态环境因子是怎样影响群体遗传多样性的；研究林木天然群体的交配系统，评价种子园种子败育率；推测林木天然群体地理分布形成的生态与进化过程、物种边界形成的遗传学基础；分析近缘种群体间的分化时间与基因渐渗等。这些事件发生的时间和空间尺度不同，对分子标记变异程度、突变率要求不同。

（2）分子标记的遗传模式

分子标记选择会影响到分析群体遗传结构的生物学解释。植物叶绿体 DNA 标记（cpDNA）在裸子植物中呈父系遗传，在被子植物中呈母系遗传，有效群体大小为核基因组（nDNA）的 1/4（当亲本性别比 1∶1 时），突变率要比线粒体 DNA（mtDNA）要高，同义密码子单核苷酸位点突变率一般在 $1.0 \times 10^{-9} \sim 3.0 \times 10^{-9}$（Wolfe et al.，1987），但也有一些植物种 cpDNA 存在卫星 DNA 标记（Provan et al.，2001；Chmielewski et al.，2015；Huang et al.，2015），有较高的突变率。类似的，植物 mtDNA 标记在被子植物和裸子植物一般都呈母系遗传，有效群体大小为 nDNA 的 1/4(当亲本性别比 1∶1 时),突变率比 cpDNA 还低,对于单亲遗传分子标记,群体间分化大(参见第 4 章),一般比核基因组标记的群体遗传分化要大。与细胞器基因组不同,核基因组分子标记为双亲遗传,平均突变率比叶绿体、线粒体基因组要高,有更多分子标记选用,有效群体大小较大,应用该类分子标记研究群体历史有可能与用细胞器基因组分子标记研究的结果不一致(胡颖等,2019)。

(3)分子标记的突变率

应用突变率高的标记可以更好地反映群体由近期历史事件造成的遗传变异,如生态学过程一般指发生在 10 个世代相对短时间程度内(Linnen and Hoekstra,2010),第四纪冰期后期形成的群体等,应用卫星 DNA 和核基因组 SNP 标记分析较合适,因为这类标记的变异程度高(表 2-2)。对于突变率低的分子标记适合分析群体经历长时间的进化过程,常用 cpDNA 标记等分析种间群体分化或物种系统发育关系等。

(4)分子标记的表现型特征(显性/共显性)

应用显性标记分析核基因的遗传变异,杂合子与纯合子表型无法分开,通常需要借助 Hardy-Weinberg 平衡假设来进行分析,这有可能会带来偏差,尽管会有其他一些度量指标(如 Shannon 指数)时,但部分遗传信息丢失,同时许多物种的天然群体呈现一定程度的近交或自交,违反了 Hardy-Weinberg 定律假设。

(5)分子标记开发所需要的时间、耗费及实验人员的专业技能等

目前高通量测序技术应用,非模式植物的全基因组测序及重测序成本降低,可获得大量的群体基因组数据,应用全基因组 SNP 标记成为可能,为全基因组分析评价群体遗传变异提供基础。

## 2.2.2　遗传抽样与统计抽样

遗传抽样(genetic sampling)又称遗传漂变(genetic drift),是天然群体自然发生的,一个天然群体以有效群体大小 $N_e$ 为抽样单位,将遗传物质从一个世代传递到下一个世代的过程,若该物种是多年生且存在世代重叠,有效群体可以包含重叠世代的个体集合。一个实际群体的有效群体大小是用一个理想群体大小来衡量的,如果一个理想群体(均衡性别比、随机交配和个体间无繁殖差异)通过遗传漂变丢失遗传变异的速率与一个实际群体由于遗传漂变丢失遗传变异的速率相等时,那么这个理想群体的大小就是实际群体的有效群体大小。一般情况下,有效群体数要小于实际群体数量 $N$,如文献调查显示 $N_e/N$ 的中间值约为 0.14(Palstra and Ruzzante,2008),遗传抽样的结果是不同的抽样群体间产生遗传分化,是群体进化的四种基本动力(遗传漂变、选择、突变及迁移)之一。

统计抽样(statistical sampling)就是按照一定的样本数 $n$ 从某一或多个群体中随机或用其他抽样技术获得样本的过程,目的是通过样本来估计群体的遗传参数(随机模型),如群体的基因频率等,样本容量在参数估计或统计量分布中起重要作用,用于评价参数估计精度。例如,在种源试验中,从多地点中采取种子或半同胞家系材料,每个地点的材料可视为一个种源样本。由于参数估计受样本容量影响,对估计值通常需要通过估计的精度信息,如标准误和置信区间等,从同一群体进行多次抽样(试验技术上重复)或从多个群体都

抽样(生物学上重复)所得到的估计结果是不一样的。

从数学概念上看,遗传抽样与统计抽样有时在表达式上有一些相似性的。例如,在研究遗传漂变影响时,往往需要推导基因频率、基因连锁不平衡值、遗传多样性等变量的抽样方差,可以从统计抽样的理论推导获得,并应用于群体遗传学研究。又如,采用 Fisher (1925)的 Delta 方法推导出许多复杂变量因漂变而带来的方差(Hu, 2013),对于理解早期群体遗传学有关扩散过程(diffusion process)应用于群体遗传学的理论研究会容易些。

### 2.2.3　基因型和基因频率估计方法

(1)基于频率途径估计

考虑一个群体二倍体核基因位点,有 $k$ 个共显性等位基因,可产生 $k(k+1)/2$ 种基因型,群体基因型频率 $P_i[i = 1, 2, \cdots, k(k+1)/2]$ 且满足条件 $\sum_{i}^{k(k+1)/2} P_i = 1$。假定从该群体随机抽取 $n$ 株样本,该样本中各基因型数 $n_i$ 服从多项分布,对于任一样本组成发生的概率可以看作多项分布(multinomial distribution)展开的其中的一项,即 $(P_1 + P_2 + \cdots + P_{k(k+1)/2})^n$ 展开,所得样本发生概率可以表述为:

$$Pr(n_1, n_2, \cdots, n_k) = \frac{n!}{\prod_{i=1}^{k} n_i!} \prod_{i=1}^{k} P_i^{n_i} \tag{2.1}$$

式中, $n_i$ 为样本中第 $i$ 个基因型的个数( $\sum_{i=1}^{k} n_i = n$ )。式(2.1)可以被看作对于给定的参数 $P_i$,我们得到样本 $n_i$ 观察值的概率,因 $n_i$ 为已知,参数 $P_i$ 未知,式(2.1)为参数 $P_i$ 的函数,该函数也称为似然函数(likelihood function)。

上述似然函数改用下列习惯写法:

$$L(P_1, P_2, \cdots, P_{k-1}) = \frac{n!}{\prod_{i=1}^{k} n_i!} P_1^{n_1} P_2^{n_2} \cdots P_{k-1}^{n_{k-1}} (1 - P_1 - P_2 - \cdots - P_{k-1})^{n_k} \tag{2.2}$$

式(2.2)的参数只有 $k-1$ 个,第 $k$ 个参数可以从条件 $\sum_{i}^{k} P_i = 1$ 下获得,采用求函数极值的办法来估计参数 $P_i$。定义一阶导数 $S_i = \partial \ln L / \partial P_i$ 为 Fisher 得分(Fisher's score), $S_i = 0$ 处时的 $P_i$ 解,称为最大似然估计值(maximum likelihood estimate, MLE)。

由式(2.2),我们可获得 $k-1$ 个 Fisher 得分方程,即

$$S_i = \frac{n_i}{P_i} - \frac{n_k}{1 - P_1 - \cdots - P_{k-1}} = 0 \quad (i = 1, 2, \cdots, k-1) \tag{2.3}$$

联合这些 $k-1$ 个方程,求解得 $\hat{P}_i = n_i/n$,因此,各基因型在样本中的观察比率就是该基因型的最大似然估计。

上述只给出了点估计值(point estimate),为评价估计值好坏,需要进一步提供估计值的变异方差或标准差(standard deviation)。可以采用 Fisher 的信息矩阵期望获得:

$$E[\,I(P_1,\ P_2,\ \cdots,\ P_{k-1})\,] = \begin{pmatrix} -E\left(\dfrac{\partial^2 \ln L}{\partial P_1^2}\right) & -E\left(\dfrac{\partial^2 \ln L}{\partial P_1 \partial P_2}\right) & \cdots & -E\left(\dfrac{\partial^2 \ln L}{\partial P_1 \partial P_{k-1}}\right) \\ -E\left(\dfrac{\partial^2 \ln L}{\partial P_2 \partial P_1}\right) & -E\left(\dfrac{\partial^2 \ln L}{\partial P_2^2}\right) & \cdots & -E\left(\dfrac{\partial^2 \ln L}{\partial P_2 \partial P_{k-1}}\right) \\ \cdots & \cdots & \cdots & \cdots \\ -E\left(\dfrac{\partial^2 \ln L}{\partial P_{k-1} \partial P_1}\right) & -E\left(\dfrac{\partial^2 \ln L}{\partial P_{k-1} \partial P_2}\right) & \cdots & -E\left(\dfrac{\partial^2 \ln L}{\partial P_{k-1}^2}\right) \end{pmatrix}$$

$$(2.4)$$

该矩阵的逆矩阵给出了方差和协方差的估值, 即

$$E[\,I(P_1,\ P_2,\ \cdots,\ P_{k-1})\,]^{-1} = \begin{pmatrix} Var(\hat{P}_1) & Cov(\hat{P}_1,\ \hat{P}_2) & \cdots & Cov(\hat{P}_1,\ \hat{P}_{k-1}) \\ Cov(\hat{P}_2,\ \hat{P}_1) & Var(\hat{P}_2) & \cdots & Cov(\hat{P}_2,\ \hat{P}_{k-1}) \\ \cdots & \cdots & \cdots & \cdots \\ Cov(\hat{P}_{k-11},\ \hat{P}_1) & Cov(\hat{P}_{k-1},\ \hat{P}_2) & \cdots & Var(\hat{P}_{k-1}) \end{pmatrix}$$

$$(2.5)$$

理论证明参数估计方差 $Var(\hat{P}_i) = \hat{P}_i(1 - \hat{P}_i)/n$ 以及协方差 $Cov(\hat{P}_i,\ \hat{P}_j) = -\hat{P}_i\hat{P}_j/n$。这些方差和协方差的计算式也可直接根据多项分布一些特点推导出来。

在获得基因型频率后, 基因频率便直接计算出来, 如一个位点两个等位基因情况下, 有 3 种基因型($AA$, $Aa$, $aa$), 基因频率 $\hat{P}_A = \hat{P}_{AA} + \dfrac{1}{2}\hat{P}_{Aa}$ 及 $\hat{P}_a = \hat{P}_{aa} + \dfrac{1}{2}\hat{P}_{Aa}$, 基因频率也是极大似然估计, 也可直接从样本基因个数估计。对于单个位点多个等位基因, 如卫星 DNA 标记, 也可直接从样本中基因型或基因数计算获得极大似然估计值。

当群体基因型频率为其他变量函数时, 如一个位点两个等位基因情况, $P_{AA} = p_A^2 + fp_Ap_a$, $P_{Aa} = 2p_Ap_a(1 - f)$ 及 $P_{aa} = p_a^2 + fp_Ap_a$, 基因型频率为 $p_A$ 和近交系数 $f$ 的函数, 似然函数为:

$$L(p_A,\ f) = \frac{n!}{n_{AA}!\ n_{Aa}!\ n_{aa}!}(p_A^2 + fp_Ap_a)^{n_{AA}}[2p_Ap_a(1 - f)]^{n_{Aa}}(p_a^2 + fp_Ap_a)^{n_{aa}} \quad (2.6)$$

可以采用上述 Fisher 得分及信息矩阵方法求得基因频率 $p_A$ 和近交系数 $f$ 的估值及标准差。

通常情况下, 求参数的解析解是复杂的, 不容易获得, 可以借助数值迭代方法近似计算, Newton-Raphson 迭代方法是一种收敛较快的方法, 具体算法如下:

$$\hat{\boldsymbol{\theta}}^{t+1} = \hat{\boldsymbol{\theta}}^t + [\,I(\hat{\boldsymbol{\theta}}^t)\,]^{-1}S(\hat{\boldsymbol{\theta}}^t) \quad (2.7)$$

式中, $\boldsymbol{\theta}$ 为要估计的参数向量, 当迭代前后参数值(多个或单个参数)之差小于一定的标准(如$< 10^{-5}$), 可以认为参数估计收敛而停止迭代。

注意在模拟试验的证明中, 采用 Fisher 得分和信息矩阵方法估计参数及标准差时, 一般需要大样本(如样本容量 $n > 30$), 可以获得较为理想的估值。样本基因型或基因频率的 MLE 估计是群体相应变量的无偏估计(样本参数估计值的均值等于总体参数值), 即 $E(\hat{P}_i) = P_i$ 及 $E(\hat{p}_i) = p_i$, 但基因频率高阶估计为有偏估计, 如 $E(\hat{P}_i^2) = p_i^2 + \dfrac{1}{2n}p_i(1 - p_i) \neq p_i^2$ 等。

当调查二倍体植株所用的标记是显性标记时，由于杂合子与某一纯合子表型一样，难以区分，可观察的表型类型数要少于基因型分型数，通常这类情况也称为数据缺失(missing data)。分析这类数据需要假设雌雄配子随机组合产生二倍体，才能估计基因型和基因频率。例如，考虑一个位点两个等位基因情况，假设 $AA$ 与 $Aa$ 两种基因型表型一样，实际只有两种表型，基因 $a$ 的频率 $p_a$ 计算如下：

$$\hat{P}_a^{t+1} = \frac{1}{2n}(n_{Aa}^* + 2n_{aa})$$

$$= \frac{1}{2n}\left[\frac{2p_a^t(1-p_a^t)}{1-(p_a^t)^2}(n-n_{aa}) + 2n_{aa}\right] \tag{2.8}$$

给一个起始值 $p_a^t$，计算下一次数值 $p_a^{t+1}$，这样不断迭代循环计算，直到前后估计值之差小于一定的标准就停止迭代。上式为一融合 E(expectation)-M(maximization)两步骤为一体的迭代表达式，右边括号内的分数表示在随机交配下，杂合子在基因型 $AA$ 和 $Aa$ 两种相同表型中占的期望比例(E-步骤)，整个计算式为极大似然解的估计值(M-步骤)，因此采用迭代方法可以获得极大似然估值(Dempster *et al.*, 1977)。类似的，在存在多个等位基因的情况下，也可采用 EM 途径估计基因频率。

采用 EM 估计基因频率后，基因频率方差估计可采用 Fisher(1925)的 Delta 方法(公式是由保留 Taylor 级数二次项后推导得到)，Delta 算法如下：假设 $T$ 是基因型个数的函数，如上述例子样本中 3 种基因型个数 $n_{AA}$，$n_{Aa}$，$n_{aa}$，那么 $T$ 的抽样方差可以近似估计为：

$$Var(T) = n\sum_i\left(\frac{\partial T}{\partial n_i}\right)^2 P_i - n\left(\frac{\partial T}{\partial n}\right)^2 \tag{2.9}$$

式中，$P_i$ 为群体中第 $i$ 个基因型频率。例如，要求 $p_a$ 的抽样方差，由 $p_a = \frac{1}{2n}(2n_{aa} + n_{Aa})$ 得到 $\frac{\partial p_a}{\partial n_{aa}} = \frac{1}{n}$，$\frac{\partial p_a}{\partial n_{Aa}} = \frac{1}{2n}$，及 $\frac{\partial p_a}{\partial n} = -\frac{1}{n}p_a$，根据 Delta 公式计算得到：

$$Var(p_a) = n\left[\left(\frac{1}{n}\right)^2 P_{aa} + \left(\frac{1}{2n}\right)^2 P_{Aa}\right] - \left(\frac{1}{n}p_a\right)^2$$

$$= \frac{1}{2n}(p_a - 2p_a^2 + P_{aa}) \tag{2.10}$$

因此可以直接估计基因频率的方差。

当调查的是单倍体植株样本，所用的标记是显性或共显性标记时，等位基因频率可以直接估计，样本中基因个数可以被视为从二项分布(显性标记或两个等位基因情况)或多项分布(多个等位基因情况)的展开的一项，如二项分布

$$Pr(n_A, n-n_A) = \frac{n!}{n_A!(n-n_A)!}p_A^{n_A}(1-p_A)^{n-n_A} \tag{2.11}$$

所得到的基因频率极大似然估计值的方差为 $Var(p_i) = \hat{P}_i(1-\hat{P}_i)/n$。

由于样本中某些基因型拥有公共的等位基因(如 $AA$ 与 $Aa$ 都有 $A$ 等位基因)，不同的基因型在给定的样本容量 $n$ 抽样下导致正或负相关，有时需要估计基因型频率、基因频率及它们的函数相关性。对于基因型频率或基因频率的相关性可以直接从多项分布的特点推导

出估计，如 $Cov(\hat{P}_{AA},\ \hat{P}_{Aa}) = -\dfrac{1}{n}P_{AA}P_{Aa}$ 等，但计算相对来说比较繁琐。一种近似计算就是应用 Fisher 的 Delta 方法，具体算法如下：

$$Cov(S,\ T) = n\sum_j \frac{\partial S}{\partial n_i}\frac{\partial T}{\partial n_i}P_i - n\frac{\partial S}{\partial n}\frac{\partial T}{\partial n} \tag{2.12}$$

式中，$S$ 和 $T$ 为 $n_i$（$i$ 表示不同的基因型）的函数。例如，$S = P_{AA} = \dfrac{n_{AA}}{n}$，$T = P_{Aa} = \dfrac{n_{Aa}}{n}$，应用上式立即得到 $Cov(\hat{P}_{AA},\ \hat{P}_{Aa})$ 的计算式。在计算复杂函数的协方差或相关系数时，上述公式有许多优良特点(Hu, 2013; Hu, and Yeh, 2014)。

（2）贝叶斯估计

上述基因型和基因频率估计是基于古典频率概念途径分析的，另一种途径是基于贝叶斯后验分布来估计基因频率。其基本思想就是根据贝叶斯定理(Bayes theorem)，事先对基因频率和其他参数分布做一判断或假设，即先验分布[prior probability distribution, $\pi(\theta)$]，然后根据观察的数据对事先参数假设进行修改，获得试验后的参数分布，即后验分布[posterior probability distribution, $\pi(\theta \mid D)$]，即

$$\pi(\theta \mid D) = \frac{Pr(D \mid \theta)\pi(\theta)}{\int Pr(D \mid \theta)\pi(\theta)\mathrm{d}\theta} \tag{2.13}$$

由后验分布估计参数的期望值或最大后验估计。

对于一个位点两个等位基因，基因频率的先验分布常用 Beta 分布假设，即

$$\pi(p_A) = \frac{\Gamma(\alpha+\beta)}{\Gamma(\alpha)\Gamma(\beta)}p_A^{\alpha-1}(1-p_A)^{\beta-1} \tag{2.14}$$

式中，$\Gamma(x)$ 为伽马函数，$\alpha$ 和 $\beta$ 参数满足条件 $\int_0^1 \pi(p_A)\mathrm{d}p_A = 1$。在给定群体基因频率 $p_A$ 的条件下，所得样本基因数得分布可以用二项分布表示，即

$$Pr(n_A \mid p_A) = \frac{(2n)!}{n_A!(2n-n_A)!}p_A^{n_A}(1-p_A)^{2n-n_A} \tag{2.15}$$

因此，依据 Bayes 定理，后验概率分布为：

$$\pi(p_A \mid n_A) = \frac{\Gamma(\alpha+\beta+2n)}{\Gamma(\alpha+n_A)\Gamma(\beta+2n-n_A)}p_A^{\alpha+n_A-1}(1-p_A)^{\beta+2n-n_A-1} \tag{2.16}$$

仍属 Beta 分布类型，与先验分布为共轭分布，基因频率的后验期望估计及最大后验估计分别为：

$$E(p_A \mid n_A) = \frac{\alpha+n_A}{\alpha+\beta+2n} \tag{2.17}$$

$$Max[\pi(p_A \mid n_A)] = \frac{\alpha+n_A-1}{\alpha+\beta+2n-2} \tag{2.18}$$

从后验分布估计的结果看，试验结果的输入改变了先验分布的结果，先验分布的信息容纳在估计值内。当样本容量较大时，后验分布估计与似然估计趋于相等，当样本较小时，后

验分布估计更合理些(张尧庭和陈汉峰,1991)。

对一个位点多个等位基因情况,基因频率的先验分布可以 Dirichlet 分布表示[Wright 的基因频率分布理论提供了依据(Wright, 1969)],而给定参数后,群体样本观察值的分布一般遵循多项分布,因此,得到的后验分布仍为 Dirichlet 分布,用于参数的后验估计(Weir, 1996)。

极大似然估计与贝叶斯估计之间是相互关联的,参数的后验分布的分母 $\int Pr\,(D\,|\,\theta)\pi\,(\theta)\mathrm{d}\theta$ 是一常数,与参数无关,因此后验分布与似然函数呈正比,即

$$\pi(\theta\,|\,D)\,(后验分布)\propto L(D\,|\,\theta)\,(似然函数)\times\pi(\theta)\,(先验分布) \quad (2.19)$$

用似然函数对先验分布进行修正而获得后验分布估计,当先验分布为均匀分布时(贝叶斯假设),后验分布与似然函数是一致的。一般情况下,由于利用先验信息,在参数值的值域范围内,参数的后验分布标准差要比用似然函数估计的更窄些,因而估计值精度更高些(Weir, 1996)。

## 2.2.4  自助样方法

自助样方法提供了一种数值抽样的途径来估计参数方差,这里介绍刀切法(Jackknife)和自助抽样(Bootstrap sampling)两种方法。刀切法的基本程序是假设样本含有一系列观察值 $x_1$, $x_2$, $\cdots$, $x_n$,用 $n$ 个观察样本估计参数 $\theta$,记 $\hat{\theta}$,然后依次去其中 1 个观察值,用余下的 $n-1$ 个数据估计参数,获得 $n$ 个估计值 $\hat{\theta}_i(i=1, 2, \cdots, n)$,其均值为 $\hat{\bar{\theta}}=\dfrac{1}{n}\sum_{i=1}^{n}\hat{\theta}_i$,于是刀切法的参数估计及方差为:

$$\hat{\theta}_J = n\hat{\theta}-(n-1)\hat{\bar{\theta}} \quad (2.20)$$

$$Var(\hat{\theta}_J)=\frac{n-1}{n}\sum_{j}(\hat{\theta}_i-\hat{\bar{\theta}})^2 \quad (2.21)$$

理论上证明刀切法均值估计是原始观察值均值的无偏估计,且方差为样本观测值方差的 $1/n$ (Weir, 1996)。实际研究时,通常采用多个分子标记(多个位点数据)时,每去掉 1 个标记后剩下的数据相当于一个新的样本,也可以通过去掉个体生成新样本,这样获得了 $n$ 个样本估计参数。

与刀切法抽样技术不同,自助抽样程序是从原始观测值,采用随机重复抽样,生成一系列与原始样本大小相同的样本,有的样本可能包含多个某一原始数据而缺失其他原始数据,每个生成样本用于参数估计,从而获得一系列估计值,再将估计值从小到大排列,确定参数置信区间(confidence interval, CI),然后根据原始数据参数估计值确定是否显著。例如估计均值,从原始样本随机重复抽样 1000 次,获得 1000 个样本均值,再由小到大排序,其 95%CI 为排再第 26 位到 975 位数值之间,也可测验原始样本的参数估计值是否偏离 95%CI,判断参数估计值是否显著偏离随机分布值。

理论上证明自助抽样可以得到均值的无偏均值估计,但有偏的方差估计,估计值方差为 $\dfrac{n-1}{n^2}\sigma^2$(Weir, 1996)。该方法优点在于生成所需要的样本数,不受基因位点或样本大小限制,在参数估计中广泛应用。

## 2.3  哈迪—温伯格平衡(HWE)

理解群体在一种理想状态下的遗传组成关系是非常重要的,因为它提供了一个基本的参考群体,用于分析在不同的因素影响下群体遗传组成的改变,这种理想状态包括以下假设(Freeland et al.,2011):①群体中雌雄个体有相同的基因型频率,基因型随机交配,自由组合;②减数分裂均衡,即无不正常分离、无配子选择或竞争、雌雄配子发育能力相同;③无新遗传材料输入,即无突变、无迁移;④群体无限大;⑤不同基因型之间有相同的生存概率,即合子无选择;⑥所有交配组合平均产生相同数量的子代,即各家系后代数量方差为零;⑦等位基因遵循孟德尔遗传模式;⑧世代无重叠。满足这些条件的群体最终趋于 Hardy-Weinberg 平衡。

### 2.3.1  基因型频率与基因频率关系

考虑一单倍体群体,等位基因 $A_i(i = 1,2,\cdots,k)$ 的频率 $p_i$,群体的遗传组成可表示为 $\sum_{i=1}^{k} p_i A_i$,在满足上述假设条件下,这些基因频率从一个世代到另一个世代保持不变。

对于二倍体群体,雌性亲本基因型组成可以写作 $\sum_i \sum_j f_{ij(F)} A_i A_j$,雄性亲本基因型组成可以写作 $\sum_i \sum_j f_{ij(M)} A_i A_j$,在亲本基因型频率不等但随机交配情况下,子代纯合基因型 $A_i A_i$ 和杂合子 $A_i A_j$ 频率依次为:

$$f_{ii(O)} = \left( f_{ii(F)} + \frac{1}{2} \sum_{l \neq i} f_{il(F)} \right) \left( f_{ii(M)} + \frac{1}{2} \sum_{l \neq i} f_{il(M)} \right)$$

$$= p_{i(F)} p_{i(M)} \tag{2.22}$$

$$f_{ij(O)} = \left( f_{ii(F)} + \frac{1}{2} \sum_{l \neq i} f_{il(F)} \right) \left( f_{jj(M)} + \frac{1}{2} \sum_{l \neq j} f_{jl(M)} \right) +$$

$$\left( f_{ii(M)} + \frac{1}{2} \sum_{l \neq i} f_{il(M)} \right) \left( f_{jj(F)} + \frac{1}{2} \sum_{l \neq j} f_{jl(M)} \right)$$

$$= p_{i(F)} p_{j(M)} + p_{i(M)} p_{j(F)} \tag{2.23}$$

杂合子基因型频率为雌雄配子基因频率乘积之和。只有当雌雄亲本群体各基因型频率相等时($f_{ij(F)} = f_{ij(M)}$),亲本群体基因频率相同,$p_{i(F)} = p_{i(M)}$,子代合子基因型及其频率为下列二次多项式展开:

$$(p_1 A_1 + p_2 A_2 + \cdots + p_k A_k)^2 = \sum_i \sum_j p_i p_j A_i A_j \tag{2.24}$$

在随机交配和无其他任何因子影响下,配子基因频率和杂合子基因型频率保持不变,式(2.24)生成的基因型频率分布为 Hardy-Weinberg 基因型频率分布。

对于一个位点两个等位基因($A$,$a$)的情况,在 HWE 平衡时,三种基因型与基因频率关系简化为 $p^2(AA) + 2pq(Aa) + q^2(aa)$,式中 $q = 1 - p$。如图 2-2 所示,Hardy-Weinberg 平衡下基因型频率随基因频率变化,在 $p = 0.5$ 时,杂合子频率最大,$p = 1$(或 0)时,基因 $A$ 固定(或消失)。

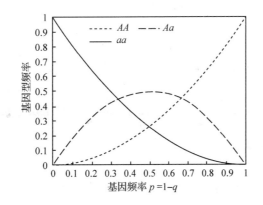

**图 2-2　Hardy-Weinberg 平衡下基因与基因型频率关系**

注：三种基因型频率随基因频率变化

## 2.3.2　Hardy-Weinberg 平衡检验

应用分子标记分析样本并获得基因型数据后，计算基因型和基因频率，分析等位基因之间的关系，即检验 HWE。若等位基因之间存在显著关联，有可能导致杂合子缺失或过量现象，如果多个位点同时出现类似现象，所得结果有助于推断影响群体遗传组成的因素。

### 2.3.2.1　一个位点两个等位基因的情况

考虑一个位点两个等位基因（ $AA$ , $Aa$ , $aa$ ），Hardy-Weinberg 不平衡（disequilibrium；HWD）系数为 $D_A = p_A p_a - \frac{1}{2} p_{Aa}$ ，基因型频率 $P_{AA} = p_A^2 + D_A$ 及 $P_{aa} = p_a^2 + D_A$ ，只需要测验一个指标（ $H_0: D_A = 0$ ）就可以了，依据 Weir（1996）的介绍，表 2-3 概括一些检验 HWD 的方法。

（1） $z$-测验

利用 Fisher 的 Delta 方法直接推导 $D_A$ 的方差：

$$Var(\hat{D}_A) = \frac{1}{n}\left[ p_A^2 p_a^2 + (1 - 2p_A)^2 D_A - D_A^2 \right] \tag{2.25}$$

利用 $D_A = P_{AA} - p_A^2$ 关系推出期望值：

$$E(\hat{D}_A) = D_A - \frac{1}{2n}(p_A p_a + D_A) \tag{2.26}$$

因此，可以用近似正态分布构建检验 $D_A$（ $H_0: D_A = 0$ ），计算 $z$ 值（表 2-3），当 $z$ 值大于 1.96 或小于 -1.96，则拒接 $H_0$ 假设。

（2） $\chi^2$ 检验

已知 $z^2$ 服从卡方分布，因此也可以构建卡方检验。由于分母与基因频率有关，当基因频率较小或较大时，分母期望值过小，整个分式值容易过大导致显著，因此，为避免这种现象，一般要分母期望值大于 1 的标记才进行，同时为进一步克服应用连续分布统计量检验离散数据差异显著性，卡方检验稍微做了校正（Yates，1934）：

$$\chi_A^2 = \sum_{\text{基因型}} \frac{(\,|\,\text{观察值} - \text{期望值}\,| - 0.5\,)^2}{\text{期望值}} \quad (\,df = 1\,) \tag{2.27}$$

（3）概率检验

在无效假设下，如果一个特定样本的概率及其相同样本容量但发生概率少的所有样本的概率之和小于显著水平值（如 5%），我们就拒绝 $H_0$ 假设。实际计算时，要计算所有相同样本容量但基因型组成不同的样本发生概率，然后依概率由小到大排序，检测特定样本发生及其以下样本发生概率总和，如果小于 5%，则拒绝 HWE。注意是利用概率之和而非实际样本发生概率作为检验实际样本发生的概率标准，相对来说这是比较保守可靠的。具体概率计算公式见表 2-3。

（4）似然比检验（LRT）

似然比检验是一个比较严格的检验，其原理是计算在 HWE 假设下的似然函数 $L_0$，计算实际样本的似然函数 $L_1$（含有 $D_A$ 值），再根据似然比对数及卡方分布：

$$- 2\ln(\lambda) = - 2(\ln L_0 - \ln L_1) \sim \chi^2_{df=1} \tag{2.28}$$

检验 HWD。该检验的优点是：它没有根据基因频率，而是直接利用样本基因型观察数。

### 2.3.2.2　一个位点有多个等位基因情况

对于一个位点有 $k(>2)$ 个等位基因情况，可以定义 $k(k-1)/2$ 个独立的 HWD 系数和自由度。

$$D_{uv} = \hat{P}_u \hat{P}_v - \frac{1}{2}\hat{P}_{uv} \quad (u, v = 1, 2, \cdots, k; u \neq v) \tag{2.29}$$

$$D_{uv} = \sum_{v \neq u} D_{uv} \tag{2.30}$$

（1）$\chi^2$ 检验

对所有的基因型，去除期望基因型数较少的基因型以回避因分母小而导致分数值过大现象，根据期望值与观察值之差构建卡方统计量（表 2-3）。总的卡方统计量也可更直接地表示为：

$$\chi^2 = \sum_u \frac{(n_{uu} - n\hat{P}_u^2)^2}{n\hat{P}_u^2} + \sum_u \sum_{v \neq u} \frac{(n_{uv} - 2n\hat{P}_u\hat{P}_v)^2}{2n\hat{P}_u\hat{P}_v} \tag{2.31}$$

（2）似然比检验（LRT）

原理与前面二等位基因情况相同，只是计算时增加更多的基因型数，统计量表达式见表 2-3。

表 2-3　**Hardy-Weinberg 平衡检验方法**

| 等位基因数 | 测验 | 统计量 |
|---|---|---|
| 两个 | （1）z-测验（正态分布） | $z = \dfrac{\hat{D}_A - E(\hat{D}_A)}{Var(\hat{D}_A)^{1/2}}$, $\hat{D}_A \sim N[E(\hat{D}_A), Var(\hat{D}_A)]$ |
| | （2）$\chi^2$ 检验 | $\chi^2_A = \dfrac{2n\hat{D}_A^2}{p_A^2(1-p_A)^2}$, $df = 1$ |
| | （3）精确/概率检验 | $\Pr(n_{AA}, n_{Aa}, n_{aa} \mid n_A, n_a) = \dfrac{n! \, n_A! \, n_a! \, 2^{n_{Aa}}}{n_{AA}! \, n_{Aa}! \, n_{aa}! \, (2n)!}$ |
| | （4）似然比检验（LRT） | $- 2\ln(\lambda) = - 2\ln\left(\dfrac{n^n n_A^{n_A} n_a^{n_a} 2^{n_{Aa}}}{(2n)^{2n}(n_{AA})^{n_{AA}}(n_{Aa})^{n_{Aa}}(n_{aa})^{n_{aa}}}\right) \sim \chi^2_{df=1}$ |

（续）

| 等位基因数 | 测验 | 统计量 |
|---|---|---|
| 多个 | (1) $\chi^2$ 检验 | $\chi_T^2 = \sum_u \dfrac{n\hat{D}_{uu}^2}{\hat{P}_u^2} + \sum_u \sum_{v \neq u} \dfrac{2n\hat{D}_{uv}^2}{\hat{P}_u \hat{P}_v}, \; df = k(k-1)/2$ |
|  | (2) 似然比检验（LRT） | $\ln L_1 = \text{constant} + \sum_u n_{uu} \ln\left(\dfrac{n_{uu}}{n}\right) + \sum_u \sum_{v \neq u} n_{uv} \ln\left(\dfrac{n_{uv}}{n}\right)$ <br> $\ln L_0 = \text{constant} + \sum_u n_u \ln\left(\dfrac{n_u}{2n}\right) + \sum_u \sum_{v \neq u} n_{uv} \ln(2) -$ <br> $2\ln(L_0/L_1) \sim \chi_{df = k(k-1)/2}^2$ |
|  | (3) 精确/概率检验 | $Pr[(n_{uv}) \mid (n_u)] = \dfrac{n! \; 2^{\sum_u \sum_{v \neq u} n_{uv}} \prod_u (n_u)!}{2n! \; \prod_{u,v} (n_{uv})!}$ |

注：引自 Weir, 1996。

（3）精确/概率检验

计算原理与前面陈述的两个等位基因情况一样，当基因型数多，相同样本容量下不同基因型数的排列组合数增加，当样本数较大时，计算强度高，该方法适合样本容量较小时的情况。

还有其他的一些检验方法，如采用自助抽样方法，计算 HWD 系数的分布，然后检验实际样本的 HWD 系数与随机分布的结果是否差异显著。

## 2.4　连锁不平衡 LD

### 2.4.1　配子 LD

当考虑两个或多个位点的 Hardy-Weinberg 平衡时，即使单个位点处于 HWE，也不能保证两个或多个位点同时处于 HWE，这样就必然涉及位点间的关联性，当两个位点相互独立时，每个位点内处于 HWE，两个位点联合基因型也应处于 HWE。当两个位点相关时，定义连锁不平衡（linkage disequilibrium）为两位点上配子基因同时发生的频率与各自基因频率的乘积之差，即两位点基因频率的协方差。假设 $A$ 位点有两个等位基因 $A$ 和 $a$，$B$ 位点有两个等位基因 $B$ 和 $b$，因此共有 9 种基因型 $AABB$，$AABb$，$AAbb$，$AaBB$，…，$aabb$。假设一群体中基因型频率为 $P_{ijkl}(i, j = A, a; k, l = B, b)$（注意为表达简单起见，我们设 $P_{Aakl} = P_{aAkl}$，$P_{ijBb} = P_{ijbB}$），于是可计算两个位点配子频率

$$p_{AB} = P_{AABB} + \frac{1}{2}(P_{AaBB} + P_{AABb} + P_{AB/ab}) \tag{2.32}$$

$$p_{A/B} = P_{AABB} + \frac{1}{2}(P_{AaBB} + P_{AABb} + P_{Ab/aB}) \tag{2.33}$$

式中，$P_{AB/ab}$ 表示 $AB$ 和 $ab$ 分别为两个拥有不同连锁基因的配子；$p_{AB}$ $p_{ab}$ 分别为共线染色体 $AB$ 和 $ab$ 配子的频率；$P_{Ab/aB}$ 表示 $Ab$ 和 $aB$ 分别为两个拥有不同连锁基因的配子；$p_{A/B}$

为不同染色体上 $AB$ 配子的频率。

有了上面符号记录后，可以定义两种基因的配子连锁不平衡 LD 为：

$$D_{AB} = p_{AB} - p_A p_B \tag{2.34}$$

$$D_{A/B} = p_{A/B} - p_A p_B \tag{2.35}$$

因此，配子 LD 可以被看作基因频率的协方差，可以有正、负或等于零。其他 3 种类型配子的频率可以表示为 $p_{Ab} = p_A p_b - D_{AB}$，$p_{aB} = p_a p_B - D_{AB}$，$p_{ab} = p_a p_b + D_{AB}$。非共线配子频率可以类似地给出（Weir，1996）。配子 LD 也可以用 4 种配子频率来表示，即 $D_{AB} = p_{AB} p_{ab} - p_{Ab} p_{aB}$，$D_{A/B} = p_{A/B} p_{a/b} - p_{A/b} p_{a/B}$，与用单个配子频率计算 LD 等同。

设两个位点间的重组率为 $c$，假设群体为随机交配系统，理论上可以证明经过一个世代后，子代群体的配子频率变为：

$$p'_{AB} = p_A p_B + c D_{AB} \tag{2.36}$$

$$p'_{A/B} = p_A p_B + \frac{1}{2} D_{A/B} \tag{2.37}$$

配子 LD 变为 $D'_{AB} = (1 - c) D_{AB}$，$D'_{A/B} = \frac{1}{2} D_{A/B}$，经过多世代随机交配后，子代群体的

LD 可以表示为 $D_{AB}(t) = (1 - c)^t D_{AB}(0)$，$D_{A/B}(t) = \frac{1}{2^t} D_{A/B}(0)$。

图 2-3 显示 LD 随着重组率增大或世代延长呈逐渐递减变化模式。在一给定时间内，两个位点的距离越近（$c$ 值越小），LD 越大，当 $c = 0.5$，LD 衰减速率最快；类似的，对于给定一对位点，时间越短，LD 维持越大。当重组率 $c < 0.5$ 时，$D_{A/B}$ 的衰减速率要比 $D_{AB}$ 快的多。

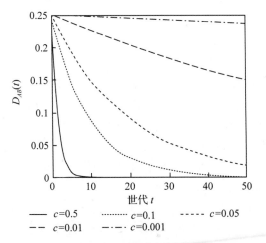

**图 2-3  配子连锁不平衡 LD**

注：LD 随着世代数（$t$）或重组率（$c$）增加而衰减模式

配子 LD 取值范围是 $[-0.25, 0.25]$。由于不同位点间基因频率的协方差不具可比性，通常用两种方法将其正态化处理，一是 Lewontin（1988）的 $D'_{AB}$ 定义，

$$D'_{AB} = \begin{cases} \dfrac{D_{AB}}{\text{Max}\,(-p_A p_B,\ -p_a p_b)} & (D_{AB} < 0) \\[3mm] \dfrac{D_{AB}}{\text{Min}\,(p_a p_B,\ p_A p_b)} & (D_{AB} > 0) \end{cases} \tag{2.38}$$

因此，$D'_{AB}$ 数值范围在 $-1$ 到 $+1$ 之间，但 $D'_{AB}$ 仍与基因频率有关。另一种正态化处理是 $r^2$：

$$r^2 = \frac{D_{AB}^2}{p_A(1-p_A)p_B(1-p_B)} \tag{2.39}$$

其值域在 0 到 1 之间，$r^2$ 也是两位点基因频率相关系数的平方或决定系数。

将两种配子 LD 之和 $D_{AB} + D_{A/B}$ 定义为复合（composite）配子 LD，用 $\Delta_{AB}$ 表示（Weir，1996）：

$$\Delta_{AB} = p_{AB} + p_{A/B} - 2p_A p_B \tag{2.40}$$

其正态化值为：

$$r^2 = \frac{\Delta_{AB}^2}{[p_A(1-p_A)+D_A][p_B(1-p_B)+D_B]} \tag{2.41}$$

式中，$D_A$ 为 HWD 系数，实际分析时，需要先测验单位点的 HWE，如果单位点测验接受 HEW 的话，将 $D_A$ 和 $D_B$ 用 0 取代，否则保留实际数值，然后测验 $r^2$。应用复合配子 LD 来描述配子 LD 的报道较少，但它综合了同一条染色和不同染色体上的两基因的连锁不平衡信息，常为分析高阶位点连锁不平衡值的组成部分。

## 2.4.2  高阶 LD

当考虑三个基因或三个以上的基因连锁不平衡值时，需要定义高阶 LD 的计算，图 2-4 示基因型 *AABB* 中的所有可能的 LD 类型。

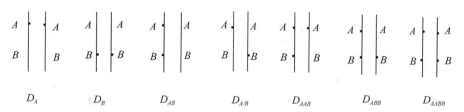

**图 2-4  低阶与高阶 LD**

注：基因型 *AABB* 中不同类型的连锁不平衡

三基因的 LD 定义为：

$$D_{AAB} = p_{AAB} - p_A D_{AB} - p_A D_{A/B} - p_B D_A - p_A^2 p_B \tag{2.42}$$

$$D_{ABB} = p_{ABB} - p_B D_{AB} - p_B D_{A/B} - p_A D_B - p_A p_B^2 \tag{2.43}$$

即分别由 $p_{AAB}-p_A^2 p_B$ 和 $p_{ABB}-p_A p_B^2$ 减去各自的所有低阶 LD 效应剩余的部分。这些低阶 LD 包括 HWD 系数及配子 LD。类似的，四基因 LD 定义为：

$$\begin{aligned} D_{AABB} = {} & P_{AABB} - 2p_A D_{ABB} - 2p_B D_{AAB} - 2p_A p_B D_{AB} - 2p_A p_B D_{A/B} - \\ & p_A^2 D_B - p_B^2 D_A - D_{AB}^2 - D_{A/B}^2 - p_A^2 p_B^2 \end{aligned} \tag{2.44}$$

即由 $P_{AABB} - p_A^2 p_B^2$ 减去所有低阶 LD（Weir and Cockerham, 1989）。高阶 LD 的定义可以应用 Bennett（1954）提供的方法推导获得。

如果分析杂合子基因型频率的协方差的话，基因型 LD 也可定义如下：

$$Cov(P_{AA}, P_{BB}) = \delta_{AABB} = P_{AABB} - P_{AA}P_{BB} \qquad (2.45a)$$

$$Cov(P_{Aa}, P_{BB}) = \delta_{AaBB} = P_{AaBB} - P_{Aa}P_{BB} \qquad (2.45b)$$

$$Cov(P_{AA}, P_{Bb}) = \delta_{AABb} = P_{AABb} - P_{AA}P_{Bb} \qquad (2.45c)$$

$$Cov(P_{Aa}, P_{Bb}) = \delta_{AaBb} = P_{AaBb} - P_{Aa}P_{Bb} \qquad (2.45d)$$

上面四种两位点的基因型频率 LD 为随机变量，一旦选定分析这些 LD，其余类型合子 LD 就确定了，这是因为存在制约条件 $\sum_{i=AA, Aa, aa} \delta_{iBB} = \sum_{i=AA, Aa, aa} \delta_{iBb} = \sum_{i=AA, Aa, aa} \delta_{ibb} = 0$，同样 $\sum_{j=BB, Bb, bb} \delta_{AAj} = \sum_{j=BB, Bb, bb} \delta_{Aaj} = \sum_{j=BB, Bb, bb} \delta_{aaj} = 0$。$\delta_{AaBb}$ 反映了两位点杂合子频率的协方差，可用于分析沿着染色体邻近位点的杂合子相关性。由式（2.38）定义的复合配子 LD 与杂合子基因型 LD 存在如下关系（Hu and Yeh, 2014）：

$$\Delta_{AB} = 2\delta_{AABB} + \delta_{AaBB} + \delta_{AABb} + \delta_{AaBb}/2 \qquad (2.46)$$

类似的，高阶 LD 也需要正态化以便不同位点间有可比性，这需要计算高阶 LD 的方差，可以采用 Fisher 的 Delta 方法近似推导，由于这些方差表达式复杂，这里不进一步列出，有兴趣的读者参见相关文献（Weir, 1996；Hu and Yeh, 2014）。

### 2.4.3　LD 检验

配子 LD 估值可以直接从配子频率和基因频率计算得到，而基因频率和基因型频率可以从样本基因型观察个数计算，由于基因型频率直接估值为极大似然估计，因而所得到的配子 LD 也为极大似然估计值。同 HWD 系数检验类似，配子 LD 检验也可用多种统计量分布进行（表 2-4；Weir, 1996），配子 LD 检验与检验两位点基因频率相关性一致的。

（1）$z$-测验（正态分布测验）

无效假设 $H_0: D_{AB} = 0$；备份假设 $H_1: D_{AB} \neq 0$（两尾测验）。由抽样导致配子 LD 的期望为有偏估计，估算方法如下：

$$E(\hat{D}_{AB}) = \left(1 - \frac{1}{2n}\right) D_{AB} \qquad (2.47)$$

抽样方差可以用 Fisher 的 Delta 方法计算得到，即

$$V(\hat{D}_{AB}) = \frac{1}{2n}\left[p_A(1-p_A)p_B(1-p_B) + (1-2p_A)(1-2p_B)D_{AB} - D_{AB}^2\right] \qquad (2.48)$$

估计值近似正态分布 $\hat{D}_{AB} \sim N(E(\hat{D}_{AB}), V(\hat{D}_{AB}))$，由此可构建 $z$-测验（表 2-4）。

（2）$\chi^2$ 检验

由 $z$-测验统计量的平方服从卡方分布，在 $H_0$ 假设下得到卡方分布统计量具体表达式，自由度=1。也可直接用离散的配子观察值与期望值之差（用 $2 \times 2$ 列联表测验），并用 0.5 校正的卡方值，即

$$\chi^2_{D_{AB}} = \sum_{\text{配子类型}} \frac{(|\text{观察值} - \text{期望值}| - 0.5)^2}{\text{期望值}} \qquad (df = 1) \qquad (2.49)$$

**表 2-4　配子连锁不平衡值 LD 测验方法**

| 等位基因数 | 测验 | 统计量 |
|---|---|---|
| 两个 | (1) $z$-测验（正态分布） | $z = \dfrac{\hat{D}_{AB} - E(\hat{D}_{AB})}{Var(\hat{D}_{AB})^{1/2}}$ |
| | (2) $\chi^2$ 检验 | $\chi^2 = \dfrac{2n\hat{D}_{AB}^2}{\hat{P}_A(1-\hat{P}_A)\hat{P}_B(1-\hat{P}_B)}$　$(df=1)$ |
| | (3) 准确/概率检验 | $Pr(n_{AB}, n_{Ab}, n_{aB}, n_{ab}) = \dfrac{n_A!\,n_a!\,n_B!\,n_b!}{n_{AB}!\,n_{Ab}!\,n_{aB}!\,n_{ab}!\,(2n)!}$ |
| 两个以上 | (1) $\chi^2$ 检验 | $\chi_{uv}^2 = \dfrac{n\hat{D}_{uv}^2}{\hat{P}_u(1-\hat{P}_u)\hat{P}_v(1-\hat{P}_v)}$　$(df=1)$ <br> $\chi_T^2 = \displaystyle\sum_{u=1}^{k}\sum_{v=1}^{l}\dfrac{2n\hat{D}_{uv}^2}{\hat{P}_u\hat{P}_v}$　$[df=(k-1)(l-1)]$ |
| | (2) 准确/概率检验 | $Pr[(n_{uv})\mid(n_u),(n_v)] = \dfrac{\prod_u n_u!\,\prod_v n_v!}{(2n)!\,\prod_{u,v} n_{uv}!}$ |

由于 $z$-检验和 $\chi^2$-检验的分母与基因频率有关，为避免因分母过小导致卡方值溢出或过大，通常筛选合适的位点进行，如最小等位基因频率（minor allele frequency，MAF）大于 0.05 的基因位点。

（3）概率检验

样本配子数服从多项分布，而样本基因数服从二项分布，因此可以计算样本观察值发生的条件概率（表 2-4）。实际检验时，要计算所有相同样本容量但配子型不同的样本发生概率，然后依概率由小到大排序，检测特定样本发生及其以下样本发生概率总和，如果小于 5%，则拒绝 $H_0$，这与表 2-3 中的概率检验思想一致。

对于多等位基因间的连锁测验，可以分别计算成对位点的配子 LD，单独测验每对位点的 LD（$\chi_{uv}^2$），或将所有等位基因对一起考虑（$\chi_T^2$），采用卡方检验（表 2-4）。准确/概率检验的计算原理与前面陈述的一致，计算条件概率 $Pr(n_{uv}\mid n_u, n_v)$，确定相同样本容量下不同配子组合的概率，再由小到大排序，检查观察样本概率及其以下的概率之和是否小于 $\alpha$ 水平（Weir，1996）。

对于高阶 LD 检验，可以采用两种途径实现：一是采用 Fisher 的 Delta 方法计算高阶 LD 的方差，如 $V(D_{AAB})$、$V(D_{AABB})$ 等，以及期望均值，如 $E(D_{AAB})$、$E(D_{AABB})$ 等，这些表达式一般都比较复杂，然后采用近似正态分布 $z$-检验或卡方分布检验样本估计值 LD。需要注意的是检验高阶 LD 之前，先检验低阶 LD，对于不显著的低阶 LD 设置为零，然后逐步检验更高阶的 LD（Weir and Cockerham，1989；Hu and Yeh，2014）。二是采用自助抽样法，从原始样本产生若干样本，每次计算高阶 LD，获得的高阶 LD 数值由小到大进行排列分布，再比较原始样本估计值在该排列分布中的位置，确定观察样本高阶 LD 的显著性。

### 2.4.4 产生 LD 的过程

位点间基因或基因型频率协方差 LD 反映了两位点的相互关系，并不意味着两位点一定是在同一条染色体上，产生 LD 的进化过程除了突变、迁移、选择及漂变四个基本过程外，交配系统及重组参与改变 LD（图 2-5）。由于两基因位点的功能或进化属性可以不同，应用位点间的相互关系反映在不同的目的上。例如，当其中一个基因位点控制一数量性状或疾病性状变异（quantitative trait loci，QTL）或而另一个位点为分子标记时，LD 是性状/疾病—标记关系分析的遗传基础，即可用于 QTL 定位分析；当一个位点位选择性位点，而另一个位点是选择中性时，遗传搭乘效应（genetic hitchhiking）（Maynard Smith

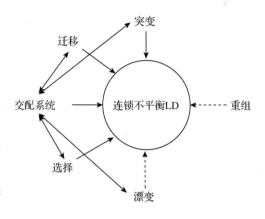

**图 2-5 产生 LD 的因素**

注：产生连锁不平衡值 LD 的进化过程，重组和漂变降低 LD 而其它过程增加 LD

and Haigh，1974；Barton，2000）或背景选择（background selection）（Charlesworth *et al.*，1993；Hu and He，2005）将改变 DNA 区域的遗传多样性等，LD 是性状—标记关联的遗传基础，在林木遗传育种、人类疾病防治等有重要应用。

由于配子频率不同，遗传抽样过程中会导致频率高的配子容易被保留下来，频率低的配子丢失概率更大。群体越小，这种效应越明显，特定的单倍型或配子传递到子代群体频率增加，连锁不平衡值因漂变而衰减。Hill 和 Robertson（1968）给出配子 LD 随着漂变而减弱的关系：

$$E[D(t)] = (1 - c)\left(1 - \frac{1}{2N_e}\right)E[D(t-1)]$$

$$= (1 - c)^t \left(1 - \frac{1}{2N_e}\right)^t D(0) \tag{2.50}$$

式（2.50）中的漂变的影响可以从 Fisher 的 Delta 公式求得，类似于随机抽样后，LD 的期望值逐渐降低，而重组部分容易从随机交配过程 LD 衰减关系获得。漂变起始时产生 LD，但在随后的随机交配系统中，漂变效应与重组功能一样，减弱位点间连锁不平衡值（Hu *et al.*，2011）。在漂变和重组单独作用或联合作用下，群体连锁不平衡期望值趋于零。仅考虑重组作用的话，重组减弱 LD 的趋势除了用上式表示外，也可用 $r^2$ 的变化表示，即 $r_t^2 = (1 - c)^{2t} r_0^2$，随着时间，衰减速率要比 $D$ 更快些（图 2-6）。

对于一个小的隔离群体，若漂变持续降低 LD，重组持续减弱 LD，LD 的期望值趋于 0，但与 LD 值不同，$D^2$ 值不会等于 0（Ohta and Kimura，1970），同样 $r^2 = \dfrac{D^2}{p(1-p)q(1-q)}$ 的期望值不等于 0，最后会达成漂变与重组效应平衡，理论上推导出 $r^2$ 的期望值（Saved and Feldman，1973）

$$E(r^2) = \frac{1}{1 + 4N_e c} \qquad (2.51)$$

$4N_e c$ 反映了每个世代发生的重组数，反映了重组率 $c$ 与漂变 $1/2(N_e)$ 的相对程度，即 $c/[1/(2N_e)] = 2N_e c$。有效群体 $N_e$ 越小，$E(r^2)$ 越大。注意 $E(r^2)$ 与 $E(D)$ 有不同的期望，后者在随机交配系统下为零时，前者不等于零。当群体很小时，实际调查分析抽样时，$E(r^2)$ 值增加了 $1/n$。由上式得到的 $N_e$ 估计值，

$$N_e = \frac{1}{4c}\left[\frac{1}{E(r^2)} - 1\right] \qquad (2.52)$$

反映了历史上有效群体大小，与 Hill (1981)给出的估计方法稍有不同，但理论上应该是一致的，都是在随机交配群体下，漂变与重组效应达到平衡的结果。

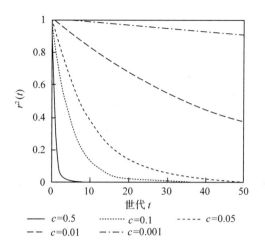

**图 2-6 LD 平方值变化特征**

注：连锁不平衡值 $r^2$ 随世代或重组率增加而衰减

在随机交配系统下，虽然整个群体有趋于连锁平衡的状态，位点间 LD 趋于零，只有非常靠近的位点(重组率很小)可以长时间保持连锁不平衡状态，因此在群体层面上要筛选紧密连锁的分子标记不易，然而，在群体层面上构建的分子标记连锁图谱却具有一定的通用价值，一旦建成，具有一定的普遍性(Hu *et al.*，2004)，适合分析多数群体。对群体内的具体某个半同胞或一个给定的全同胞家系子代中，LD 总是被持续维持着的，如林木群体某一颗树上结的种子(半同胞家系)，母本基因组的连锁构相(linkage phase)会持续影响其子代群体的连锁不平衡，类似的，全同胞家系中，双亲基因组的连锁构相会持续地影响其全同胞家系连锁不平衡 LD。对于同一对分子标记而言，不同的家系(半同胞或全同胞)的连锁不平衡值有可能不一样，只有紧密连锁的标记才有可能在不同家系间都存在 LD。

当其他群体有不同配子或基因型频率时，迁移会导致接受群体产生连锁不平衡 LD，人为的群体混杂类似于迁移功能，也会产生基因间 LD，林木群体之间可以通过花粉流或种子流实现群体间基因流，产生 LD。理论上基因连锁不平衡值与迁移率呈正比，与重组率呈反比( $D \sim m/c$ )。例如，在大陆—岛屿(mainland-island)群体模型中，岛屿群体两中性位点间连锁不平衡值 LD 期望值计算如下：

$$E(D_{AB}) = \frac{4N_e \tilde{m}(1 - c)\bar{D}_{AB}}{4N_e c + (1 - c)(4N_e \tilde{m} + 1)} \qquad (2.53)$$

式中，$\tilde{m} = m_S + (1 - \alpha)m_P/2$，$m_S$ 和 $m_P$ 依次为种子和花粉迁移率；$\alpha$ 为自交率；$\bar{D}_{AB}$ 为迁移花粉和迁移种子中的连锁不平衡值 LD，高阶 LD 也有类似的定性关系，只是函数关系更复杂些(Hu，2013)。遗传高度分化的天然群体间杂交带基因间连锁不平衡值可表示为：

$$D_{AB} = \frac{\sigma_S^2 + (1 - \alpha)\sigma_P^2/2}{c} \frac{\partial p_A}{\partial x} \frac{\partial p_B}{\partial x} \qquad (2.54)$$

式中，$\sigma_S^2$ 和 $\sigma_P^2$ 依次为种子和花粉扩散方差；$\dfrac{\partial p_A}{\partial x}$ 及 $\dfrac{\partial p_B}{\partial x}$ 依次为 $A$ 和 $B$ 基因频率对空间位置 $x$ 处的一阶偏导（梯度）（Hu，2015），这些理论更清楚地表明迁移影响连锁不平衡值。

在特定配子上发生突变，导致仅该配子含有突变基因，产生基因连锁不平衡。突变的影响是发生在长期过程中，当与自然选择联合作用时，有利的等位基因频率逐渐升高，不利等位基因逐渐淘汰，产生 LD 区段（图 2-7），从减少紧密连锁位点的遗传多样性（遗传搭乘效应）；类似的，当突变基因有害或致死时，突变基因会被剔除了，与该位点紧密连锁的基因遗传多样性也会随之减少（背景选择），产生 LD 区段，形成 LD 区段的长度与选择强度有关，强度越大，影响的 LD 区段越长，最长的是整条染色体。

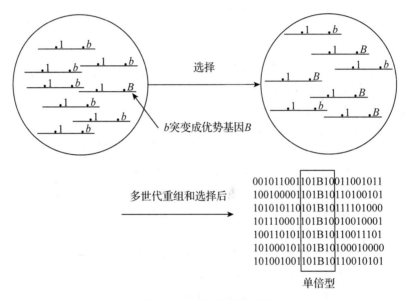

**图 2-7　LD 区段形成过程**
注：突变与选择联合作用产生特定单倍型和 LD 区段

自然选择本身也可产生基因连锁不平衡，不同形式的选择，如随机选择和上位性选择产生基因连锁不平衡 LD，在第 5 章中将介绍这方面的内容。

交配系统一般不视为基本进化动力，但其与四种基本动力都有交互作用，容易理解自交或近交会提供连锁不平衡值，近交减小有效群体大小 $N_e$（Caballero and Hill，1992），强化漂变效应，增加有害基因的固定概率（Kimura，1962），减弱自然选择功效（Charlesworth and Wright，2001；Glemin，2007）等，这些互作效应间接影响位点间连锁不平衡值 LD。

比较低阶与高阶 LD 强度，一般情况下配子 LD 要高于高阶 LD，Hu（2013）应用模拟分析证明在中性（突变、迁移及漂变）和线性可加选择性过程条件下，低阶 LD 总是要大于最大的高阶 LD；而当存在选择性基因位点间互作时，例如，因不同遗传背景互作效应导致的 Dobzhansky-Muller 不亲和（incompatibility）模型（DMI），理论上证明配子 LD（低阶）要小于最大的基因型 LD（高阶 LD），该结论可用于统计上检测位点间是否存在核基因位点选择互作（Hu and Yeh，2014）。

从产生 LD 的过程看, 自然选择导致功能基因的连锁不平衡值 LD, 反映了功能基因的互作效应, 而其他进化过程(突变、漂变和迁移)则产生统计意义上的基因间 LD, 实属统计意义上相关性, 但可用于推测群体形成历史路径, 群体多样性地理分布格局、起源等过程。

## 2.5 交配系统分析

交配系统(mating system)是导致偏离 Hardy-Weinberg 平衡的重要因素之一。根据 Brown(1990)的划分, 植物交配系统可分为: 近交为主系统(异交率 $t$ <10%)、异交为主系统 ($t$ >95%)、混合交配系统、单性生殖及单倍体自交。交配系统研究经历了由传统的定性描述、理论模型分析、同功酶标记的应用, 到 DNA 分子标记的应用等发展过程(Hu and Ennos 1999a; Zhou *et al.*, 2020)。在统计方法上, 至今对于交配系统中异交率的估计较完善, 依据是否调查亲本基因型母本的子代样本, 可以将分析方法分为以下几种类型:

(1)纯合母本后代 (半同胞, 母本基因型已知)

利用分子标记调查单株母树上结的种子的基因型, 可以判断种子是否杂合子, 即父本是否来自自身还是来自其他植株, 但要精确估计异交率 $t$ 或自交率($1-t$) 需要借助适当的统计方法。例如, 考虑母本纯合基因型 $A_u A_u (u = 1, 2, \cdots, l)$, 假设群体花粉库中基因 $A_u$ 的频率为 $p_u$, 杂合子发生概率为 $t(1-p_u)$, 对于位点 $u$, 从该母株随机抽取 $n_u$ 种子, 杂合子 $A_u A_v (u \neq v)$ 的数量服从二项分布, 即 $n_H \sim B[n_u, t(1-p_u)]$, 同时采用多个标记调查该母株子代样本, 建立似然函数:

$$L(t) = C \prod_u [t(1-p_u)]^{n_H} [1 - t(1-p_u)]^{n_u - n_H} \qquad (2.55)$$

$C$ 为常数, 采用一阶导数 $\partial \ln(L)/\partial t = 0$, 求得

$$\frac{1}{t} \sum_u n_H - \sum_u \left[ \frac{(n_u - n_H)(1-p_u)}{1 - t(1-p_u)} \right] = 0 \qquad (2.56)$$

可以采用迭代方法估计异交率 $t$。注意该方法的应用前提是: 花粉库中的基因频率 $p_u$ 事先估计的, 如假设花粉库中的基因频率与子房库中的相等, 同时调查群体多个样本, 根据样本基因型频率估计花粉库中的等位基因频率。进一步取二阶导数 $\partial^2 \ln[L(t)]/\partial^2 t$ 可以近似计算异交率的估计标准差, 或用 Fisher 的 Delta 方法计算异交率估值方差(Weir, 1996)。

(2)自交—异交平衡群体

假设群体处于异交与自交平衡状态, 异交率与近交系数 $F_{is}$ 存在以下关系(Caballero and Hill, 1992):

$$F_{is} = \frac{1-t}{1+t} \qquad (2.57)$$

因此, 可以通过 $F_{is}$ 估计异交率 $t$, $t = \frac{1-F_{is}}{1+F_{is}}$。近交系数可以根据基因型频率与基因频率之间的关系估计(Fyfe and Bailey, 1951),

$$p_{AA} = p_A^2 + p_A p_a F_{is} \qquad (2.58)$$

$$p_{Aa} = 2p_Ap_a(1 - F_{is}) \qquad (2.59)$$

$$p_{aa} = p_a^2 + p_Ap_aF_{is} \qquad (2.60)$$

$F_{is} = 1 - H_O/H_e$，$H_O$ 和 $H_e$ 分别为观测到的和期望的杂合子频率。异交率的方差也可以采用 Fisher 的 Delta 方法估计得到 $V(t) = \dfrac{4}{(1 + F_{is})^2}V(F_{is})$，$V(F_{is})$ 的估计可以采用刀切法或自助抽样方法估计。

（3）任意母本后代（半同胞，母本基因型已知）

假设存在一定的异交和自交率条件下，对于任意母本基因型（杂合子和纯合子），推出其子代（半同胞家系）的遗传组成，根据 E-M 原理可以计算出各子代基因型发生的相对频率，再计算由异交而产生的比率（详细见 Cheliak et al.，1983）。

（4）任意母本后代（半同胞，母本基因型未知）

有时野外调查只收集母树上的种子，如多点林木种源试验（在第 7 章中介绍），对种子进行基因分型，这时需要推测母本的基因型，依据每个母树为不同基因型的最大概率来确定。Clegg 等（1978）提出了一种方法同时估计异交率和母本基因型，有兴趣的读者也可参见 Weir（1996, pp. 260-268）介绍。

Ritland（2002）提出一种更为全面的分析方法，可以处理不同类型的数据，包括显性和共显性标记，卫星 DNA 标记等，估计单位点（$t_S$）和多位点（$t_m$）异交率，母本单位点的近交系数 $F$，家系中共同父本的比率或父本相关系数 $r_P$ 以及家系间自交的相关系数 $r_S$，花粉和子房中的基因频率。比较单位点（$t_S$）和多位点（$t_m$）异交率差异的显著性可以推测是否存在近亲交配，比较单位点和多位点 $r_P$ 推测群体分化是否导致父本相似性，用位点间自交的相关系数来推测是否存在双亲近交等信息，研制的 MLTR 程序适用分析不同类型的比较，有较好的应用。

从达尔文的《物种起源》发表以来，交配系统在植物进化和遗传育种中的重要性一直受到重视（Wright，1969），也被认为是合子形成前的物种形成障碍之一（Coyne and Orr，2004）。在遗传物质从一个世代到下一个世代传递时，自交和异交是两种不同的策略，有着不同的优缺点。自交优点在于确保繁殖成功，在面临传粉稀少时，自交系统易使植物在新的环境下生存和扩展。异交植物最大程度地利用外源花粉的作用，避免近交衰退，增强植物的适应能力。混合交配系统则同时采用两种遗传物质传递策略。在开花植物交配系统从异交向近交的演化过程中（Goodwillie et al.，2005；Charlesworth，2006；Barrett，2014），混交配系统常被视为一种过渡状态，但也有观点认为混交配系统是一稳定系统（Johnson et al.，2009；胡文昭等，2019），有关混合系统的稳定性问题仍需要更多研究澄清。需要认识到自交或近交除了导致 Hardy-Weinberg 不平衡外，它可与四种基本进化动力互作，在进化生物学研究中有重要意义。

## 2.6  Wahlund 效应

当两个或多个都处于 HWE 但基因频率不等的群体混杂后（population admixture），生成的混合群体就处于 HWD，这种现象称为 Wahlund 效应（Wahlund，1928），当群体间基因频率相同时，混合群体不会改变 HWE 状态。表 2-5 给出了一个数值示例，从中看出群体 1 和群体 2 都处在 HWE 状态，两群体混合后，混合群体的纯合子频率（$p_{AA} = 0.4243$）要高于 HWE 下（$p_{AA} = 0.4132$）的频率，而杂合子频率要低于期望频率，因而，混合群体处于 HWD 状态。

**表 2-5　Wahlund 效应**

| 项　目 | 群　体 | | | | | | | | |
| --- | --- | --- | --- | --- | --- | --- | --- | --- | --- |
| | 群体 1 | | | 群体 2 | | | 群体混合 | | |
| 基因型 | $AA$ | $Aa$ | $aa$ | $AA$ | $Aa$ | $aa$ | $AA$ | $Aa$ | $aa$ |
| 基因型数 | 10 | 20 | 10 | 49 | 42 | 9 | 59 | 62 | 19 |
| 基因型频率 | 0.25 | 0.5 | 0.25 | 0.49 | 0.42 | 0.09 | 0.4214 | 0.4429 | 0.1357 |
| 基因频率 | $p_A = 0.5$ | $p_a = 0.5$ | | $p_A = 0.7$ | $p_a = 0.3$ | | $p_A = 0.6429$ | $p_a = 0.3571$ | |
| HWD | 0 | 0 | 0 | 0 | 0 | 0 | 0.0082 | 0.0082 | 0.0082 |
| 期望基因型频率 | | | | | | | 0.4133 | 0.4592 | 0.1275 |

考虑一般情况，假设有 $n$ 个亚群体，基因 $A$ 的两个等位（$A$，$a$）基因频率在第 $i$ 个亚群体的基因型数位 $N_{AA(i)}$、$N_{Aa(i)}$ 和 $N_{aa(i)}$，亚群体数为 $N_i$（$N_i = N_{AA(i)} + N_{Aa(i)} + N_{aa(i)}$），总群体数为 $N = \sum\limits_i N_i$，第 $i$ 个亚群体的基因型频率为 $p_{AA(i)} = \dfrac{N_{AA(i)}}{N_i}$，$p_{Aa(i)} = \dfrac{N_{Aa(i)}}{N_i}$ 及 $p_{aa(i)} = \dfrac{N_{aa(i)}}{N_i}$，基因频率为 $p_{A(i)} = p_{AA(i)} + \dfrac{1}{2}p_{Aa(i)}$，$p_{a(i)} = p_{aa(i)} + \dfrac{1}{2}p_{Aa(i)}$（表 2-6）。假设每个亚群体的基因型频率服从 Hardy-Weinberg 平衡，即

**表 2-6　第 $i$ 个亚群体基因型频率**

| 项　目 | 基因型 | | |
| --- | --- | --- | --- |
| | $AA$ | $Aa$ | $aa$ |
| 频率 | $p_{AA(i)} = p_i^2$ | $p_{Aa(i)} = 2p_i q_i$ | $p_{aa(i)} = q_i^2$ |

假设将所有的亚群体混合，混合群体的基因型频率为：

$$p_{AA} = \frac{\sum\limits_{i=1}^{n} N_{AA(i)}}{N} = \sum_{i=1}^{n} \frac{N_i}{N} p_{AA(i)} = \sum_{i=1}^{n} w_i p_i^2 \tag{2.61}$$

$$p_{Aa} = \sum_{i=1}^{n} w_i (2p_i q_i) \tag{2.62}$$

$$p_{aa} = \sum_{i=1}^{n} w_i q_i^2 \tag{2.63}$$

式中，$w_i = N_i / N$ 为每个亚群体占总群体数的比例（$\sum\limits_{i=1}^{n} w_i = 1$）。亚群体间的基因频率方差为：

$$V(p_A) = \sum_{i=1}^{n} w_i(p_i - \bar{p})^2 = \sum_{i=1}^{n} w_i p_i^2 - \bar{p}^2 \qquad (2.64)$$

$$V(p_a) = \sum_{i=1}^{n} w_i(q_i - \bar{q})^2 = \sum_{i=1}^{n} w_i q_i^2 - \bar{q}^2 \qquad (2.65)$$

由于 $p_A + p_a = 1$，两基因频率方差相等，$V(p_A) = V(p_a)$，于是混合群体的基因型频率可以简化为：

$$p_{AA} = \bar{p}^2 + V(p_A) \qquad (2.66)$$

$$p_{Aa} = 2\bar{p}\bar{q} - 2V(p_A) \qquad (2.67)$$

$$p_{aa} = \bar{q}^2 + V(p_A) \qquad (2.68)$$

当亚群体间基因频率不相等时（ $p_{A(i)} \neq p_{A(j)}$ ； $i, j = 1, 2, \cdots, n$ ），亚群体间基因频率方差就不等于零，即 $V(p_A) \neq 0$，混合群体的基因型频率不服从 HWE，混合群体的杂合子频率要比在 HWE 条件下的期望值小，即杂合子缺失现象；当亚群体间基因频率相等时（ $p_{A(i)} = p$ ； $i = 1, 2, \cdots, n$ ），亚群体间基因频率方差就等于零，即 $V(p_A) = 0$，混合群体基因型频率没有改变，仍然服从 HWE。群体混杂的过程类似于基因迁移的功能，当迁移基因频率与接受群体基因频率不等时，使得接受群体基因型频率不服从 HWE。

若考虑多位点时，除了导致单个位点的 HWD 外，混合群体也会产生位点间的连锁不平衡值 LD，这一结果也反映出了 Wahlund 效应会产生统计学上的位点相关性。实际判断是否存在 Wahlund 效应，应同时调查多个位点或多基因组核苷酸位点，Wahlund 效应实质上等同迁移过程结果，只是迁移率更高些，因此 Wahlund 效应会同时改变多位点的遗传多样性，如同时降低多位点杂合子频率。

## 2.7　分析软件介绍

两个常用的基于 Windows 的软件（Popgene，Genepop）可以分析本章介绍的内容，包括基因频率、基因型频率、HWE 测验、成对位点 LD 测定，刀切法（Jackknife）、自助抽样法（Bootstrap）用于估计参数标准差，Fisher 的精确概率检验等，Popgene 还可以处理显性标记。两个程序包下载网址如下：

Popgene：https：//sites. ualberta. ca/ ~ fyeh/ popgene_ download. html

Genepop：http：//kimura. univ-montp2. fr/ ~ rousset/Genepop. htm

Haploview 软件用于估计本章介绍的群体基因组数据中 LD 区段，计算成对 SNP 位点的 LD（ $D'$ , $r^2$ ），MAF 等，下载网址为：

http：//www. broadinstitute. org/scientific – community/science/programs/medical – and – population–genetics/haploview/haploview

### 复习思考题

1. 统计抽样对群体遗传进化有何影响？它与遗传抽样有何不同？

2. 在 RAPD，SSR allozymes，RFLP，AFLP，DNA SNPs 标记中，哪些共性标记？哪些

是显性标记?

3. 简述极大似然法是怎样估计基因频率的(给出关键步骤)。

4. 在什么情况下用 E-M 方法估计基因频率?

5. 简述极大似然函数与后验分布的关系。

6. 描述刀切法和自助抽样方法异同。

7. 交配系统中的异交是否包含近亲交配?

8. 从一个二倍体群体随机抽取 20 个体,用共显性标记来进行遗传变异分析,以下是标记的电泳谱带图,三个位点,每个位点有两个等位基因,回答下列问题:

| 样品 | 1 | 2 | 3 | 4 | 5 | 6 | 7 | 8 | 9 | 10 | 11 | 12 | 13 | 14 | 15 | 16 | 17 | 18 | 19 | 20 |
|---|---|---|---|---|---|---|---|---|---|---|---|---|---|---|---|---|---|---|---|---|
| **A 位点** | | | | | | | | | | | | | | | | | | | | |
| A | — | — | — | — | — | — | — | — | — | | — | — | — | — | — | — | — | — | — | — |
| a | | — | | — | | | — | | | | — | | | — | | — | | — | | — |
| **B 位点** | | | | | | | | | | | | | | | | | | | | |
| B | — | — | — | — | — | — | — | — | — | — | — | — | — | — | — | — | — | — | — | — |
| b | — | | | | | | | | | | | | | — | | — | | | | |
| **C 位点** | | | | | | | | | | | | | | | | | | | | |
| C | — | — | — | — | — | — | — | — | — | — | — | — | — | — | — | — | — | — | — | — |
| c | | — | | — | | | | | | | | | | | | | | | | |

(1)计算各位点的基因型,等位基因频率。

(2)在 Hardy-Weinberg 平衡下,计算期望杂合子频率。

(3)如果该群体存在近交,计算每个位点的近交系数($F_{is}$)。

[提示:可用 $F = 1 - H_o/H_e$,$H_o$ 为观察的杂合子频率,$H_e$ 为在 Hardy-Weinberg 平衡下杂合子频率]

(4)测定位点间的配子连锁不平衡性。

(5)对于 C 位点,试分析如果第 2 和第 4 个体交配时产生子代基因型及其频率分布。

# 第3章　遗传漂变

## 3.1　遗传漂变过程

由于各种自然随机因素的影响，如森林火灾、生境破碎化、气候变化等，林木群体大小发生改变，群体遗传组成（基因型频率、等位基因数量及基因亲缘关系）随时间或空间一般都呈现出一定的随机性；同样，一些生物学原因，如不同植株的繁殖力差异和物种竞争等导致种群生态位（ecological niche）的不确定性等，产生群体遗传组成的波动。公认的例子就是分子群体遗传变异主要表现出中性进化，由有效群体大小 $N_e$ 和突变决定（$\theta = 4N_e\mu$），但变异的方向是随机而不确定的，即随机过程（random process）；类似的，当基因受随机选择过程作用时，非中性基因的遗传组成也会随机变化；当存在稳定选择条件下，漂变作用也会导致适应性基因的随机过程。对林木群体而言，这种随机性可反映在配子等位基因的随机抽样上，也可以反映在合子阶段种子的随机遗传抽样上，产生群体遗传组成随机变化。下面将从基因频率的变化和基因溯祖特征来阐述遗传漂变过程及其导致的最终趋势。

### 3.1.1　基因频率变化趋势

考虑一个位点两个等位（$A$，$a$）情况，假设群体数量 $N$ 保持不变（Wright-Fisher 群体增长模型，每对亲本产生 2 个子代），起始基因频率为 $p_{A(0)}$，纯遗传抽样过程导致等位基因 $A$ 趋于丢失的概率为其起始频率，最终的趋势是 $A$ 基因趋于固定或消失。图 3-1 为一模拟结果，当群体数量 $N$ 保持在 10 株，$p_{A(0)} = 0.5$，基因频率在随后的世代中波动，偏离 0.5，因抽样基因频率增大或减小，很快基因快速固定或丢失；当 $N = 50$ 时，由于样本增大，抽样导致基因频率波动要小些，需要较长的时间才能固定或丢失；当 $N = 100$ 时，基因频率因抽样而引起的波动进一步减小，因而需要更长的时间才能固定或消失，基因频率波动的方差随着 $N$ 增大而变小，但总的趋势仍是极大化，直到所有基因被固定或被消失。

从上述模拟结果可以概括：①遗传漂变是无方向的；②遗传漂变导致群体内遗传多样性下降或纯合子频率升高；③假如图中每一条线代表一个群体基因频率的变化轨迹，遗传漂变导致许多不同群体遗传分化，最终会有 $p_{A(0)}$ 比例的群体基因固定或有 $1-P_{A(0)}$ 比例的群体基因消失；④基因固定［速率 $= 1/(4N)$］或消失［速率 $= 1/(4N)$］时间随群体变小而缩短。

理论上，遗传漂变影响可以从基因频率方差变化清晰地反映出来（Wright，1969），从一起始群体随机抽样得到第 1 世代基因频率 $p_{A(1)} = p_{A(0)} + \delta_{(1)}$，式中 $\delta_{(1)}$ 为随机改变的部分，所得样本可以被看成从二项分布 $[p_{A(0)} + (1-p_{A(0)})]^{2N}$ 展开中的一项，因此，由二

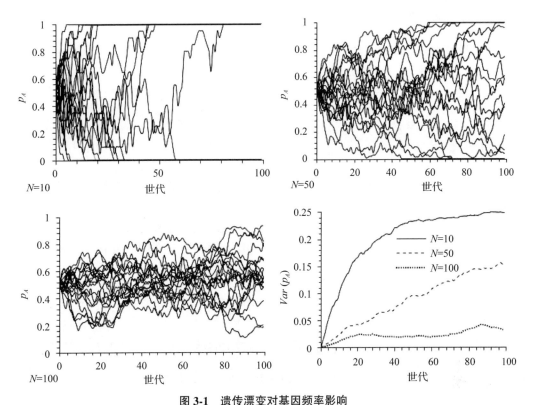

**图 3-1 遗传漂变对基因频率影响**

注：基因频率及其方差在不同群体大小下随世代的变化模式

项分布特点可得到：

$$V(p_{A(1)}) = V(p_{A(0)}) + V(\delta_{(1)}) = \frac{p_{A(0)}(1 - p_{A(0)})}{2N} \tag{3.1}$$

$p_{A(1)}$ 可以取不同的数值，假设其概率密度分布为 $\varphi$（由二项分布展开的每项发生概率组成，是离散的，这里用连续密度近似表示）。

从第 1 世代群体任意随机抽取 $2N$ 配子组成在第 2 世代群体，对于其中一个群体，基因频率 $p_{A(1)}$，第 2 世代抽样相当于从 $[p_{A(1)} + (1 - p_{A(1)})]^{2N}$ 分布中获得，记 $p_{A(2)} = p_{A(1)} + \delta_{(2)}$，式 $\delta_{(2)}$ 为随机改变的部分，对于该群体而言，$\delta_{(2)}$ 的方差为 $\frac{p_{A(1)}(1 - p_{A(1)})}{2N}$。考虑到从所有可能的第 1 世代群体中抽样，第 2 世代群体基因频率方差表示为：

$$V(p_{A(2)}) = V(p_{A(1)}) + \frac{1}{2N} \int_0^1 p_{A(1)}(1 - p_{A(1)}) \varphi \mathrm{d}p_{A(1)}$$

$$= V(p_{A(1)}) + \frac{1}{2N}[p_{A(0)}(1 - p_{A(0)}) - V(p_{A(1)})]$$

$$= \frac{p_{A(0)}(1 - p_{A(0)})}{2N}\left[1 + \left(1 - \frac{1}{2N}\right)\right] \tag{3.2}$$

类似的，从第 $t - 1$ 世代群体随机抽样获得第 $t$ 世代遗传组成，基因频率在所有可能的群体间方差可表示为：

$$V(p_{A(t)}) = V(p_{A(t-1)}) + \frac{1}{2N}[p_{A(0)}(1 - p_{A(0)}) - V(p_{A(t-1)})]$$

$$= \frac{p_{A(0)}(1 - p_{A(0)})}{2N}\left[1 + \left(1 - \frac{1}{2N}\right) + \left(1 - \frac{1}{2N}\right)^2 + \cdots + \left(1 - \frac{1}{2N}\right)^{t-1}\right]$$

$$= p_{A(0)}(1 - p_{A(0)})\left[1 - \left(1 - \frac{1}{2N}\right)^t\right]$$

$$= p_{A(0)}(1 - p_{A(0)})(1 - e^{-\frac{t}{2N}}) \tag{3.3}$$

当 $t \to \infty$ 时，基因频率方差增加并趋于 $p_{A(0)}(1 - p_{A(0)})$，即群体在起始时给定的等位基因频率方差。

在纯遗传漂变过程下，群体近交系数随世代变化，近交系数定义为从群体中随机抽取两个等位基因为亲缘相同（identity by descent，IBD）的概率，它的世代变化可以表示为：

$$f_{t+1} = \frac{1}{2N} + \left(1 - \frac{1}{2N}\right)f_t$$

$$= 1 - \left(1 - \frac{1}{2N}\right)^t(1 - f_0) \tag{3.4}$$

若杂合子频率用 $H_t = 2p_{A(0)}(1 - p_{A(0)})(1 - f_t)$ 表示的话，其随世代变化的表达式为 $H_t = \left(1 - \frac{1}{2N}\right)^t H_0 = H_0 e^{-\frac{t}{2N}}$，$\frac{dH_t}{dt} = -\frac{1}{2N}H_t$，类似于基因频率方差的世代变化，杂合子频率以 $1/(2N)$ 的速率衰减。因此，群体越小，杂合子频率衰减速率越快。

Wright（1931）首次给出了在长时间漂变过程下，基因频率密度分布函数 $\varphi(p, x; t) = 6p(1 - p)e^{-\frac{t}{2N}}$，（$t \to \infty$）。采用 Kolmogorov（1931）前进方程，Kimura（1955）给出了纯漂变过程下基因频率变化的分布密度函数 $\varphi$，$\varphi$ 满足下列方程：

$$\frac{\partial \varphi}{\partial t} = \frac{1}{4N}\frac{\partial^2[x(1 - x)]}{\partial x^2} \quad (0 < x < 1) \tag{3.5}$$

其解析式可近似为：

$$\varphi(p, x; t) = 6p(1 - p)e^{-\frac{t}{2N}} + 30p(1 - p)(1 - 2p)(1 - 2x)e^{-\frac{3t}{2N}} + \cdots \tag{3.6}$$

式中，$p$ 为起始基因频率（可以是 $p_A$ 或 $p_a$）；$x$ 为经过时间 $t$ 后的基因频率，随着时间延长，基因频率密度分布曲线逐渐变得平坦，更多的基因趋于固定或丢失，与模拟结论一致。

理论上证明，当一个等位基因频率在当前群体为 $p$（可以是 $p_A$ 或 $p_a$）时，该基因的平均固定时间为 $-4N\left(\frac{p}{1 - p}\right)\log(p)$（Kimura and Ohta，1969），当 $p = 1/(2N)$，平均固定需要时间为 $2\left(\frac{N_e}{N}\right)\ln(2N)$。由此可见，群体越大，基因固定所需要的时间就越长。

### 3.1.2 基因溯祖过程

遗传漂变过程的另一角度描述就是溯祖过程（coalescent process）（Kingman，1982a，

1982b)，从现有的群体基因往回看，共同祖先的数量会越来越少，直至最后一个或少数几个共同祖先。例如，图 3-2 中 1、2、3 基因回溯到共同祖先 X，基因；4、5、6 基因回溯到祖先 Y，X 和 Y 祖先可能要经过很长时间才能够回溯到共同祖先。图中没有在当前样本出现的基因是由于历史上遗传漂变影响而丢失。

考虑 1 个位点 3 个等位基因情况，假设群体增长模型为 Wright-Fisher 模型，从当前有限群体中随机抽取 2 个基因，从时间往回看，任意两个基因亲缘相同（同一祖先基因的不同拷贝）来自上一世代的概率为 $1/(2N)$，基因仍然为不同非亲缘的概率为 $1-1/(2N)$，如果在 $t-1$ 世代前，两基因一直保持着非亲缘相同 IBD 状态，其概率为 $\left(1-\dfrac{1}{2N}\right)^{t-1}$，但到了 $t$ 世代前，两基因发生共祖，概率为 $1/(2N)$，因此，依据概率乘法定理，两随机抽取两个基因在 $t$ 世代前发生共祖的概率为：

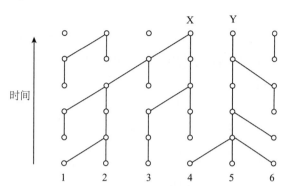

**图 3-2　遗传漂变过程下基因的丢失**

注：从时间上回溯，现有样本基因的共同祖先数逐渐减少

$$Pr(T=t) = \frac{1}{2N}\left(1-\frac{1}{2N}\right)^{t-1}$$
$$= \frac{1}{2N}e^{-(t-1)/2N} \tag{3.7}$$

近似呈负指数分布，时间越久，发生共祖的概率越小，平均共祖时间为 $\bar{t} = \int tPr(t)\,\mathrm{d}t = 2N$。因此，当群体越大时，平均共祖时间越长，小群体导致基因快速回溯到共同祖先。

考虑随机抽取 $n$ 个等位基因样本，假设在一个世代同时发生两个或多个共祖事件的概率可以忽略不计（图 3-3），每个世代仅发生一次共祖事件的概率为 $C_n^2 \dfrac{1}{2N} = \dfrac{n(n-1)}{2}\dfrac{1}{2N}$，而不发生共祖事件的概率为 $1 - \dfrac{n(n-1)}{2}\dfrac{1}{2N}$。类似的，假设在 $t-1$ 世代前没有发生共祖事件，但在 $t$ 世代前发生共祖，应用概率乘法原理，共祖事件发生概率服从几何分布为：

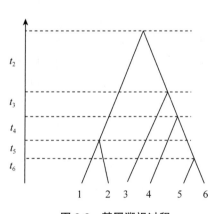

**图 3-3　基因溯祖过程**

注：6 个等位基因的回溯过程，理论上溯祖时间从 $t_6$ 到 $t_2$ 逐渐增长

$$Pr(T=t) = \left[1 - \frac{n(n-1)}{2}\frac{1}{2N}\right]^{t-1}\frac{n(n-1)}{2}\frac{1}{2N} \tag{3.8}$$

$n$ 个基因发生一次共祖事件的平均时间为 $\bar{t}_n = 4N/[n(n-1)]$，类似的，$n-1$ 个基因发生一次共祖事件的平均时间为 $\bar{t}_{n-1} = 4N/[(n-1)(n-2)]$，$\cdots$，一直到 $\bar{t}_2 = 2N$。由此可以看出，随着不同亲缘基因数变少，平均共祖时间变长，即 $\bar{t}_n < \bar{t}_{n-1} < \cdots < \bar{t}_2$，因此，$n$ 个基因共祖发生的平均时间为：

$$\bar{t} = \sum_{t=2}^{n} \bar{t}_i = 4N\left(1 - \frac{1}{n}\right) \tag{3.9}$$

当 $n$ 很大时，$n$ 个基因平均共祖时间 $\bar{t} = 4N$，其中最后两个基因平均时间占整个平均时间的一半。

对于单倍体基因和父本遗传的单亲基因，可以将 $N/2$ 用父本数 $N_{\text{male}}$ 替代；对于母本遗传的单亲基因用母本数 $N_{\text{female}}$ 替代，平均共祖时间要比二倍体核基因的平均共祖时间短很多（Hu，2000）。

## 3.2 有效群体大小 $N_e$

### 3.2.1 $N_e$ 概念及影响因素

在许多影响 HWD 的因素中，有限繁育群体是其中因素之一，尽管一般物种群体数量很大，但实际参与繁殖后代的群体数量有限。反映在群体遗传组成上，同一位点的两个等位基因（二倍体）存在遗传相关性，而非随机组合。即因有限群体导致单株上的等位基因有可能来自同一亲本或祖先的同一基因的不同拷贝；也反映在基因频率在不同世代间存在因遗传抽样而产生变化，即基因频率存在方差。有效群体大小概念（Wright，1931）很好地统一了这方面的认识，其含义是在一个理想群体中，在随机遗传漂变影响下，能够产生相同的等位基因分布或者等量的同系繁殖的个体数量，该理想群体为一均衡性别比、随机交配及亲本无繁殖差异的群体。例如，一个实际群体有 500 株，其丢失遗传变异速率相当于一个 100 株的理想群体的遗传丢失速率，那么这个实际群体大小为 $N = 500$，但有效群体数为 $N_e = 100$。

通常有效群体大小主要从两方面度量：

（1）通过理想群体的杂合子频率减少的速率确定

即
$$H_t = \left(1 - \frac{1}{2N_e}\right)H_{t-1} \tag{3.10}$$

$$N_e = \frac{H_{t-1}}{2(H_{t-1} - H_t)} \tag{3.11}$$

如果定义 $H_t = (1-f_t)H_0$，$f$ 为近交系数（两个等位基因来自同一亲本或祖先某基因的拷贝的概率），那么 $N_e = \frac{1-f_{t-1}}{2(f_t - f_{t-1})}$。当 $f_{t-1} = 0$ 时，$N_e = \frac{1}{2f_t}$，即 2 倍近交系数的倒数。根据实际群体的杂合子频率的世代变化与理想群体杂合子频率变化比对，计算实际群体的有效群体大小，因此，该途径估计的 $N_e$ 又称为近交有效群体大小（inbreeding effective population size，$N_{e(I)}$），反映了一个世代的近交系数变化。

（2）通过理想群体遗传抽样引起的基因频率方差增加的速率确定

即
$$\sigma^2_{\Delta p_A} = \frac{p_A(1-p_A)}{2N_e} \tag{3.12}$$

$$N_e = \frac{p_A(1-p_A)}{2Var(p_A)} \tag{3.13}$$

根据实际群体基因频率方差在世代间变化与理想群体基因频率方差变化的比对，估计实际群体的有效群体大小，该方法估计的 $N_e$ 又称为方差有效群体大小（variance effective population size，$N_{e(V)}$）。在不同的条件下（如不同的交配系统），两种途径估计的结果有时是不一致的。此外，也有从分离位点数量因漂变衰减近似速率考虑，即分离基因随机消失的有效群体数量，由于群体数量是由转移矩阵最大特征根决定，又称为特征值有效群体大小（eigenvalue effective number；Ewens，1979，1982），这里我们只讨论前两种有效群体大小。

有限群体对 $N_e$ 的影响体现在多方面，在与不同交配系统互作下有不同的表达式。表3-1 列出了一些组合条件下的有效群体大小，有的是从杂合子频率变化获得，有的是从基因频率方差获得，与真实群体数不等。群体的亲本交配模式可以影响有效群体大小，雌雄同株但无自交发生，或等雌雄亲本数（$N_f = N_m = N/2$）且随机交配都会使得有效群体增大；同样混合同胞及同胞间随机交配或配子完全随机组合也会增加有效群体；随机交配条件下多倍体基因的有效群体是实际群体数的 $k$ 倍。

雌雄性别比不均衡时会减少有效群体大小，包括常染色体和性连锁基因。例如，某一动物群体，一年生产 105 头雌性个体，但只有 28 头雄性与雌性个体配育，该群体的近交有效群体大小为 $N_{e(I)} = \frac{4(105 \times 28)}{105 + 28} = 88$，要比实际群体数 105+28 = 133 少 35.3%。不同的物种或同一物种不同的群体间，有效群体大小存在变异的。

一年生或短周期植物，群体数量呈现波动现象，群体的有效大小受不同年份影响，群体数量很小时对 $N_e$ 的影响较大，基因频率方差最大，经过 $n$ 个世代后，与起初杂合子频率相比，杂合子频率近似地以多年有效群体大小的调和均值的导数为速率衰减。例如，某群体在过去 4 年的实际数量依次为 220，70，40 及 200 株，近交有效群体大小为：

$$N_{e(I)} = \frac{4}{\dfrac{1}{220} + \dfrac{1}{70} + \dfrac{1}{40} + \dfrac{1}{200}} = 82$$

为当代群体数的 41%（82/200），第 2 和 3 年群体的突然减少对 $N_e$ 较大。

亲本间繁殖力差异会带来对子代群体贡献不一，繁殖力强的亲本产生更多的子代，增加了子代群的亲缘关系和遗传相似性，从而加快了杂合子频率衰减速率，有效群体大小下降。例如，某一物种亲本间产生子代数量变异方差为 $\sigma^2_k = 7.12$，如果实际群体数量为 500时，则近交有效群体大小为 $N_{e(I)} = \frac{4 \times 500 - 2}{2 + 7.12} = 219$，为实际群体数的 43.8%，亲本间繁殖力差异影响很显著。

除了上述交配系统因素影响外，群体间基因流、选择及突变也会影响有效群体大小，在后面章节还会作进一步讨论。

表 3-1　不同因素影响下群体有效群体大小

| 漂变与交配系统互作 | 有效群体大小 |
| --- | --- |
| 雌雄同株，无自交 | $N_e = N + 0.5$ |
| 等雌雄亲本数($N_f = N_m = N/2$)且随机交配 | $N_e = N + 0.5$ |
| 混合同胞及同胞间随机交配 | $N_e = N + 1.5$ |
| 混合同胞及配子完全随机组合 | $N_e = N + 2$ |
| $k$-倍体随机交配(无近交) | $N_e = kN$ |
| 性连锁基因且等雌雄亲本数($N_f = N_m = N/2$) | $N_e = 0.75N$ |
| $N_m$ 个父本与 $N_f$ 个母本随机交配 | $N_e = \dfrac{4N_m N_f}{N_m + N_f}$ |
| 性连锁基因且不等雌雄亲本数 | $N_e = \dfrac{9N_m N_f}{4N_m + 2N_f}$ |
| 配子随机组合但群体数量多年波动 | $N_e = \dfrac{n}{\displaystyle\sum_0^{n-1} 1/N_i}$ |
| 亲本间繁殖力不等(方差 $\sigma_k^2$；均值 $\bar{k}$ ) | $N_e = \dfrac{N\bar{k} - 1}{\bar{k} - 1 + \sigma_k^2/\bar{k}}$ |
| 亲本间繁殖力不等但群体数不变( $\bar{k} = 2$ ) | $N_e = \dfrac{4N - 2}{2 + \sigma_k^2}$ |
| 亲本存在近交( $F_{is}$ )且繁殖力不等 | $N_e = \dfrac{N_o(子代数)}{1 - F_{is} + (1 + F_{is})(\sigma_k^2/\bar{k})}$ |

注：引自 Wright，1969。

### 3. 2. 2　应用分子标记估计 $N_e$

　　上述是直接调查群体实际数量及已知亲本交配模式后估计有效群体大小的，多数情况难以获得群体这些数据。由于有效群体大小概念在群体遗传学中的重要性，目前主要应用分子标记和 DNA 序列数估计有效群体大小( Luikat and Cornuet，1999；Wang，2005)，这里简要介绍 3 种方法：第一种方法是根据分子标记连锁不平衡值 LD 来估计 $N_e$，考虑一个有限的随机交配群体，遗传漂变产生位点间连锁不平衡，可以从 LD 与 $N_e$ 的模型关系中找到估计 $N_e$ 的计算式。从群体中随机抽取 $n$ 个二倍体样本并用 $l$ 个多态性标记进行基因型分型( genotyping)，依据 2.4 节的方法，可计算 $k = l(l - 1)/2$ 对标记位点，Weir 和 Hill( 1980)推导出正态化的 LD 平方( $r^2$ )与有效群体大小及重组率 $c$ 的关系，Hill(1981)进一步简化为：

$$E(r_i^2) = \frac{1}{N_e}\gamma_i + \frac{1}{n_i} \quad (i = 1, 2, \cdots, k) \tag{3.14}$$

　　式中，$\gamma_i = \dfrac{(1 - c_i)^2 + c_i^2}{2c_i(2 - c_i)}$；$c_i$ 为第 $i$ 对位点间重组率；$r_i^2 = \dfrac{D_i}{[p(1 - p)q(1 - q)]^2}$ 为第 $i$ 对标记位点的正态化的连锁不平衡值平方；$n_i$ 为第 $i$ 对标记位点的样本大小。假定各成对标

记位点之间近似独立；$N_e$ 估计可以用各成对位点估计值的加权后获得，即

$$\frac{1}{\hat{N}_e} = \frac{\sum_i \hat{\alpha}_i / V(\hat{\alpha}_i)}{\sum_i 1/V(\hat{\alpha}_i)} \qquad (3.15)$$

$$V\left(\frac{1}{\hat{N}_e}\right) = \frac{1}{\sum_i 1/V(\hat{\alpha}_i)} \qquad (3.16)$$

式中，$\hat{\alpha}_i = (r_i^2 - 1/n_i)/\gamma_i$ 及 $V(\hat{\alpha}_i) = 2E^2(r_i^2)/\gamma_i^2$。

Weir 和 Hill 方法的优点是利用单一样本估计 $N_e$，利用分子标记间 LD 估计 $N_e$ 有较多的报道，估计精度受漂变程度影响 [ $N_e$ 小时，增强连锁不平衡 $E(r_i^2)$ 值，估计精度提高]，但应用的前提是位点间的重组率必须预先知道。一般情况下重组率是难以获得的，对于已知的基因组标记来说，标记位点间重组率是可以估计的，因此基于基因组的数据估计 $N_e$ 有可能得到进一步发展。此外，还要注意的是所估计的群体是假设在没有迁移影响前提下，应用中性标记分析的。

第二种方法是依据不同世代(时间上)的抽样，从基因频率变化的方差来估计 $N_e$。Nei 和 Tajima (1981) 提出一种基于两次抽样估计的方法，假设一分子标记有 $k$ 个等位基因，两次调查一群体后，第 $i$ 个等位基因频率在第 0 世代为 $x_i$ 和 第 $t$ 世代时为 $y_i$ ( $i = 1$, 2, …, $k$)，基因频率改变的方差 $F_c$ 及 $N_e$ 的计算为：

$$F_c = \frac{1}{k} \sum_{i=1}^{k} \frac{(x_i - y_i)^2}{(x_i + y_i)/2 - x_i y_i} \qquad (3.17)$$

$$N_e = \frac{t}{2\left(F_c - \dfrac{1}{2S_0} - \dfrac{1}{2S_t}\right)} \qquad (3.18)$$

式中，$S_0$ 和 $S_t$ 依次为在 0 和 $t$ 世代时的调查的样本容量(Waples, 1989)。

同第一种方法一样，该方法也受群体漂变程度影响，$N_e$ 越小，漂变效应越大，基因频率变化方差也大。所调查的群体需假定为随机交配模式，无迁移和世代重叠影响，且需应用中性分子标记分析，即去除自然选择影响。

第三种方法是利用 DNA 序列样本估计 $N_e$，在分子进化过程中，有限群体的漂变效应通常与突变率 $\mu$、选择系数 $s$ 及迁移率 $m$ 效应混合而难以区分开来，考虑一个隔离的随机交配群体( $N_e m \sim 0$)，选用中性标记 DNA 序列( $N_e s \sim 0$)，该群体 DNA 序列的多态性主要由漂变和突变确定，突变增加多态性，而漂变效应减少多态性，最后趋于平衡，群体唯一的遗传变异参数为 $\theta = 4N_e\mu$。假设从群体中随机抽取 $n$ 个基因( $n/2$ 株)并测序，可观察的变异是分离的多态性核苷酸位点数，将这些变异与参数 $\theta$ 联系起来并估计 $\theta$。

如果分析所有抽样序列间核苷酸分离位点数量 $S$ 与 $\theta$ 的关系时，在无限位点模型假设下( infinite-sites model)，即每一个新突变位点发生在以前没有发生突变的位点上(Kimura, 1969)，当群体处于突变—漂变平衡时，$S$ 与 $\theta$ 有下列关系(Watterson, 1975)：

$$E(S) = a_1\theta \qquad (3.19)$$

$$V(S) = a_1\theta + a_2\theta^2 \qquad (3.20)$$

式中，$a_i = \sum_{j=1}^{n-1} j^{-i} (i = 1, 2)$ 。于是我们可以得到 $\theta$ 的估计 $\hat{\theta} = \hat{S}/a_1$ 和样本的抽样方差

$$V(\hat{\theta}) = \frac{\hat{\theta}}{a_1} + \frac{a_2 \hat{\theta}^2}{a_1^2}。$$

如果分析成对序列间平均单核苷酸位点差异数量 $\pi$ 与 $\theta$ 的关系时，在无限位点模型假设及突变—漂变平衡条件下，$\pi$ 与 $\theta$ 有下列关系（Watterson，1975；Tajima，1983）：

$$E(\pi) = \theta \tag{3.21}$$

$$V(\pi) = \frac{n+1}{3(n-1)}\theta + \frac{2(n^2+n+3)}{9n(n-1)}\theta^2 \tag{3.22}$$

因此，参数 $\theta$ 及其样本方差可以用上式估计。

如果分析所有样本序列中等位基因个数 $K$ 与 $\theta$ 的关系时，根据无限等位基因模型假设（infinite-allele model）下，即每次突变产生现有群体中没有的等位基因（Kimura and Crow，1964），在及突变—漂变平衡时，$K$ 与 $\theta$ 有下列关系（Ewens，1972；Chakraborty and Schwartz，1990）：

$$E(K) = \theta \sum_{j=0}^{n-1} (\theta + j)^{-1} \tag{3.23}$$

$$V(\hat{\theta}) = \frac{\hat{\theta}}{\sum_{j=0}^{n-1} \frac{j}{(\hat{\theta} + j)^2}} \tag{3.24}$$

参数 $\theta$ 及其样本方差可以用上式估计。

上述三种方法从不同角度利用序列核苷酸位点差异信息估计参数 $\theta$，当中性位点突变率 $u$ 已知时，有效群体大小 $N_e = \hat{\theta}/(4\mu)$。这些估计的 $N_e$ 一般指群体长时期进化历史过程中的有效群体大小，而非短期 $N_e$ 值。还有其他方法，如利用样本 DNA 序列的基因树分枝结构估计参数 $\theta$（Fu and Li，1993a；Fu，1994）或物种间进化模型等也可估计种群 $N_e$。此外，当所调查的群体不是隔离封闭的，来自其群体的基因流也会改变有效群体大小（Wang and Whitlock，2003），在不同时间上抽样及使用极大似然方法估计 $N_e$ 等，有关知识将在第 4 章中作进一步介绍。

## 3.3 瓶颈效应

瓶颈效应（bottleneck effect）由于环境骤变（如火灾、地震、洪水等）或人类活动（如人工选择、驯化），使得某一生物种群的规模迅速减少，仅有一少部分个体能够顺利通过瓶颈事件，群体经历瓶颈后可能快速重新扩张到原来群体的个体数目，但是群体遗传变异水平很难迅速恢复到原来的水平，通过基因突变积累或基因流，才能恢复到原来群体的遗传变异水平。当一个群体发生瓶颈效应，偶然事件可能是某些等位基因从基因库中丢失，从而产生遗传漂移。从群体遗传变异角度看，有效群体大小 $N_e$ 减小，随机遗传漂变增大，这样群体突然缩小及随后的群体恢复速率对群体遗传变异产生深远影响，模拟研究证明杂合子频率下降不仅取决于瓶颈时群体大小，也取决于瓶颈后群体生长速率，而等位基因丢

失则取决于瓶颈时群体数量(Nei *et al.*, 1975)。例如，一些珍贵树种历史上因人类过度利用数量迅速下降并成为稀有物种。一种特殊情况就是奠基者效应(founder effect)，即由少数个体建立的起始群体，其基因频率与源群体发生改变。由于多数情况下缺乏群体历史观察记录，要推测群体历史上是否发生过瓶颈效应往往借助不同类型数据分析，如化石和馆藏样品等，调查样本的分子标记遗传变异特征有助于推测当前群体是否曾经历过瓶颈事件，这些特征如下：

①瓶颈效应导致等位基因数量下降，因为随机漂变导致稀有等位基因更易丢失，但这不会显著地降低杂合子频率，且观察的杂合子频率 $H_o$ 要比在 Hardy-Weinberg 平衡下期望的杂合子频率 $H_e$ 高，即 $H_o > H_e$，由于瓶颈效应影响整个染色体组变化，当大量标记位点同时出现上述现象，意味着群体近期发生过瓶颈事件。

②如果能抽取多世代样本的话，调查标记位点基因频率变化，若大多数位点的基因频率变化大或基因频率方差增大，意味着群体近期经历了瓶颈事件，这是由于有效群体 $N_e$ 减小增加基因频率方差。

③标记为多基因位点 DNA 序列，可分别对各位点或把它们拼接起来进行 Tajima's *D* 测验，根据序列间核苷酸分离位点数量 *S* 计算群体遗传多样性参数 $\theta_S = 4N_e\mu$，即 $\theta_S = E(S)/\sum_{j=1}^{n-1} j^{-1}$ (Watterson, 1975)。同样，根据成对序列间平均单核苷酸位点差异数量 $\pi$ 计算 $\theta_\pi = E(\pi)$，Tajima's *D* (Tajima, 1989)统计量为：

$$D = \frac{\theta_\pi - \theta_S}{\sqrt{Var(\theta_\pi - \theta_S)}} \tag{3.25}$$

测验 $\theta_\pi - \theta_S$ 是否大于零，若 $\theta_\pi > \theta_S$ 时，意味着群体曾经历过瓶颈事件，这是由于 $\theta_\pi$ 对群体数量变化相对来说不敏感，而 $\theta_S$ 则敏感；若 $\theta_\pi < \theta_S$ 时，则群体经历过收缩后在膨胀过程，因为群体扩张后，产生更多的稀有基因，增加序列分离位点，类似的测验还有 Fu and Li's *F* (1993b)等。

④多基因位点的基因树比较，图 3-4 示三种群体生长模型的基因树，在 Wright-Fisher 模型下(群体数为常数)，溯祖时间为指数分布，基因平均溯祖时间为 $4N_e\left(1 - \dfrac{1}{n}\right)$ ( *n* 样本 DNA 序列数)，时间较长，积累多分离变异位点；当群体出现瓶颈效应时，大部分基因短时间溯祖到少数共同祖先，这些祖先需长时间溯祖最后共同祖先；当群体扩张时，多数基因同时积累突变，溯祖时间相对均匀，短时间内溯祖到共同祖先。基于多基因树的拓扑构相，有利于判断群体是否经历瓶颈事件。

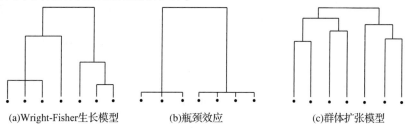

(a)Wright-Fisher生长模型　　　(b)瓶颈效应　　　(c)群体扩张模型

**图 3-4　瓶颈效应下基因树特征**

注：三种群体生长模型下的基因树比较

⑤失配分布(mismatch distribution)，$\theta_\pi$ 和 $\theta_S$ 属于概括性的参数(信息浓缩的参数)，为了充分利用样本序列差异信息，成对序列差异位点数的频次分布能反映不同的三种群体生长模型。Wright-Fisher 模型下，序列差异数分布为随机分布，群体近期扩张，多数基因序列积累类似的突变位点，失配分布呈正态分布，而经历过瓶颈效应后的群体呈偏态的单峰曲线分布，因此，失配分布特征有助于推测瓶颈效应是否存在(图3-5)。

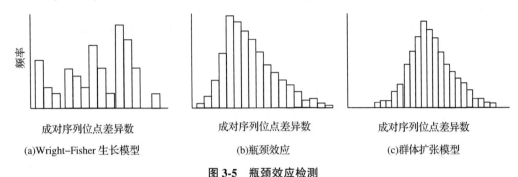

(a)Wright-Fisher 生长模型 (b)瓶颈效应 (c)群体扩张模型

**图 3-5 瓶颈效应检测**

注：三种群体生长模型下成对序列差异分布图比较

## 3.4 遗传漂变与突变互作

### 3.4.1 无限等位基因模型

上述参数 $\theta = 4N_e\mu$ (针对单个基因时，$\mu$ 指基因的突变率)实际上反映了两种相互作用过程，遗传漂变过程丢失或固定等位基因，突变增加等位基因，两种作用趋于平衡。假设每次突变生成的等位基因都是群体中从不存在的，即可产生无限数量的等位基因。从群体中两个随机抽取基因的近交系数或IBD系数存在下列关系：

$$f_{t+1} = (1-\mu)^2\left[\frac{1}{2N_e} + \left(1 - \frac{1}{2N_e}\right)f_t\right] \qquad (3.26)$$

两基因在子代群体中的近交系数为它们都没有发生突变的情况下，由亲代的近交系数 $f_t$ 和新增加的部分 $1/(2N_e)$ 组成。当IBD系数达到平衡时($f_{t+1} = f_t = f$)，可以近似得到 $f$：

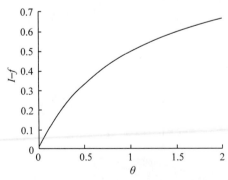

**图 3-6 中性假设下杂合子频率**

注：杂合子频率随参数 $\theta$ 变化

$$f = \frac{1}{1 + 4N_e\mu} = \frac{1}{1 + \theta} \qquad (3.27)$$

那么，$1 - f = \frac{\theta}{1 + \theta} = H_e$ 表示任意两个基因为非 IBD 的概率，即杂合子频率。因此，$\theta$ 也可以从 $H_e$ 得到估计 $\hat{\theta} = H_e/(1 - H_e)$。随着 $\theta$ 或有效群体数 $N_e$ 的增加，杂合子频率增加(图3-6)，这是由于群体越大，越容易保留更多的突变基因，从而遗传多样性也就越大。

在无限等位基因数假设下，若每个等位基因都有相同的适应属性，如中性，遗传漂变导致基因丢失，而突变增加新等位基因，两者之间有可能达到平衡，那么，在遗传漂变—突变联合作用下，究竟有多少等位基因可以在群体中维持呢？已知遗传漂变和突变（回复突变条件）的联合作用，可产生稳定的两个等位基因频率分布 $\varphi(p)$：

$$\varphi(p) = \frac{\Gamma(4Nu + 4Nv)}{\Gamma(4Nv)\,\Gamma(4Nv)} p^{4Nv-1}(1-p)^{4Nu-1} \qquad (3.28)$$

或 $n$ 个等位基因分布密度 $\varphi(p_1, p_2, \cdots, p_n)$：

$$\varphi(p_1, p_2, \cdots, p_n) = \frac{\Gamma[4N(v_1 + v_2 + \cdots + v_n)]}{\Gamma(4Nv_1)\cdots\Gamma(4Nv_n)} \prod_{i=1}^{n} p_i^{4Nv_i-1} \qquad (3.29)$$

考虑单一基因时，将其他 $n-1$ 个基因合起来看作另一基因，Wright（1969）基于由突变基因数从 $n$ 增加到 $n+1$ 的概率 $2N\mu$ 等于基因数由于遗传漂变从 $n$ 到 $n-1$ 的概率 $\frac{n}{2}f(\frac{1}{2N})$ ［式中，$f(p) = \frac{F(p)}{1-F(0)}$，$F(p) = \frac{\varphi(p)}{2N}$ 为概率；$f(p)$ 为概率密度函数］得到群体维持的基因数：

$$n = \frac{4Nu}{f(\frac{1}{2N})} \qquad (3.30)$$

研究群体中有多少等位基因被维持着是有生物学意义的，对于中性基因来说，每个等位基因有相同的进化属性，群体中等位基因数越多，多态性越高。已知许多植物自交不亲和等位基因，最终趋势是所有等位基因频率相等（$=1/n$），等位基因的数量与有效群体大小相关。

Ewens（1964）应用中性基因频率分布密度获得连续分布的计算式，

$$n = 4Nu \int_{1/2N}^{1} p^{-1}(1-p)^{4Nu-1}\mathrm{d}p \qquad (3.31)$$

注意 $4Nup^{-1}(1-p)^{4Nu-1}\mathrm{d}p$ 表示基因频率在 $p$ 到 $p+\mathrm{d}p$ 之间的等位基因数，而不是其间的基因频率密度（Kimura and Crow, 1964）。基因数量分布呈现出"L"形分布特征，多数低频率的等位基因有高丰度（abundance），少数高频率基因丰度低（Kimura, 1983）。类似于这一密度函数也被应用在群落生态学的中性理论上，用于描述群落物种丰度分布（Hubbell, 2001；Hu et al., 2007）。当群体数 $N$ 较大时，Wright 和 Ewens 两种估计结果有些差异。根据 Kimura 和 Crow（1964）定义纯合子频率之和的倒数为有效等位基因数，则有：

$$n_e = \frac{1}{\sum p^2} = 4Nu + 1 \qquad (3.32)$$

通常比实际等位基因数要小。Ewens（1972）证明从一个群体中随机抽取 $n$ 基因样本，所期望的等位基因数：

$$n_a = \sum_{i=0}^{n-1} \frac{4Nu}{i + 4Nu} \qquad (3.33)$$

当实际群体维持的基因数远小于在突变—遗传漂变作用平衡下的理论预测基因数时，其原因有可能一是瓶颈效应，导致后来的群体数虽然很大，但由于稀有等位基因丢失，整个群体的基因数比理论预计数要少；二是中性位点与选择适应性基因紧密连锁，搭乘效应或背景选择减少中性位点的遗传多样性、等位基因数等。

### 3.4.2 无限位点模型

与上述模型关联的另一模型是无限位点模型分析(Kimura, 1969)，认为每个基因所包含的核苷酸位点数是大的，每个位点的突变率很小，当一个突变出现时，发生在之前相同等位基因位点上(homoallelic sites)或不同的位点上，因此该模型是应用于分析基因序列多态性的。假设一个基因长为 $l$ 碱基对(base pairs)，每个核苷酸位点的突变率为 $\mu$，因此，基因突变率 $u = l\mu$。Watterson (1975)证明在基因内无重组的条件下，任意随机抽取两个基因的单位核苷酸位点差异数期望为：

$$E(k) = 4Nu \tag{3.34}$$

从一群体随机抽取 $n$ 个基因样本中，理论上，总样本核苷酸位点分离数为：

$$S = 4Nu \sum_{i=1}^{n-1} \frac{1}{i} \tag{3.35}$$

对于给定基因序列样本，$S$ 是可以观测到的数据。当每个位点核苷酸的突变率不等时，如突变率服从 $\Gamma$ 分布，可以用 $k$ 和 $S$ 期望值来表示。

无限等位基因模型与无限位点模型存在关联(Tajima, 1996)，可以从各自的模型中计算杂合子频率和期望多态性位点数。

### 3.4.3 中性和近中性理论

在四种基本进化动力(选择、迁移、突变及遗传漂变)中，广义上没有选择参与的过程均为中性过程，基因或 DNA 序列变异在群体的动态变化与选择无关；当有选择过程参与下但选择强度弱[如选择系数的绝对值小于或等于 $1/(2N_e)$ ]时，突变基因在群体中由选择产生的影响与由遗传漂变产生的影响难以区分，该基因称为近中性基因(nearly neutral gene)。

在突变—遗传漂变联合过程作用下(Kimura and Ohta, 1973)，分子突变等位基因在群体中变化可以有以下特征：

①基因固定概率或占据所在整个群体的基因概率等于其起始频率 $p$，而丢失的概率等于 $1 - p$。在基因固定或消失前，基因达到频率 $x$（$0 \leqslant p \leqslant x \leqslant 1$）的概率为 $p/x$。

②若 $v$ 为基因在群体中单位世代单个配子的突变率，两个相继突变发生的平均时间为 $1/v$ 世代，每世代平均有 $2Nu$ 个突变等位基因(二倍体)，每个突变基因固定概率为 $1/(2Nu)$。

③每个突变基因达到固定的平均时间为 $4N_e$。

④如果基因频率为 $p$，该基因平均需要 $-4N_e[p/(1-p)]\ln(p)$ 世代消失；

⑤在突变与遗传漂变达到平衡时，纯合子频率为 $1/(1 + 4N_e u)$，杂合子频率为 $4N_e u/(1 + 4N_e u)$。

在突变—遗传漂变—弱选择过程作用下，假设 $v(s)$ 和 $f(s)$ 分别为选择系数为 $s$ 的基因突变率和固定概率，在进化过程中，基因的突变(替换)率为：

$$k = 2N \int v(s) f(s) \, \mathrm{d}s \tag{3.36}$$

对于完全中性基因 $f(s) = 1/(2N)$，$v(s) = u$，因此，$k = u$，为常数，即等于突变率。当突变基因有选择优势时，其固定概率为 2s（Haldane，1927）：

$$k = 4N_e us \qquad (3.37)$$

如果联系到数量性状选择时，数量性状的每一个基因位点基因的选择系数表示为 $s = \dfrac{ai}{\sigma_P}$（式中，$a$ 为该等位基因的加性效应；$\sigma_P$ 为表现方差的平方根；$i$ 为选择强度）（Falconer and Mackay，1996），则突变率为：

$$k = 4N_e u \frac{ai}{\sigma_P} \qquad (3.38)$$

Kimura 和 Ohta（1974）认为分子进化遵循以下 5 条原理：一是对于每个蛋白质，只要其功能和四级结构没有根本改变，氨基酸年突变率近似常数；二是功能不重要的分子或部分分子的突变率要高于有重要功能的分子；三是对分子结构和功能损害较少的突变发生频率要比损害较大的突变频率高；四是基因复制要比复制基因新功能出现的时间早；五是有害突变基因剔除和中性或近中性突变基因的随机固定发生频率要远比有益突变正选择基因发生频率高。这些原理至今仍用于解释分子进化机制（Kimura，1983）。

### 3.4.4　中性理论检验

#### 3.4.4.1　基于群体 DNA 邓列样本中性测定

遗传漂变与突变互作研究的一个重要内容就是检验群体是否处在遗传漂变—突变平衡，用以解释 DNA 序列多态性变异模式。根据无限位点模型，计算样本中每个位点发生多态性的次数，得到位点—频率谱（site-frequency spectrum）数据分布，依据这种分布构建出系列中性测验方法及计算式（表 3-2），这些方法是利用位点—频率谱分布特点及其对不同选择类型响应差异而建立的。

（1）Tajima's $D$ 测验（中—低基因频率比较）

在中性假设条件下，从成对序列差异估计 $\hat{\theta}_\pi$ 与从样本序列总分离位点差异数估计 $\hat{\theta}_S$ 相等；当出现致死或有害突变时，纯化选择（purifying selection）去除这些突变基因，因此突变主要集中在不表达位点上，可产生许多分离位点，$\hat{\theta}_S$ 估值会大，但对 $\hat{\theta}_\pi$ 影响不大，Tajinma's $D$ 为负值；类似的，群体近期扩张有利于防止突变基因丢失，但对于杂合子频率的影响需要更长时间，因此 $D$ 为负值。当平衡选择（balance selection）发生时，杂合子频率 $\hat{\theta}_\pi$ 增加，但 $\hat{\theta}_S$ 受影响小，因此 $D$ 为正值；类似的，当群体经历瓶颈效应后，$\hat{\theta}_\pi$ 受影响小，但稀有基因丢失概率大，$\hat{\theta}_S$ 变小，因此 $D$ 为正值。对应 $D$ 值有两种解释：一种是选择对不同频率的基因多态性变化影响；另一种是群体规模的扩张或收缩过程对基因多态性变化。

（2）Fu 和 Li's $D$ 测验

由样本 DNA 序列建立基因树，依据基因树的内部和外部分枝（internal and external branches），进一步区分内部和外部突变（inter and external mutations），计算内突变位点数 $\eta_I$ 和外突变位点数 $\eta_E$，建立 $D$ 统计量。由于有害突变发生近期，处于外分枝上，对 $\eta_E$ 有影响，而内分枝上突变更倾向中性，对 $\eta_I$ 有影响，因此，两者差异用于测验纯化选择。

**表 3-2　基于群体 DNA 序列样本中性测定方法**

| 方法 | 统计量 | 生物学解释 | 参考文献 |
|---|---|---|---|
| Tajima's $D$ | $D = \dfrac{\hat{\theta}_\pi - \hat{\theta}_S}{V(\hat{\theta}_\pi - \hat{\theta}_S)^{1/2}}$<br><br>$\hat{\theta}_S = \dfrac{S}{L \sum_{i=1}^{n-1} i^{-1}}$ | $D = 0$：中性<br>$D < 0$：纯化选择或群体扩张<br>$D > 0$：平衡选择或瓶颈效应 | Tajima, 1989 |
| Fu and Li's $D$ | $D = \dfrac{\eta_I - (a_n - 1)\eta_E}{V[\eta_I - (a_n - 1)\eta_E]^{1/2}}$<br><br>$a_n = L \sum_{i=1}^{n-1} i^{-1}$ | $D = 0$：中性<br>$D \neq 0$：纯化选择 | Fu and Li, 1993b |
| Fu's $F_s$ | $F_s = \ln\left(\dfrac{\hat{S}}{1 - \hat{S}}\right)$ | $F_s = 0$：中性<br>$F_s < 0$：遗传搭乘效应或群体扩张<br>$F_s > 0$：平衡选择或瓶颈效应 | Fu, 1997 |
| Fay and Wu's $H$ | $H = \hat{\theta}_\pi - \hat{\theta}_H$<br><br>$\hat{\theta}_\pi = \sum_{i=1}^{n} \dfrac{2S_i i(n-i)}{n(n-1)}$<br><br>$\hat{\theta}_H = \sum_{i=1}^{n} \dfrac{2S_i i^2}{n(n-1)}$ | $H$ 测量反映了中等位基因频率与高基因频率差异，可以用来推测遗传搭乘或纯化选择 | Fay and Wu, 2000 |
| Zeng et al. $E$ | $E = \hat{\theta}_L - \hat{\theta}_k$<br><br>$\hat{\theta}_L = \dfrac{1}{n-1} \sum_{i=1}^{n-1} S_i i$<br><br>$\hat{\theta}_H = \dfrac{1}{a_n} \sum_{i=1}^{n} S_i$ | $E$ 测量反映了低基因频率与高基因频率差异，可以用来推测选择性清除，也对近期群体扩张敏感 | Zeng et al., 2006 |

（3）Fu's $F_s$ 测验

基于无限位点模型，在中性假设下，对于一个给定的观察多样性水平，Fu 提出估计一个随机样本的基因数小于或等于观察数的概率 $S$，再建立统计量 $F_s$。当等位基因缺失，$F_s$ 值为正值，通常这种情况可在近期瓶颈效应或平衡选择发生时出现。类似的，当群体扩张和遗传搭乘效应发生时，$F_s$ 为负值，但要比 Tajima's $D$ 更敏感。

（4）Fay and Wu's $H$ 测验（中—高基因频率比较）

分析也是在基因树框架下，测试需要外类群用于定义突变与野生型等位基因。从公式上看，突变基因具有中等基因频率对 $\hat{\theta}_\pi = \sum_{i=1}^{n} \dfrac{2S_i i(n-i)}{n(n-1)}$ 有大影响，而具有高基因频率的突变基因对 $\hat{\theta}_H = \sum_{i=1}^{n} \dfrac{2S_i i^2}{n(n-1)}$ 有大的影响，在中性理论（位点—频率谱）假设下，$H$ 测试两种基因频率差异影响，当存在遗传搭乘效应时，紧密连锁的中性基因频率会提高，导致 $H$ 值为负值，$H$ 测试可以推测纯化选择。

（5）Zeng et al. $E$ 测验（高—低基因频率比较）

当存在遗传搭乘效应时，适应性基因频率快速增加并趋于固定，与该基因紧密连接的低频率的中性基因之间累积，使得其基因频率升高，因而会提高 $\hat{\theta}_L = \dfrac{1}{n-1}\sum_{i=1}^{n-1} S_i i$ 的估计值，但对估计值 $\hat{\theta}_H = \dfrac{1}{a_n}\sum_{i=1}^{n} S_i$ 影响相对要小，导致 $E = \hat{\theta}_L - \hat{\theta}_k$ 出现负值，因此 $E$ 负值可用于分析群体近期发生的选择清除（selective sweep）效应；类似的，群体扩张也会出现 $E$ 负值。

概括起来，上述不同的测验统计量利用了不同选择类型（纯化、平衡及选择清除）对中性基因影响，从而推测选择类型（图 3-7）。

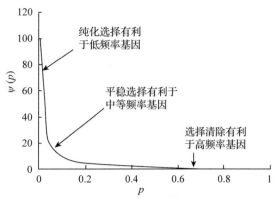

**图 3-7  中性理论检测类型**

注：不同测验类型对应于中性理论的位点—频率谱分布 $\psi(p) = C\theta p^{-1}(1-p)^{\theta-1}$ 的不同区域

### 3.4.4.2　物种分化形成过程的基因选择作用检测

类似的思想也被应用于检测物种分化形成过程的基因选择作用，以下简单介绍两种方法：

（1）McDonald-Kreitman（1991）测验

基本原理是假设漂变—突变作用于一个编码基因内的同义和非同义位点突变（该位点在物种内或物种间必须是多态性位点），如果两种类型突变是中性的，种内同义位点与非同义位点突变比率在物种内和在物种间应该相同，如果在种内和种间的两个比率有显著差异，那么就拒绝中性突变假设。例如，随机从物种 1 和物种 2 分别抽取 $n_1$ 和 $n_2$ 基因序列，从中计算有 $D_r$ 非同义突变位点在种间固定，$D_s$ 个位点为种间固定同义突变，在两物种内有 $P_r$ 个非同义突变位点，$P_s$ 个同义突变位点，于是生成表 3-3 的 2×2 列联表，依据 Fisher（1925），应用 $x^2$ 分布测验它们是否相互关联，即

$$\chi^2 = \frac{(D_r P_s - D_s P_r)^2 (D_r + D_s + P_r + P_s)}{(D_r + P_r)(D_s + P_s)(D_r + D_s)(P_r + P_s)} \quad (df = 1) \tag{3.39}$$

**表 3-3　给定基因的有/无同义突变位点数在种间固定差异和种内多态性差异数**

| 基因位点突变类型 | 种间差异（固定位点数） | 种内多态性 |
| --- | --- | --- |
| 非同义突变 | $D_r$ | $P_r$ |
| 同义突变 | $D_s$ | $P_s$ |

若 $\chi^2$ 存在显著地大于中性假设条件下的随机组合值，则拒绝 $H_0$ 假设；否则接受 $H_0$ 假设。

（2）Hudson-Kreitman-Aguade（HKA，1987）测验

在遗传漂变—突变中性过程下，一个基因或 DNA 片段的核苷酸位点突变率高，种群体内 DNA 序列多态性与种间 DNA 序列变异均大；相反，突变率小的基因，种群体内多态

性与种间 DNA 差异都小，因此，实际观察变异位点（sites）与中性假设下期望多态性比较差异，构造出检测是否符合中性变异统计分析。

考虑 $l$ 基因或 DNA 片段，假设从物种 1 和物种 2 分别随机抽取 $n_1$ 和 $n_2$ 序列样本，第 $i$ 个片段在物种 1 和物种 2 种群内分别有 $S_{1i}$ 和 $S_{2i}$ 个多态性分离位点，在物种间有 $D_i(i=1, 2, \cdots, l)$ 个分离位点，依据中性理论计算期望 $E(S_{1i})$ 和 $E(S_{2i})$，方差 $V(S_{1i})$ 和 $V(S_{2i})$，即

$$E(S_{1i}) = a_1\theta_i \tag{3.40}$$

$$V(S_{1i}) = a_1\theta_i + b_1\theta_i^2 \tag{3.41}$$

式中，$a_1 = \sum_{j=1}^{n_1-1} j^{-1}$，$b_1 = \sum_{j=1}^{n_2-1} j^{-2}$。将上述两式下标 1 改为 2，即得到 $E(S_{2i})$ 及方差 $V(S_{2i})$。假设两物种是从同一祖先群体分化而来，物种 1 的有效群体数 $N$，物种 2 的为 $fN$，共同祖先群的有效群体数为 $N(1+f)/2$，根据 Li（1977b）和 Gillespie 和 Langley（1979）可计算 $E(D_i)$ 和 $V(D_i)$：

$$E(D_i) = (t + \frac{1+f}{2})\theta_i, \quad V(D_i) = E(D_i) + [\theta_i(1+f)/2]^2 \tag{3.42}$$

于是可构建卡方测验：

$$\chi^2 = \sum_{i=1}^{l} [S_{1i} - E(S_{1i})]^2/V(S_{1i}) + \sum_{i=1}^{l} [S_{2i} - E(S_{2i})]^2/V(S_{2i}) +$$

$$\sum_{i=1}^{l} [D_i - E(D_i)]^2/V(D_i) \quad (df = 2l - 2) \tag{3.43}$$

实际计算时需要事先估计参数 $t$ 和 $f$，详细算法，参见 Li（1997，p. 251）。当卡方检验显著时，说明选择过程参与物种形成的过程中。

# 3.5 遗传漂变与重组互作

## 3.5.1 IBD 区段分布

基因组上相同亲缘 DNA 片段的长短受遗传漂变—重组影响，在单倍体基因组中，如线粒体 DNA 和人类 Y–染色体，直接为母系遗传，无重组，理论上整个基因组及其上面的基因有相同亲缘，同时母系遗传的单倍体基因组的有效群体数 $N_{female}$ 是核基因的 1/4（在性别比 1∶1 条件下），遗传漂变过程会增强群体同源基因的亲缘系数，减少不同母系遗传的基因组多态性（因突变而导致的）。在有性繁殖群体中，遗传漂变产生整个基因组区段统一改变，使得同一染色体上基因位点趋于维持相同亲缘关系，而重组产生使得同一染色体上不同位点趋于不同的亲缘关系，一个基因的不同片段有可能来源于不同的祖先，例如，5 个等位基因片段原来的 $C$ 基因与 $D$ 和 $E$ 同源，发生重组后，基因 $C$ 的 $DNA$ 大片段与 $A$ 和 $B$ 同源，$C$ 基因中两个片段来自于不同的祖先（图 3-8）。

群体核等位基因间的 IBD 片段数量及分布模式取决于每个世代发生的重组数，即参数 $N_e c$，因此，群体越大，重组发生的次数越多，不同祖先的片段数量也就越多。理论上，当重组率 $c \sim 1/N_e$ 时，每个世代平均发生 1 次重组事件，IBD 片段长度约为 $1/N_e$，例如，

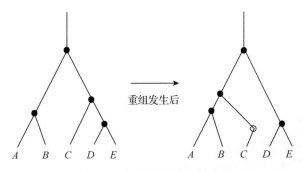

**图 3-8　重组对基因树影响**

注：在 C 基因发生重组后，原来的 5 基因树共祖关系发生变化

$N_e$ =10$^6$，在 $c$ =10$^{-6}$M（Morgan）长度发生 1 次重组，IBD 片段长度相当于人类基因组 100bp（1cM = 10$^6$bp）。随着时间推移，重组发生的次数越来越多，IBD 片段长度也就越来越短，同时由于重组率分布为非均匀的，基因组不同区域的 IBD 片段长度变化大，基因树的结构也就变得更复杂。

　　应用全基因组序列分析基因树，由于不同区段重组率存在差异，其他过程，如选择、基因流、突变等过程也会影响 IBD 片段大小，因此如用不同区段 DNA 序列或基因序列建树，所得到的基因树会不一致。图 3-9 所示在同一群体 4 个不同单株或不同群体的 4 个 DNA 序列在同一条染色体上不同区域的基因树差异，反映了不同 DNA 片段存在不同的进化历史过程。这一点也说明在分析物种树（species tree）时，用多基因或多点 DNA 片段拼接序列建树，更能反映真实的物种间系统发育关系。

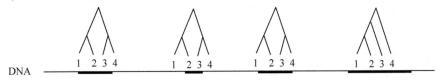

**图 3-9　同一染色体上不同片段构建的基因树**

注：同一群体 4 个不同单株或不同群体的 4 个 DNA 序列进化关系在不同区域可能不一致

## 3.5.2　LD 沿基因组变化

　　反映遗传漂变与重组互作的另一个度量就是配子位点连锁不平衡值 LD，遗传漂变初始产生 LD，而重组减少 LD，达到平衡时，连锁不平衡期望值趋于 0。因为重组不偏向任意特定等位基因组合，但正态化的 LD 值 $r^2$ 或 LD 的方差不等于 0，理论上证明 $r^2 = \dfrac{1}{1 + 4N_ec}$，因此，随着重组率升高或位点间距离增大，$r^2$ 值减小，当发生一次重组 $c = 1/N_e$，两位点间的 LD 值 $r^2 = 0.2$。图 3-10 为早期人类 HapMap 项目分析群体 CHB（Han Chinese Beijing）第 21 条染色体成对 15 817 个 SNP（MAF = 5% 除外）的 LD 值（3 895 247 对 $r^2$），可以看出成对 SNPs 随着在染色体上的位置变远，$r^2$ 呈逐渐降低的趋势（Hu *et al.*，2011）。虽然 $r^2$ 与距离有负相关关系，但 $r^2$ 值沿着基因组不同位置上会有波动变化。

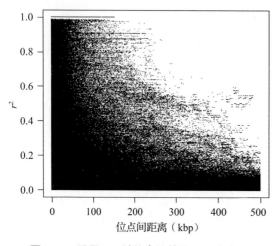

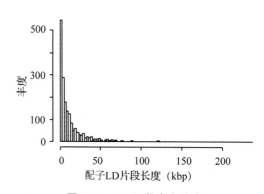

**图3-10 配子 LD 随位点间的物理距离变化**

注：人类 HapMap 群体 CHB 第 21 条染色体上成对
SNP 的 LD 值（ $r^2$ ）与在基因组上的距离关系

**图3-11 LD 区段大小分布**

注：人类 HapMap 群体 CHB 第 21 条染色体上成对
SNP 的 LD 片段长度分布特征

随着时间推移，由遗传漂变建立的 LD 片段（单倍型）会因重组而被打断，因而变得越来越小，LD 片段长度的分布可以用来反映群体维持的历史，例如，人类群体有很长的历史，群体重组发生频率高，LD 片段小。应用 HaploView 分析，图 3-11 示 HapMap 人类群体 CHB 第 21 条染色体上 1811 个配子 LD 片段长度的分布，呈"L"形分布，绝大多数 LD 片段很小，少数较长。当群体形成历史短时，重组还没有足够长时间去打断存在的 LD，LD 片段长度的分布会出现其他类型的分布，如在一牛群体中 LD 分布呈近似正态分布(Li，2012)。

## 3.6 遗传漂变与定向选择互作

已知遗传漂变过程导致基因趋于固定或丢失，其固定概率为该基因当时在群体中的频率，基因频率变化或基因的去向是随机而不确定的；定向选择是淘汰适应性相对弱的基因，基因频率的变化是可预测的，优势基因趋于固定，弱势基因逐渐被淘汰，选择的结果是增强群体的适应值，使群体向更高的适应峰值演化。当遗传漂变与定向选择联合作用时，基因频率变化增加了随机性，优势基因有可能被丢失，而弱势基因也有可能被固定。

### 3.6.1 优势基因丢失概率

考虑一位点两个等位基因情况（ $A$ ， $a$ ），假设三种基因 $AA$ ，$Aa$ 及 $aa$ 的相对适应值依次为 $1+2s$ ， $1+s$ 和 $1$（ $s$ 为选择系数），应用 Kolmogorov 后进方程，Kimura（1964）推导出等位基因 $A$ 固定概率为：

$$Pr(p_A) = \frac{1 - e^{-4N_e s p_A}}{1 - e^{-4N_e s}} \tag{3.44}$$

式中， $p_A$ 为等位基因 $A$ 的频率，可以看出 $Pr(p_A) < 1$ ，即优势等位基因 $A$ 有丢失的概

率。假设优势突变基因 $A$ 的起始频率 $p_A = 1/(2N)$，其固定概率近似为 $Pr(p_A) \approx 1 - \mathrm{e}^{-2\frac{sN_e}{N}} \approx 2sN_e/N$。当实际群体数等于有效群体数，优势基因的固定概率等于 $2s$（Haldane，1927）。图 3-12（a）显示尽管随着 $s$ 或 $N_e s$ 增大或随着群体数变小时，固定概率升高，优势基因丢失的概率增大，但均小于 1，说明存在一定的丢失概率，同时起始频率越小，丢失的概率越大。

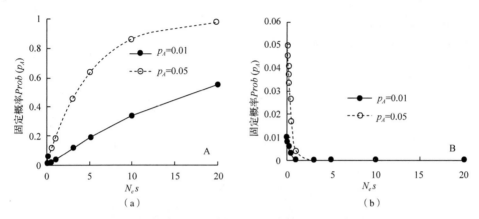

**图 3-12　漂变与定向选择互作对基因固定或丢失影响**

注：（a）优势基因的固定概率随 $N_e s$ 值变化；（b）弱势基因的固定概率随 $N_e s$ 值变化

### 3.6.2　弱势基因固定概率

应用式（3.44），令 $s$ 选择系数为负数，同样可计算出弱势基因 $a$ 的固定概率，即

$$Pr(p_A) = \frac{1 - \mathrm{e}^{4N_e s p_A}}{1 - \mathrm{e}^{4N_e s}} \tag{3.45}$$

图 3-12（b）显示 $Pr(p_A)$ 随着 $N_e s$ 升高而下降，$N_e s$ 很小时，有利于弱势基因固定，大群体还是有助于去除有害基因的，当起始基因 $p_A = 0.01$ 升高到 0.05 时，弱势基因的固定概率较小。遗传漂变减弱了自然选择功效，增加了有害基因的固定。

总的来说，遗传漂变导致多数突变基因丢失，当突变基因的选择系数 $|s| \leqslant \dfrac{1}{2N_e}$，突变基因在群体中的行为类似于中性基因，其基因频率随世代或空间表现出随机变化，很难与中性基因区分来了。当 $|s| \gg \dfrac{1}{2N_e}$，定向选择导致基因频率的系统变化才会显性出来，选择过程占主导角色。当选择是随机变化时，遗传漂变与选择作用类似，两者都会导致基因频率呈随机变化。

## 3.7　分析软件介绍

与本章内容相关的软件，包括群体扩张、失配分析、中性检验等，分析数据是以 DNA 序列单位的，具体应用参考程序使用说明。

Arlequin：失配分布，检验群体是否经历过扩张
http：//cmpg. unibe. ch/software/arlequin35/
Bottleneck：检测群体瓶颈效应
https：//www1. montpellier. inra. fr/CBGP/software/Bottleneck/bottleneck. html
Mega：Tajima's *D* 测验中性变异
http：//www. megasoftware. net/
DNAsp：失配分布
http：//www. ub. es/dnasp/DnaSP32Inf. html

## 复习思考题

1. 简述基因频率在纯遗传漂变过程中的变化特点。

2. 假设从一规模为 $N = 100$ 株的群体中，分别随机从 $n = 10$ 株各抽取一个同源基因并测序，计算这 10 个等位基因的平均溯祖时间(以世代为单位)。

3. 有哪些方法估计有效群体大小？所估计的有效群体大小是指什么时期的群体数(近期、中期或很久以前)？

4. 瓶颈效应对群体的遗传组成有哪些影响？它与奠基者效应有何区别？

5. 已知一个群体经历了瓶颈，结果导致连续 6 个世代的实际群体大小为 10 000，10 000，10 000，10 000，10 000 及 10 000。试计算：

(1)该群体长期的有效群体大小($N_e$)；

(2)计算当前 $N_e/N_c$(实际群体)的比率。

6. 为什么群体观测杂合子频率($H_o$)要低于期望杂合子频率($H_e$)？给出 6 种可能解释。

7. 已知一小群体由 10 个母本和 9 个父本组成，随机交配，假设群体数量保持稳定，在遗传漂变过程下，计算每世代遗传多样性丢失的速率。

8. 简述群体维持的基因数量与等位基因间选择性的关系。

9. 简述中性与近中性理论的异同。

10. 简述中性测定的方法。

11. 简述无限位点模型与无限等位基因模型的异同。

12. 简述近交与有效群体大小的关系。

13. 哪些过程可以产生位点间连锁不平衡？

14. 简述 LD 区段长度分布与群体的历史关系。

15. 为什么小群体会降低自然选择功效？

16. 已知一群体的 11 个果蝇 *Adh* 基因序列，用 Tajima's *D* 测验其是否服从中性变异？

# 第4章 群体遗传结构

## 4.1 植物群体结构形成基础

群体遗传结构形成基础源于等位基因在物种全分布域内分布没有充分完全，如果基因流是无限制的且其作用远大于其他过程的，群体遗传结构及分化就不应该形成，群体有可能处于 Hardy-Weinberg 平衡。实际情况是群体分布跨越很大面积，因隔离和群体密度变异及自然环境条件限制，基因不能够自由地与物种全分布范围内的任一其他基因随机组合产生合子，构建随机交配群体，最终产生了偏离 HWE 比例，形成群体结构。

联系到空间时，植物基因以花粉和种子为载体扩散，多数植物花粉扩散密度用负指数幂函数来描述，越靠近花粉源密度越高，花粉密度以负指数随距离递减，在远距离逐渐降为零或保持长距离的低密度尾部（Klein *et al.*，2006）。在地球引力和风的作用下，种子随距离扩散也呈负指数递减模式，动物传粉或携带种子可能在一定程度上调整这种模式，但不会改变扩散的局限性，有限的基因扩散是群体遗传结构形成的生物学基础。

那么植物基因为什么要迁移呢？可能对生存至少有以下三点益处：①避免了群体内近交，近交衰退导致群体平均适应值下降；②在新生境没有或有较少的竞争者，间接地增强了迁移者的适应和繁殖能力；③逃逸病源、寄生及捕食者危害。当这些益处超过迁移风险时，植物迁移和适应仍会继续进行。下面简要分析生物和非生物因素的影响，导致迁移失败或有限迁移距离，从而形成群体遗传组成的不均匀性，形成群体遗传结构分化。

### 4.1.1 基因扩散障碍

基因扩散的非生物学障碍有多方面因素，物理障碍有水体、河流、海洋流、山脉、旱地等，这些明显因素阻碍陆生或水生植物基因扩散，还有一些不明显的因素，包括土壤营养元素含量、土壤盐度、土壤湿度等变化，也会影响陆地植物种子迁移的适应生长，限制其基因扩散。在更大的地理空间尺度上，景观特征，如山坡陡度、廊道、湖泊等不同的景观基质，影响基因短或长距离扩散。此外，气候变化（如温度升高、二氧化碳浓度升高等）和土地开发利用等全球变化会影响基因扩散的环境条件。

基因扩散的生物学障碍也比较复杂，包括同物种或近缘物种的生态位竞争、生态适应相似的物种竞争等。植物种的繁殖生态系统也会影响基因扩散（Hu *et al.*，2019），如许多案例显示自交物种要比异交物种的边界更广（Grossenbacher *et al.*，2015；Razanajatovo *et al.*，2016），这主要是自交物种的种子扩散在缺乏异源花粉的条件下仍能确保繁衍后代。迁移物种与地方物种竞争或互作，当入侵物种密度小于一定数目时，入侵物种很难生成

（Allee 效应）。此外，远交衰退也会限制基因扩散，杂交带存在本身就是物种生殖障碍的证明。

物种边界的形成或物种的分布与基因扩散程度紧密关联，Darwin（1895）认为气候（和其他的物理条件）与物种间互作影响物种边界大小（Case and Taper，2000），Haldane 认为物种边界是由自然选择与从分布中心到边缘的基因流联合作用决定的（Haldane，1956；Kirkpatrick and Barton，1997），两种观点都涉及生物与非生物因素的互作及它们对基因扩散的影响，影响基因扩散的障碍类型因物种而异，必要时需要借助景观遗传学的分析方法来剖析基因扩散障碍（Freeland *et al.*，2011）。

### 4.1.2  动植物群体结构形成差异

在阐述植物群体结构理论之前，我们需要区别动物与植物群体遗传结构差异，由于植物群体结构理论滞后动物群体结构理论，将后者直接应用到植物上可能会带来偏差，两者差异主要是体现在几个方面：

第一，动植物群体基因流的载体不同，大多数开花的高等植物基因迁移发生在两个阶段上，即种子和花粉流动，这两种基因流可发生在同一世代内，首先发生花粉流动，种子形成，随后种子流动发生，有的植物群体的基因流动主要通过种子流进行，有的主要通过花粉流进行，如无梗花栎（*Quercus petraea*）、夏栎（*Quercus robur*）、扭叶松（*Pinus contorta*）等（Ennos，1994），有的两者相当，如钝稃野大麦（*Hordeum spontaneum*）（Ennos，1994）。种子和花粉流程度在时间和空间上是可变的，且因树种群体而不同，传统理论模型仅仅考虑了二倍体迁移，适合于植物群体种子流，但不适合分析植物单倍体的花粉流。

第二，若存在一定的花粉流和种子流，在经典模型公式中的迁移率，不能简单地用种子和花粉流进行线性替代，花粉流的实现是通过与子房结合产生种子后进行的，因此受交配系统影响。若迁移率不是太小，如从邻近群体来的迁移，花粉与种子流的交互作用将会影响群体结构；若某些基因在配子和合子阶段有不同的效应时，花粉和种子流有可能产生不同影响，改变群体遗传多样性及群体结构；若存在自交和近交的话，花粉流和种子流与选择互作会影响遗传结构组成；若花粉和种子迁移率都很小时，经典公式中的迁移率用花粉和种子迁移率的线性替代是可行的。

第三，植物叶绿体 DNA 群体遗传结构与核基因和线粒体 DNA 的群体结构不同，动植物线粒体 DNA 一般都呈母系遗传，虽然与叶绿体 DNA 突变率不同，群体遗传结构理论（如群体分化系数 $F_{st}$）有相似性。叶绿体 DNA 群体遗传结构相对复杂些，对于裸子植物，大多数针叶树如火炬松和落叶松，叶绿体呈父系遗传；对于被子植物，叶绿体与线粒体都属于母系遗传。不同的遗传方式影响其基因的迁移机制，对于父本和双亲遗传的基因，迁移可通过种子和花粉两种途径进行；而对于母本遗传基因，迁移只有通过种子流才能实现。我们将在后面证明：在一定的条件下，双亲遗传基因的群体遗传分化最小；其次为父本遗传基因；最大的为母本遗传基因。利用核和细胞器基因标记来研究群体分化，可以估计花粉与种子流的相对贡献。

第四，动植物群体核质基因互作系统不同，这与上述核质基因遗传方式及基因传播载体不同关联，花粉和种子流强化核质基因互作或连锁不平衡。例如，在本章中将探讨非随机交配和迁移互作影响细胞核质互作关系，理论上证明在杂交带内，持续迁移可产生永久的细胞核质基因间不平衡，核与细胞质基因频率数据可以用于植物天然杂交带内的基因流估计。在集合群体(metapopulation)模型，亚群体间发生高频率或高翻转现象，群体结构常受奠基者效应及种子和花粉的影响，不同遗传方式核质基因的群体结构可以不同，这种差异与群体动态的历史是相联的。因此，植物细胞核质基因互作与花粉/种子流、交配系统等关系，将进一步揭示植物群体结构的一些特征。

　　总之，花粉和种子扩散的有限性，结合生物与非生物因素的联合作用，使植物群体结构产生分化，又由于基因遗传方式、基因扩散载体不同，动植物群体遗传结构形成基础不同，在应用适合动物群体结构的理论解读植物群体遗传结构时需要注意这些差别。

# 4.2　群体结构模型

### 4.2.1　岛屿模型

（1）基本理论

　　岛屿模型(island model)假设一个群体有无限多个亚群体组成，每个亚群体的有效大小均为 $N_e$，各亚群体在空间呈离散分布，进一步假设存在一个虚拟迁移库，迁移库基因来源于每个亚群体(亚群体间可以不等比率贡献)，基因频率为所有亚群体基因频率的均值，每个亚群体接受 $m$ 比率的基因或个体(图 4-1)。在遗传漂变和迁移两过程作用下，所有亚群体基因型频率和基因频率改变，由于亚群体大小有限，一方面遗传漂变将导致亚群体间遗传分化；另一方面稳定的迁移使这一分化过程受到阻止，最后迁移与遗传漂变作用达到平衡，亚群体基因频率达到稳态分布。

　　以此模型为基础，Wright(1951)引入了 $F$-统计量，它提供了一个简单的方法来概括群体结构，$F_{it}$ 和 $F_{is}$ 依次为整个群体和亚群体的近交系数，而 $F_{st}$ 用于表示亚群体间遗传分化程度分化系数。如考虑一个基因两个等位基因情况，依据三个 $F$-统计量概念，可以定义下列三种杂合子频率关系：

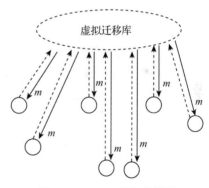

$$2\bar{p}_S\bar{q}_S(1 - F_{is}) = H_I \qquad (4.1a)$$
$$2p_Tq_T(1 - F_{st}) = H_S \qquad (4.1b)$$
$$2p_Tq_T(1 - F_{it}) = H_I \qquad (4.1c)$$

**图 4-1　Wright 的岛屿模型**

注：每个群体贡献一部分基因到虚拟迁移库(虚线箭头)，然后又从迁移库中接受 $m$ 比率的基因(实线箭头)

　　式中，$\bar{p}_S$ 和 $\bar{q}_S$ 为 $A$ 和 $a$ 在各亚群体的基因频率均值；$p_T$ 和 $q_T$ 为 $A$ 和 $a$ 在所有亚群体的平均基因频率；$H_I$ 为亚群体内平均(单株)杂合子频率；$H_S$ 为平均亚群体间杂合子频率。从以上三种关系中可以得到式(4.2)。

$$1 - F_{it} = (1 - F_{is})(1 - F_{st}) \qquad (4.2)$$

当每个亚群体内为随机交配系统时，即 $F_{is} = 0$，此时群体分化系数等于整个群体的近

交系统 $F_{it} = F_{st}$；类似的，对于单倍体群体而言，$F_{is} = 0$，群体分化系数等于整个群体的"近交"系统 $F_{it} = F_{st}$，这里的近交系数可以理解为任意两个单倍体植株的等位基因亲缘系数。

每个亚群体基因频率在每个世代由两部分组成，$1 - m$ 来自于群体本身，$m$ 部分来自于虚拟迁移库，在 $t$ 世代基因频率为 $p_t = mp_T + (1 - m)p_{t-1}$，亚群体与总基因频率差异逐渐递减，即 $p_t - p_T = (1 - m)(p_{t-1} - p_T)$，呈负指数关系（$p_t - p_T \approx (p_0 - p_T)e^{-mt}$），当时间 $t \to \infty$ 时，$p_t$ 最终趋于 $p_T$。

在随机交配系统下（$F_{is} = 0$），联系群体分化系数 $F_{st}$ 与迁移—漂变过程时，应用 Fokker-Planck 方程（Wright，1931），可以推导出基因频率密度分布为式（4.3）。

$$\varphi(p) = \frac{\Gamma(4N_e m)}{\Gamma(4N_e m \bar{p}_T)\Gamma(4N_e \bar{q}_T)} p^{4N_e m \bar{p}_T - 1}(1 - p)^{4N_e m \bar{q}_T - 1} \tag{4.3}$$

式中，基因频率均值为 $p_T$；在亚群体间的方差 $\sigma_p^2 = \bar{p}_T(1 - \bar{p}_T)/(1 + 4N_e m)$，依据 Wright（1977）$F_{st}$（数值上等于 $F_{it}$）为式（4.4）。

$$F_{st(b)} = \frac{\sigma_p^2}{\bar{p}_T(1 - \bar{p}_T)} = \frac{1}{1 + 4N_e m} \tag{4.4}$$

从式（4.4）可以看出 $F_{st}$ 的生物学意义，它用于描述亚群体基因频率的方差或变异程度。$2N_e m$ 表示平均每个世代迁移的基因数，迁移数越多，亚群体遗传分化越小，对于核基因，基因流 $m = m_S + m_P/2$。

在岛屿模型假设下，Ennos（1994）及 Hu 和 Ennos（1999）证明对单倍体父系遗传基因，

$$F_{st(p)} = \frac{1}{1 + 2N_e(m_S + m_P)} \tag{4.5}$$

式中，$m_S$ 和 $m_P$ 依次为种子和花粉迁移率，对于单倍体母系遗传基因，

$$F_{st(m)} = \frac{1}{1 + 2N_e m_S} \tag{4.6}$$

只有种子流对母系基因流有贡献，容易看出三者的关系为 $F_{st(b)} < F_{st(p)} \leq F_{st(m)}$（图

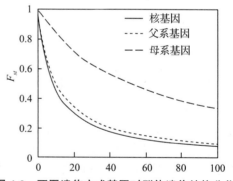

**图 4-2** 不同遗传方式基因对群体遗传结构分化

注：采用参数 $m_P = 0.04$ 和 $m_S = 0.01$

4-2）。为描述简单起见，本章中我们简化下标，用 $F_{st}$ 表示核基因的群体分化系数，当指细胞器基因的 $F_{st}$ 时，会加以说明。

从基因亲缘系数的角度分析 $F_{st}$，在世代 $t$，随机从任意亚群体 2 株各抽取 1 个等位基因，它们之间相关系数，即 $F_{st}$，按式（4.7）计算。

$$F_{st}(t) = (1 - m)^2 \left[ \frac{1}{2N_e} + \left(1 - \frac{1}{2N_e}\right) F_{st}(t - 1) \right] \tag{4.7}$$

在计算式（4.7）中，首先考虑两个基因均为非迁移的，其次考虑因漂变导致两个基因有 $1/(2N_e)$ 的概率来自同一亲本基因拷贝，最后有 $[1 - 1/(2N_e)]$ 概率保持上世代的近交系数，当世代间达到平衡时 $[F_{st}(t) = F_{st}(t - 1) = F_{st}]$，可以近似得到 $F_{st} = 1/(1 + 4N_e m)$。

从基因溯祖途径看(图 4-3),同一亚群体内任意两基因平均溯祖时间 $T_W$,等于整个群体总有效基因数的 2 倍,与迁移率 $m$ 无关,$T_W = 2nN_e$($n$ 个亚群体)。如果随机抽取的两个基因来自不同的亚群体,平均溯祖时间 $T_D$ 分解为两部分:一是两基因迁移到同一亚群体所用的平均时间,等于一个或另一个基因迁移的平均时间 $1/(2m)$ 除以一个基因移动但另一基因移动到同一亚群体的概率 $1/n$,即 $\dfrac{1}{2m} / \dfrac{1}{n} = \dfrac{n}{2m}$;二是两个基因着陆在同一群体后的平均溯祖时间 $2nN_e$,因此,两个来自不同亚群体的基因溯祖时间为 $T_D = \dfrac{n}{2m} + 2nN_e$。

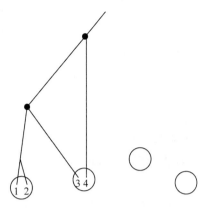

**图 4-3 岛屿模型下基因溯祖过程**

注:基因 1 和 2 共同祖先在亚群体内,基因 3 迁移而来,与基因 4 需要更长时间才能溯祖

令 $\bar{t}$ 为从整个群体中任意两个基因溯祖的平均时间,当 $n$ 很大时,$\bar{t} \approx T_D$,群体间分化系数为:

$$F_{st} = \frac{\bar{t} - \bar{t}_W}{\bar{t}} = \frac{1}{1 + 4N_e m} \tag{4.8}$$

(2)$F_{st}$ 估计

实际分析估计时,上述关系可以粗略地从基因型频率计算得到,例如某两个亚群体的基因型调查数见表 4-1:

**表 4-1 两个亚群体基因型调查**

| 群体 | 基因型数量 | | | 基因型频率 | | |
|---|---|---|---|---|---|---|
| | AA | Aa | aa | AA | Aa | aa |
| 亚群体 1 | 352 | 63 | 12 | 0.824 | 0.148 | 0.028 |
| 亚群体 2 | 312 | 77 | 27 | 0.750 | 0.185 | 0.065 |

因此,亚群体平均杂合子频率 $H_1 = (0.148+0.185)/2 = 0.167$,亚群体 1 基因频率 $p_1 = (2×352+63)/854 = 0.898$,$q_1 = 0.102$,期望杂合子频率 $H_2 = 2×0.898×0.102 = 0.183$;亚群体 2 基因频率 $p_2 = 0.843$,$q_2 = 0.157$,期望杂合子频率 $H_2 = 1×0.843×0.157 = 0.265$;平均杂合子频率 $H_S = (0.183+0.265)/2 = 0.224$;亚群体基因频率均值 $p_T = (0.898+0.843)/2 = 0.871$,$q_T = 0.130$,因此 总群体的期望杂合子频率 $H_T = 2×0.871×0.130 = 0.226$,于是 $F_{is} = (H_S - H_I)/H_S = (0.183-0.148)/0.183 = 0.191$,$F_{st} = 1 - H_S/H_T = 1-0.224/0.226 = 0.009$,$F_{it} = 1 - H_I/H_T = 1-0.167/0.226 = 0.261$。

应用离散的基因型数据估计 $F$-统计量,应考虑:①样本大小对 $F$-统计量估计影响;②多个基因位点;③多个等位基因位点信息。采用 Weir(1996)介绍的方差分析方法估计,也可采用自助抽样方法估计 $F$-统计量估计的标准差。

应用 DNA 序列变异也可以估计 $F_{st}$,一对基因 DNA 序列平均差异位点数与它们来自共同祖先的平均时间呈正比,在无限位点及固定突变率假设下,$F_{st}$ 可以用亚群体内的序列差异数来估计。例如，调查7个基因序列，3个来自亚群体1，2个来自亚群体2，最后2个来自亚群体3，从整7个序列计算成对基因平均有8.1个位点差异，亚群体内成对基因平均有2.0个位点差异，依据公式 $F_{st} = (8.1 - 2.0)/8.1 = 0.753$。

（3）岛屿模型的约束条件与拓展

岛屿模型许多假设与实际情况有偏差，表4-2列出了一些假设及其拓展模型（胡新生，2002），原有的许多假设条件已逐渐得到了拓展，以便适用于现实群体，例如，无限数目的亚群体数是不现实的，因为亚群体的数量应该是有限的，这一条件已被拓展；交配系统的影响及连续/重叠世代条件至今还没有得到很好的拓展。

表4-2　岛屿模型中假设条件及其拓展

| 假设条件 | 拓展后 | 参考文献 |
| --- | --- | --- |
| （1）无限数目的亚群体 | 有限数目亚群体 | Nei(1975)；Takahata(1983) Takahata and Nei (1984) |
| （2）稳定的群体大小 | 群体消失与重建 | Maruyama *et al.*（1980） |
| （3）恒定的迁移速率 | 随机迁移 | Nagylaki（1979） |
| （4）恒定的迁移基因频率 | 随机迁移 | Nagylaki（1979）；胡新生（2000） |
| （5）两个等位基因 | 多等位基因 | Nei（1975） |
| （6）随机交配 | 混合交配系统 | Hu（2015）；张新新等（2019） |
| （7）中性基因 | 适应性基因 | Wright（1978）；Nagylaki(1979) |
| （8）二倍体核基因 | 单倍体细胞器基因 | Birky（1988）；Ennos（1994）；Hu and Ennos（1999a） |
| （9）离散世代 | 重叠连续世代 | |

（4）岛屿模型的异体

岛屿模型是一个经典的结构模型，在此基础上衍生出不同的特定结构模型。如果将整个群体分成两组，一组是单独的一个亚群体，其余亚群体合并成另一个群体，原先的岛屿模型就变为大陆—岛屿（mainland-island model，图4-4），有时这种结构由一个大陆群体和几个环绕大陆群体的岛屿群体组成，因此大陆—岛屿模型实际上是岛屿模型的异体，这种模型最明显的特点是群体大小存在巨大差异，大陆群体表现出稳定且不会消失的特点，而

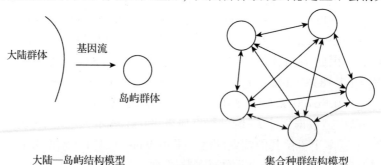

大陆—岛屿结构模型　　　　　　　　集合种群结构模型

图4-4　岛屿模型的异体

注：大陆—岛屿和集合种群结构模型，箭头表示基因流

岛屿群体有大的消失可能性，一般从岛屿群体到大陆群体的迁移忽略不计，大陆与岛屿群体间关系类似于源与库的关系，若岛屿群体不存在消失的话，基因随机迁移影响将导致岛屿与大陆群体之间动态遗传结构关系。

岛屿模型的另一种异体就是集合群体模型，该模型结构起初由 Levins（1970）提出，亚群体内的大多数个体发生形成与死亡过程，一旦亚群体灭亡后，邻近亚群体会迁移过来并重新建立新的亚群体。一系列由这种群体并由个体迁移而相联系集合体称为集合群体（Hanski *et al.*, 1991；Hanski，1994；Gilpin，1991；Hansson，1991）。这种类型的群体结构已被用于研究亚群体消失与重建对遗传分化的影响上，有关这方面研究早期有报导（Whitlock，1992；Rannla *et al.*, 1995）。

## 4.2.2　Stepping-stone 模型

Stepping-stone 模型是由 Kimura（1953）提出，该理论随后才得到完善（Kimura *et al.*, 1964；Weiss *et al.*, 1965），该模型描述了这样一种情形，即一个群体分化为无限多个亚群体，每个亚群体内发生随机交配，基因流由两部分组成：一是在相邻近亚群体间发生基因流($m_1/2$)；二是在整个群体范围，每个群体都接受来自迁移库中的基因($m_\infty$)，相当于岛屿模型中的基因流($m$)，属于长距离的基因流动（图 4-5），若不存在相邻亚群体之间的基因流，Stepping-stone 模型就转变为岛屿模型，因此，岛屿模型是 Stepping-stone 模型的特例。

Stepping-stone 模型的优点就在于它考虑了邻近群体的基因流，因而更接近自然的真实情况，一种比较明显的生物现象就是邻近的个体间要比生活在远处的个体间看起来更相似，

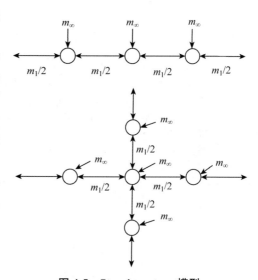

**图 4-5　Stepping-stone 模型**

注：一维和二维模型，$m_1/2$ 表示邻近亚群体
基因流比率，$m_\infty$ 表示长距离迁移率

这种现象间接反映出基因频率相关性随空间距离变化。该模型应用两种度量来描述群体结构，除了用基因频率的方差表示外，还用基因频率随空间距离的相关性。

根据 Weisis 和 Kimura（1965）理论证明，在一维空间群体分布结构中，当 $m_1 \gg m_\infty$ 时，群体分化系数 $F_{st} = \dfrac{\sigma_p^2}{\bar{p}(1-\bar{p})}$ 和基因频率相关系数 $r(k)$ 依次为：

$$F_{st} = \frac{1}{1 + 4N_e\sqrt{2m_1m_\infty}} \tag{4.9}$$

$$r(k) = \exp\left(-\sqrt{\frac{2m_\infty}{m_1}}k\right) \tag{4.10}$$

基因频率的相关系数随着距离 $k$ 增大而呈负指数衰减模式。

在二维度空间群体结构模型下，群体分化系数为 $F_{st} = \dfrac{1}{1 + 2N_eC}$（式中，$C$ 为 $m_1$ 和 $m_\infty$ 的复杂函数），亚群体间基因频率的相关系数随群体间二维欧氏距离 $d$ 而呈负指数关系，

$$r(d) \propto \exp\left(-\sqrt{\dfrac{4m_\infty}{m_1}}d\right)/\sqrt{d} \tag{4.11}$$

其衰减速率要比在一维空间下快。

类似的，在三维度空间群体结构模型下，群体分化系数为 $F_{st} = \dfrac{1}{1 + 2N_eC}$（式中，$C$ 为三维 $m_1$ 和 $m_\infty$ 的复杂函数），亚群体间基因频率的相关系数随群体间三维欧氏距离 $\rho$ 而呈负指数关系，

$$r(\rho) = \pi^{-1}\exp\left(-\sqrt{\dfrac{6m_\infty}{m_1}}\rho\right)/\rho \tag{4.12}$$

其衰减速率要比在二维空间下快。

从上述关系中可见，基因频率相关性受空间维数影响，对于植物群体中父系和母系遗传的单倍体基因及双亲遗传的核基因，基因迁移载体(种子和花粉流)不同，因而相关系数有不同的表达式(Hu and Ennos，1999a)。

三维空间情形不太适合描述植物群体结构。在实际应用时，遗传相关随空间距离变化是很难测定的，这是由于很难获得在时间空间上基因频率的期望值 $E(p)$，$E(p)$ 的估值可以近似地用所调查的所有群体基因频率的均值加以估算，重要的是这时所得到的值是指特定的时间和空间下获得的，并不是理论上所有的期望值(在无限亚群体上的)，使用这一估值我们只能近似地估计基因频率相关性随距离的变化(图4-6)。

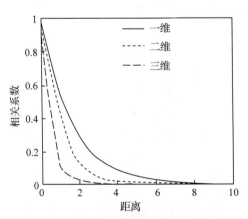

**图 4-6　Stepping-stone 模型中基因频率相关系数与距离关系**
注：基因频率相关系数在一维、二维、三维空间下随距离变化

Stepping-stone 模型现已广泛地被应用于群体结构理论研究方面，例如，Monte-Carlo 模拟过程中，常用该模型来拟合基因在空间的扩散过程(Hu，2008)。有关 Stepping-stone 模型假设也有研究报道，包括对经典假设条件的拓广，例如，经典的无限数目亚群体假设已被拓展到有限数目亚群体的模型，Maruyama 等(1980)证明若亚群体的消失与重建发生

很频繁，整个群体的有效大小会减小，且群体分化受阻，同样也证明若迁移发生很频繁，有限岛屿与 Stepping-stone 模型表现出非常相似的群体内和群体间遗传变异（Nagylaki，1983；Crow *et al.*，1984）。

### 4.2.3　距离隔离模型

假设群体在空间上是连续分布的，由于有限的基因迁移，个体间交配局限于小范围内进行，在相距较远的不同个体之间产生遗传分化，这种现象正是距离隔离（isolation by distance）模型所要描述的（Wright，1943）。该模型强调空间距离的隔离作用及群体遗传分化的形成，因此距离隔离模型提供了一个框架用于解读天然群体的遗传结构。

在群体连续分布下，距离隔离模型引入了一个重要概念就是邻近群体大小（$N_b$），相当于有效群体大小（$N_e$），它被定义为一定范围内的个体数量，该范围内分布中心个体的亲本可以被看成从中随机抽取的个体。在时间上从现在往回看，在过去世代 $t$ 时，邻近群体大小为 $tN_b$（二维空间）和 $\sqrt{t}N_b$（一维空间），这只是近似估计，严格的数学证明有待完善。然而，应用 $N_b$ 简化了描述空间上连续分布的群体，也提供了一种计算任一祖先世代的近交系数的简单方法。

与岛屿模型类似，若在任一祖先世代 $t$ 内的邻近群体大小内存在来自整个群体的更远距离迁移的话，迁移与遗传漂变作用达到平衡，$t$ 世代邻近群体之间遗传分化将达到稳定状态，同样基因频率分布也将处于稳态，这时群体分化的度量可通过 $F_{st}$ 计算而得（Hu and Ennos，1997）。

有关邻近群体大小 $N_b$，交配系统会减小 $N_b$ 的数量，增大遗传分化，Wright（1946）早期研究了一系列交配系统的影响及其相应的邻近群体大小。交配系统在空间上有可能是不同，这是由于许多因素如群体年龄结构等影响交配系统，$N_b$ 可能会因调查的空间位置而不同。类似的，当空间密度为均匀分布假设调整后，适合于分析空间上随机分布为团块分布类型，每一个团块与邻近团块有一小部分基因流动，空间上块状分布的群体就类似于 Stepping-stone 模型。

同样，距离隔离模型存在一些问题需要解决：由于缺乏群体密度调节规则，子代随机迁移导致下一世代群体分布出现团块状分布，这与初始群体在空间均匀分布假设矛盾；在过去世代内，邻近群体大小假设需要通过数学和生物学上作出证明和解释，在应用到植物群体上时，需考虑种子和花粉流时，邻近群体大小计算，这方面已有进展（Hu and Ennos，1997）。尽管如此，Wright 的邻近群体大小概念仍广泛应用于连续分布的群体之中，为描述空间连续性分布自然群体提供了一种方法，例如，$N_b$ 已被应用于计算从连续分布群体中随机抽取若干基因的溯祖概率等（Barton and Wilson，1995）。

很容易理解在离散分布条件下，群体遗传分化与空间地理距离呈正向关系，或离散分布的群体分化与基因迁移数呈负向关系，已有一些方法或模型用于检测距离隔离效应，其中之一就是将遗传数据与地理上邻近群体间随距离进行空间自相关分析。该分析可用于检测空间分布类型和距离隔离的可能性及估计团块状大小（Sokal *et al.*，1978a，1978b），空间自相关分析并不是一个遗传模型而是纯统计模型，这种分析不是建立在空间分布类型是怎样产生基础上的。Barbujani（1987）证明给定距离内基因频率空间自相关系数（Moran's *I*）

等于该距离上亲属关系系数 $f$ 及基因频率标准值方差倒数（$1/F_{st}$）的乘积，即 $I = f/F_{st}$，该函数关系有助于深入理解空间自相关系数的生物学意义。

更多的应用集中在检测离散分布群体遗传分化与地理距离的关系方面（fousset，1997），可以采用成对群体间 $F_{st}$ 与其地理距离关系测验距离隔离效应，若 $H_0$ 假设（$H_0$: $b = 0$）被拒绝，则存在距离隔离效应。

$$\frac{F_{st}}{1 - F_{st}} = a + b\ln(\text{地理距离}) \tag{4.13}$$

例如，Yeh 和 Hu（2005）调查了冷杉（*Abies procera*）21 个群体 14 个同工酶的遗传变异。以下是三个群体的地理位置和一个同工酶 6Pg（6 phosphogluconate dehydrogenase，EC 1.1.1.44）的两个等位基因频率（表 4-3）。

**表 4-3　三个冷杉群体在 6Pg 位点上的基因频率**

| 群体 | 纬度 | 经度 | 等位基因（A） | 等位基因（a） |
|---|---|---|---|---|
| Laurel Mountain, Oregon | 44.56°N | 123.35°W | 0.92 | 0.08 |
| Corral Pass, Washington | 47.01°N | 121.08°W | 0.78 | 0.22 |
| Stampede Pass, Washington | 47.14°N | 121.22°W | 0.88 | 0.12 |

由成对群体的 $F_{st}$ 与对应的距离回归分析得到：$F_{st}/(1 - F_{st}) = 0.0204 + 0.0014\ln d$，$\bar{P}$ 值 $= 0.9148$，即不存在距离隔离效应。

## 4.3　渐变群

一种特定的群体遗传结构就是基因频率随着地理位置变化而表现梯度变化的模式，把它称为渐变群（cline），如图 4-7 所示。有关渐变群的研究追溯到早期的物种形成和群体分化研究领域，渐变群模式的产生有多种机制。一个祖先物种可以在空间异质环境上扩散形成，或已经发生扩散，由于选择适应差异，扩散的群体发生遗传分化，这种情形可进一步产生两种结果：一是扩散群体仍然存在相互接触连续性区域，但相邻接触区域的群体遗传分化仍继续形成，形成生殖隔离物种（parapatry speciation），导致群体渐变呈梯度变化和在连接处呈急剧升降变化；二是扩散后群体彼此分离，遗传分化在隔离状态下形成（地理隔离物种形成，allopatric speciation），群体分化后到一定程度时再次相遇（二次接触，secondary contact）并产生渐变群。此外，祖先物种可能不在空间上进行扩散，空间分化不会形成，但是群体内的遗传分化仍会发生，形成新物种（sympatry speciation），这是由于生态条件（如生境选择）或开花时间隔离等原因，渐变群可以在分化群体相邻接触区域形成。

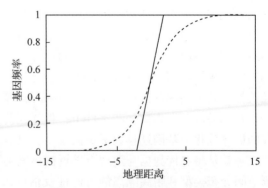

**图 4-7　渐变群基因频率的地理变异**

注：实线的基因频率梯度变化要比虚线的陡

早期已有许多有关研究分析基因扩散渐变特征(Haldane, 1948; Fisher, 1950; Slatkin, 1973; Nagylaki, 1975, 1976, 1978a, 1978b; Barton, 1979, 1983; Barton and Hewitt, 1989), 在多数的研究中, 扩散模型(diffusion model)被用来近似模拟渐变群形成, 目前对于渐变群形成理解主要是基于扩散与选择的综合作用的机制, 这方面理论的研究可以追溯到 Fisher(1937)的先驱工作, 优势基因向前扩散的波动性, 基因频率随时间和空间的变化可以用下列方程描述:

$$\frac{\partial p}{\partial t} = \frac{\sigma^2}{2}\frac{\partial^2 p}{\partial x^2} + sp(1-p) \tag{4.14}$$

基因扩散速率 $v = \sqrt{2s\sigma^2}$ (式中, $s$ 为优势基因选择系数; $\sigma^2$ 为基因扩散方差), 扩散波长与 $l = \sqrt{\sigma^2/s}$ 呈正比关系, $l$ 被定义为特征长度(characteristic length, Slatkin, 1973), 在特征长度距离范围内, 基因频率不改变。从中可以看出, 选择系数越大, 扩散速率也越大; 同样扩散方差越大, 扩散速率也越大。图 4-8 所示优势基因在均匀空间扩散的行波(traveling wave), 随着时间推进, 基因向适应生境扩散, 具有渐变群模式的群体也向前推进。

由表 4-4 可以看出, 在植物群体内, 不同遗传方式的基因(父系、母系及双亲遗传方式)的扩散速率和特征长度有不同的表达(Hu and Li, 2002b), 理论上, 在相同的选

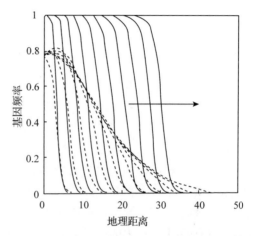

**图 4-8　适应性基因和连锁的中性基因在空间扩散**

注: 基因在一维空间上和不同时间时的扩散行波, 实线表示优势基因, 虚线表示连锁的中性基因扩散, 箭头表示扩散方向

择强度条件下, 父系遗传的单倍体基因扩散速率最快, 其次双亲遗传的核基因, 最后为母系遗传的单倍体基因。实际观测结果与此期望不同的结果时, 意味着所调查的核质基因间存在不同的选择强度。

**表 4-4　遗传方式对基因扩散的影响**

| 遗传方式 | 扩散速率 | 特征长度 |
| --- | --- | --- |
| 父系遗传 | $v = \sqrt{2s(\sigma_P^2 + \sigma_S^2)}$ | $l = \sqrt{(\sigma_P^2 + \sigma_S^2)/s}$ |
| 母系遗传 | $v = \sqrt{2s\sigma_S^2}$ | $l = \sqrt{\sigma_S^2/s}$ |
| 双亲遗传 | $v = \sqrt{2s(\sigma_P^2/2 + \sigma_S^2)}$ | $l = \sqrt{(\sigma_P^2/2 + \sigma_S^2)/s}$ |

理论上已经证明交配系统可以调控核优势基因的扩散(Zhang *et al.*, 2020), 其扩散速率可用式(4.15)作近似估计。

$$v = \sqrt{2\left[s_d + s_h + (s_d - s_h)\frac{\alpha}{2-\alpha}\right]\left(\sigma_S^2 + \frac{1-\alpha}{2}\sigma_P^2\right)} \tag{4.15}$$

式中, $s_d$ 和 $s_h$ 依次为在二倍体和单倍体阶段选择系数; $\alpha$ 为自交率。速度对自交率的偏导为:

$$\frac{\partial v}{\partial \alpha} = \frac{1}{(2-\alpha)^2 v} \left\{ 2\sigma_S^2(s_d - s_h) - \sigma_P^2[s_d + s_h(3-\alpha)(1-\alpha)] \right\} \tag{4.16}$$

当条件 $\dfrac{\sigma_P^2}{\sigma_S^2} > \dfrac{2(1-s_h/s_d)}{1+(3-\alpha)(1-\alpha)s_h/s_d}$ 满足时, $\dfrac{\partial c_\alpha}{\partial \alpha} < 0$, 近交系统可以阻碍基因扩散; 当条件 $\dfrac{\sigma_P^2}{\sigma_S^2} < \dfrac{2(1-s_h/s_d)}{1+(3-\alpha)(1-\alpha)s_h/s_d}$ 满足时, $\dfrac{\partial c_\alpha}{\partial \alpha} > 0$, 自交促进基因扩散。当基因在二倍阶段的选择系数小于单倍体阶段时的选择系数, 即 $s_d < s_h$, 自交总是阻碍基因扩散。

中性基因扩散与选择适应性基因不同, 若存在渐变群模式, 应该是暂时维持的, 终究会消失, 中性基因扩散会趋于完全。当中性基因与适应性基因存在紧密连锁时, 遗传搭乘效应产生连锁不平衡 LD, 有助于维持暂时的渐变群模式(图4-8), 如伴随着适应优势基因扩散, 由于重组效应, 中性基因扩散逐渐减弱(Zhang *et al.*, 2020)。同样, 细胞核质连锁不平衡时, 也有助于暂时维持中性基因频率梯度变化模式(Hu, 2008)。

有关维持渐变群的进化机制较为复杂, 在自然界, 若渐变群存在已有很长时间的话那么就一定有某种平衡机制来维持它, 否则渐变群将最终消失, 上述讨论的机制就是选择—迁移作用。在纯漂变过程或在漂变—迁移过程中, 渐变群是不可能长期维持的, 如果存在弱选择作用或迁移的影响太大的话, 渐变群也不可能维持, 因此随地理空间变化的自然选择强度是维持渐变群的一重要因素, Nagylaki(1975)对渐变群形成的一些条件进行过研究。

有两个参数在确定渐变群模式有重要影响, 若漂变影响可以忽略不计的话, 在给定的选择强度下, 特征长度 $l$ 决定了渐变群的宽度, 特征长度 $l$ 越长, 渐变群分布就越宽。若遗传漂变影响不能忽略的话, Nagylaki(1978a)定义了另一重要的无量纲参数 $\beta$, 用以说明选择与随机漂变的相对重要性, 即 $\beta = 2d\sigma^2/l$ (式中, $d$ 为群体的空间密度; $\sigma^2$ 为扩散方差; $l$ 为渐变群的特征长度), 实际上 $\beta$ 是一迁移和选择作用的自然距离 ($2d\sigma^2$) 与确定性渐变群特征长度 $l$ 的比率, 如果 $\beta \gg 1$ ($\beta \ll 1$) 的话, 与随机漂变影响相比, 选择作用要强 (或弱), 维持群体梯度变异特征。类似于基因流动的障碍, 渐变群实际上阻止了或推迟分化群体间的基因交换。

渐变群模式形成的历史过程复杂, 难以推测。在杂交带中的渐变群可以由不同类型的杂种维持机制产生, 前面提到的优势基因选择是由杂合子和基因型对均匀环境适应性确定的, 选择系数本身与环境位置无关, 这种渐变群模式可以向前或向后移动, 表现出动态性, 常称为张力型杂交带(tension zone)。另一种情况是选择系数 $s$ 与环境关联, 是地理位置的函数, 杂交带不易移动, 渐变群模式相对稳定, 常称为生态型杂交带 (ecological zone)。若仅从基因频率梯度变化模式看, 两种类型的杂交带是难以区分的, 需要借助其他变量的特征来区别(Hu, 2005a)。两种类型的杂交带实际上反映了由内在的遗传因素或外部的环境因素确定分化群体或物种形成的维持机制。

# 4.4 谱系地理变异

渐变群描述了基因频率怎样随地理位置而逐渐改变的一种特殊群体遗传结构模式，这种结构模式不能完全反映历史上不同群体间发生的事件，更为一般的情况下是需要了解基因在空间上地理分布及时间上的进化关系，并根据这种时间和空间双重关系去推测历史上发生的生态和进化过程，如瓶颈事件和选择适应过程，这便是谱系地理学研究的核心问题（Avise *et al.*，1987；Avise，2000）。这里的谱系可以指一个种内的基因或群体，也可以指植物种或同一物种的不同变种。与之相关的另一门学科就是景观遗传学，将群体遗传学、空间统计及景观生态综合起来研究基因频率在空间的分布，寻找近期或当前发生基因流（生态时间尺度）。谱系地理变异强调历史上（长时间）的进化过程及其对当前群体地理遗传结构的影响。

通常采用分子标记来调查群体的遗传多样性，表 2-2 列出了不同类型的分子标记，它们在突变率、遗传方式（单亲 vs. 双亲）、倍性（单倍体、二倍体）、基因扩散方式等属性方面不同，反映的不同地理位置的基因进化关系有可能不同，谱系分选进程有可能不一致（胡颖等，2019）。此外，由于突变率差异，应用重复序列标记和非重复序列标记反映不同地理位置基因的溯祖时间不同，中性标记与选择适应性标记的进化关系和群体遗传结构也会不同，研究谱系地理问题应选用合适的标记，下面介绍单倍型（haplotype）序列数据（cpDNA 和 mtDNA）分析方法。

## 4.4.1 分子方差分析

分子方差分析（analysis of molecular variance，AMOVA）将单倍型间序列的遗传距离分解成群体内和群体间的部分，采用方差分析的方法对群体间进行测验，根据期望均方的组成估计群体内（$\Phi_{ct}$）和群体间（$\Phi_{st}$）的方差分量，$\Phi_{ct}$ 类似于 Wright 的 $F_{it}$，$\Phi_{st}$ 类似于 $F_{st}$，$\Phi_{sc}$ 类似于 $F_{is}$，用于测量群体遗传结构。这里的遗传距离定义比较广泛，可以是成对单倍型序列差异数、欧式距离或加入碱基突变模型后计算的遗传距离等（Ecoffier *et al.*，1992）。类似于式（4.2），式（4.17）关系成立。

$$1 - \Phi_{st} = (1 - \Phi_{sc})(1 - \Phi_{ct}) \tag{4.17}$$

AMOVA 也可应用到不同的分层的群体结构分析。考虑 $k$ 个亚群体，有 $m$ 个单倍类型，令 $x_{il}$ 为第 $i$ 个单倍型在第 $l$ 个亚群体的频率（类似于等位基因频率），定义 $\delta_{ij}$ 为第 $i$ 和第 $j$ 单倍型碱基差异的比例，于是进一步定义遗传多样性参数如式（4.18）计算。

$$\pi_t = \sum_{i,j} x_{i.} x_{j.} \delta_{ij} \tag{4.18}$$

式中，$x_{i.} = \dfrac{1}{K} \sum_l x_{il}$ 为第 $i$ 个单倍型在整个群体的平均频率，$\pi_t$ 为整个群体成对单倍型间差异概率，即相当于二倍体的杂合子频率。类似的，亚群体遗传多样性的均值如下：

$$\pi_s = \frac{1}{K} \sum_l \sum_{i,j} x_{il} x_{jl} \delta_{ij} \tag{4.19}$$

$\pi_s$ 相当于各亚群体"杂合子"的均值，于是 $\Phi_{st}$ 的计算按照式（4.20）进行。

$$\Phi_{st} = 1 - \frac{\pi_s}{\pi_t} \tag{4.20}$$

可以采用 Bootstrap 方法或直接计算 $V(\Phi_{st})$ 标准差。

胡颖(2019)应用 cpDNA *psb*A-*trn*H 和 *trn*L-*trn*L 两片段合并序列作为标记,分析 29 个红椿(*Toona ciliata*)天然群体,应用 Arelquin3.0 程序进行 AMOVA 分析结果见表 4-5:

**表 4-5　红椿天然群体分子方差分析**

| 变异来源 | 自由度 *df* | 平方和 *SS* | 方差分量 *EMS* | 方差分量百分比% |
|---|---|---|---|---|
| 群体间 | 28 | 2121.8590 | 4.7542 | 53.71 |
| 群体内 | 412 | 1688.2250 | 4.0976 | 46.29 |
| 总体 | 440 | 3810.0840 | | |

$\Phi_{st}$ =0.5371,表示 53.71% 的变异发生在群体间,亚群体间存在较大的遗传分化。

### 4.4.2　地理结构存在测验

地理变异模式指地理位置与基因系统进化关系,容易理解当单倍型或等位基因在地理分布完全充分时,则不存在地理变异。单倍型序列差异以及单倍型在不同地理位置分布也可以用来测验是否存在地理变异模式。图 4-9 显示 4 种单倍型的遗传进化关系及其频率在空间的分布,反映三种不同群体结构与地理变异组合,当遗传关系近的单倍型或等位基因更多分布在邻近群体间意味着可能存在地理变异。理论上,可以通过比较两种类型的群体结构系数($N_{st}$vs. $F_{st}$)来判断是否存在地理变异(Pons and Petit,1996)。$N_{st}$ 系数按式(4.21)计算。

$$N_{st} = 1 - \frac{\pi_s}{\pi_t} \tag{4.21}$$

式中,$\pi_s = \frac{1}{K} \sum_l \sum_{i,j} x_{il} x_{jl} \delta_{ij}$ 和 $\pi_t = \sum_{i,j} x_{i.} x_{j.} \delta_{ij}$,其中,$\delta_{ij}$ 表示单倍型 $i$ 和 $j$ 序列之间的差异数量(不是比例),如第 1 和第 3 个单倍型序列有 5 个碱基差异 $\delta_{13}$ = 5,反映了自从共同祖先以来的累积突变数量差异,包含了系统进化关系。$F_{st}$ 按式(4.22)计算。

$$F_{st} = 1 - \frac{\pi_s}{\pi_t} \tag{4.22}$$

式中,$\pi_s = \frac{1}{K} \sum_l \sum_{i,j} x_{il} x_{jl} \delta_{ij}$ 和 $\pi_t = \sum_{i,j} x_{i.} x_{j.} \delta_{ij}$,其中,$\delta_{ij}$ 表示单倍型 $i$ 和 $j$ 是相同($\delta_{ij}$ =0)还是不同($\delta_{ij}$ =1),类似于杂合子频率,无单倍型突变数量或进化时间信息(时间越长,平均突变数越多)。

结果证明当 $N_{st}$ > $F_{st}$ 时,存在地理结构变异模式;当 $N_{st}$ ≤ $F_{st}$ 时,不存在地理结构变异模式,两者差异显著性检验可以通过置换(permutation)分析获得 $p$ 值。

胡颖(2019)采用 Arlequin 软件分析 29 个红椿天然群体的遗传结构,分别计算出了两个 cpDNA 片段的 $F_{st}$ 和 $N_{st}$,其中 *psb*A-*trn*H 片段的 $F_{st}$ 估值是 0.1496,而 $N_{st}$ 估计值是 0.3733,即 $N_{st}$ > $F_{st}$,表明存在群体地理结构变异;另一 cpDNA 片段 *trn*L-*trn*L 的分析结果:

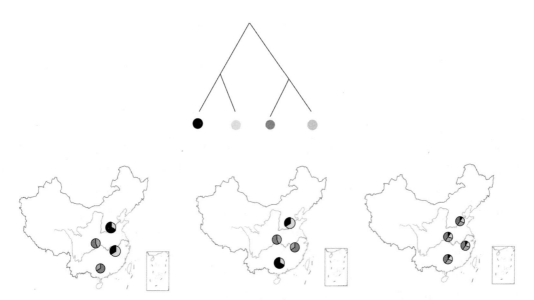

(a)存在群体结构和地理变异模式　　(b)存在群体结构但无地理变异模式　　(c)无群体结构和无地理变异模式

**图 4-9　4 种单倍型进化关系及 3 种群体结构和地理变异模式**

注：4 种不同深度的颜色代表 4 种单倍型

$F_{st} = 0.2566$，$N_{st} = 0.7163$，$N_{st} > F_{st}$。两片段标记分析结果都说明红椿天然群体存在着明显的谱系地理结构变异。

应用成对群体 $F_{st}$ 与地理距离的回归分析结果是证明存在距离隔离$\left[ \dfrac{F_{st}}{1 - F_{st}} = a + \right.$

$b\ln(距离) \Big]$。因此，从两个方面分析验证了红椿天然群体间存在地理隔离效应及地理结构变异。

有关应用 $N_{st}$ 与 $F_{st}$ 比较来判断是否存在地理结构方面的研究已有大量的报道(胡颖等，2019)。下一步分析是结合单倍型间的进化网络与地理位置相关分析，揭示哪些因素参与谱系地理结构形成。

## 4.4.3　统计简约网络

产生单倍型数量或等位基因数量与累积的突变数或单倍型的年龄是相关的，也与重组率相关(核基因)。在时间上，如果从现在往回看，不同年龄单倍型分布在不同的地理位置的群体内，祖先类型与现代类型在时间和空间上共存，多个(>2)衍生单倍型可以同时源于一个共同的祖先单倍型。此外，由于群体间的基因流或杂交发生，也强化了不同单倍型在不同地理位置上的共存。因此，要构建这些单倍型的进化关系，采用二叉树(bifurcating tree)不适合描述单倍型的进化关系，需要应用多叉树(multifurcating tree)来描述单倍型的网络进化关系。

在构建单倍型网络时，为避免单倍型非同源的平行进化(homoplasy)，需要制定一定规则确定不同的单倍型通过一系列单突变连接成网络。Templeton 等（1992）提出单倍型间采用最大碱基差异数的 95% 置信区间（confidence interval，CI）来延长的单倍型连接，这个区间数值被称为简约极限（limits of parsimony），生成的单倍型网为统计简约网络（statistical parsimony network），该网络包含最少的突变数。在简约极限范围内，各单倍型首先连接有 1 个突变，其次有 2 个突变的，3 个突变的，突变数依次递增，直到极限突变数终止连接，最终生成统计简约网络。

Templeton 等（1992）给出了具体算法有以下步骤：①计算成对单倍型由单个突变产生的概率 $P_1$，如果 $P_1 > 0.95$，连接所有只有一个突变的成对单倍型；②检测 1-步网络中是否有重组产生的网络，这样去除①步骤中的模糊的连接；③增加 1 到 $j$ 和估计 $P_j$，如果 $P_j > 0.95$，通过连接两个有 $j$ 步差异的单倍型，将 $(j-1)$-步变为 $j$-步网络，重复该步骤直到所有单倍型包含在一个单一网络内，或剩下两个或多个没有重叠的网络；④如果两个或多个网络剩下，估计有 95% 概率发生的最少非简约突变数，再连接网络。

将上述算法得到网络，依据单倍型在所有调查样本出现的频次画出网络图，得到如图 4-10 所示的单倍型网络图，各单倍型间通过单个或一系列单突变连接。依据溯祖理论，在 17 种单倍型中，第 1 个单倍型最为古老，分布范围也是最广的，其次是第 2、4、5 及 3 内部单倍型，相对较年轻些，其余的单倍型分布网络外节点顶端是进化更年轻的，地理分布窄，如私有单倍型，仅出现在特定群体内。

依据溯祖理论，单倍型连接代表了溯祖过程，Freeland 等（2011，p.243）概括以下预测：①在整个群体地理分布区域中，频率最高的单倍型一般为最古老的，即频率越高，年龄越大；②在网络中，年龄大

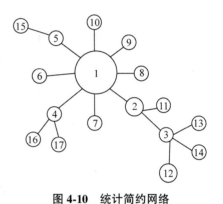

**图 4-10　统计简约网络**

注：一种假设的 17 个单倍型网络结构图

的单倍型处于内部，越年轻的单倍型区域网络周边或顶端；③有多个连接的单倍型年龄趋于较大；④年龄老的单倍型占领大的地理区域，因为这类单倍型携带者有相对更长时间扩散；⑤分布于网络顶部的单倍型更倾向于亚群体内分布，因为没有足够的时间扩散到其他群体。其中第④点实质上与早期 Wright（1943）的观点一致，越早祖先的基因分布于越大的地理范围，所覆盖的邻近群体规模越大数。上述预测是基于溯祖理论，用于不同基因组单倍型分析时可能会出现偏差，但网络单倍型分布反映了时间和空间变异信息。

单倍型网络帮助我们推出它们之间的进化关系，相对年龄差异以及分布的频率和地理范围，下一步分析就是分析形成单倍型地理分布的生态和进化过程，以下简要介绍嵌套进化枝分析（nested clade analysis）。

### 4.4.4　嵌套枝分析

在建立的统计简约网罗基础上，构建不同级别的嵌套枝，Templeton 等（1987）提出了以下步骤：①每种单倍型视为 0-步进化枝（0-步），即 $j=0$，定义两种类型的单倍型，"顶端"单倍型指与其他单倍型只有一个连接的单倍型；"内部"单倍型指与其他单倍型有 2 个

或更多连接的单倍型；②对每一个顶端单倍型，找到与其连接的($j+1$)-步的内部单倍型，生成所有的($j+1$)-步进化枝；③识别内部$j$-步进化枝，并区分为($j+1$)-步进化枝；④将已经划分的进化枝视为高阶"顶端"进化枝，重新进入第②步计算，增加$j$-步为($j+1$)步，这样循环逐步生成更高阶的进化分枝，直到包含所的单倍型。从图 4-11 看出，从左图的统计简约网络生成右图中的不同级别的嵌套进化枝的结果。

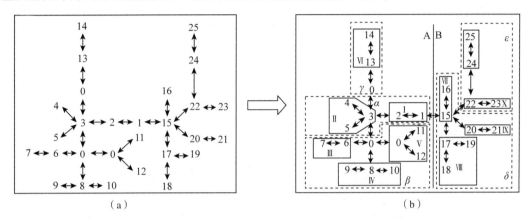

（a）　　　　　　　　　　　　（b）

**图 4-11　单倍型嵌套枝分析**（引自 Templeton *et al.*，1987）

注：左图为果蝇 ADH（alcohol dehydrogenase）DNA 区域 25 种非重组单倍型的进化树（共 29 种单倍型，其中 4 种为重组类型而被去除）（Golding *et al.*，1986），0 指为内部没有发现的单倍型，双箭头表示两单倍型经单一突变引起的。右图为应用嵌套枝算法的单倍型类型，用实线框入的单倍型为 1-步进化枝（1-step clades），用罗马数值表示（Ⅰ，Ⅱ，Ⅲ，…，Ⅺ），共 10 种；用虚线框入的为 2-步进化枝（2-step clades），用希腊字母表示（α，β，γ，…）；最后，用粗实线将进化树分成 2 个 3-步进化枝（3-step clades），用罗马字母表示（A，B）

早期 Templeton 等（1987，1993）应用嵌套枝来解析数量性状与单倍型的关联分析，随着单倍型数量增多，嵌套枝也就变得越来越复杂，其方法应用变得更复杂，目前主要基于基因组—性状关联分析，但联系嵌套进化枝与地理因素关系仍然提供了一种有效途径去解析谱系地理变异。Templeton 等（1995）定义了两种地理距离：$D_c(X)$ 指进化枝 $X$ 每个单倍型（成员）离整个进化枝的地理中心的平均距离，测量该进化枝扩散多远；假设进化枝 $X$ 嵌套在进化枝 $Y$ 内，$D_n(X)$ 指进化枝 $X$ 每个单倍型（成员）分布的地理中心与其所在的嵌套进化枝 $Y$ 的地理中心的平均距离，测量相对于其所起源的嵌套地理中心，进化枝 $X$ 位置改变了多少。

图 4-12 表示一个假设的分枝和嵌套的分枝距离。一个岛上有三个取样区，在每个取样区域内的字母 A、B 和 C，三种类型单倍型数量在采样点圆圈内位置标出（1、2 和 3 型）。这三个单倍型都在一个共同的范围内嵌套分支，单倍型 1 和 2 是顶端，单倍型 3 是内部单倍型。距离计算为 $D_c(1)=0$，$D_c(2)=(3/9)(2)+(6/9)(1)=1.33$，$D_c(3)=(4/12)(1.9)+(4/12)(1.9)+(4/12)(1.9)=1.9$. $D_n(1)=1.6$，$D_n(2)=(3/9)(1.6)+(6/9)(1.5)=1.53$，$D_n(3)=(4/12)(1.6)+(4/12)(1.5)+(4/12)(2.3)=1.8$。

要判断单倍型地理分布与地理距离或与其他地理环境因子算法存在关联，统计上采用置换方法生成一系列分布，即在保证每个群体原有的样本数前提下，随机排列所有的单倍型，每次计算 $D_c(X)$ 和 $D_n(X)$，获得一系列估计值，然后再与原始数据估计的 $D_c(X)$ 和 $D_n(X)$ 看是否显著地偏离随机条件下（$H_0$ 假设）的估计值，如果 $D_c(X)$（观测的）>

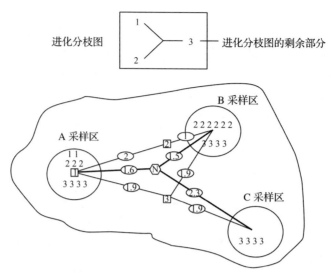

**图 4-12　嵌套分枝及分枝距离计算**(引自 Templeton *et al.*，1995)

注：每个数字对应于样本中的一个单倍型。单倍型 1 和 2 是顶端单倍型。单倍型 3 是一种内部单倍型。方形框中的数字表示每个 0 步分支(单倍型)的中心。六边形 N 代表包含 1，2 和 3 的分支的中心。椭圆中的数字是从每个收集区的中心到分支中心的距离

$D_c(X)$ (随机的) 或 $D_n(X)$ (观测的) $> D_n(X)$ (随机的)，则存在地理扩张。Templeton 等(1995)提供了其他一些假设测验用于解释单倍型的地理变异，详细假设参见他的论文。

## 4.4.5　谱系分选

当种内地理群体遗传结构分化到一定程度时，高度分化的群体在进化作用驱动下向新物种形成(incipient speciation)阶段发展，最终成为新物种。起初一个群体分裂成两个隔离的后裔群体时，通过漂变、突变和选择作用逐渐分化形成新的物种，我们将这一过程定义为谱系分选过程(lineage sorting)(Avise，2000)。从谱系分选过程的基因遗传亲缘关系变化看，分选过程可以大致分为复系(polyphyly)、并系(paraphyly)和单系(monophyly)三阶段(图 4-13)。在复系阶段，分离群体都有相同的新近祖先群体留下的基因拷贝；到并系阶段，一个群体包含一些但不是全部的一个新近祖先的后裔；在到单系阶段，一个群体全部共有一个祖先，并且这个祖先的所有后裔在该群体或物种中都可以找到(Freeland *et al.*，

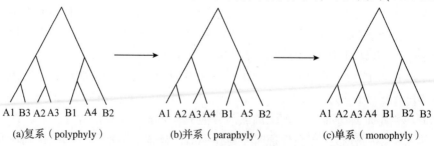

**图 4-13　谱系分选过程**

注：两个分离群体 A 和 B 等位基因在三阶段有不同的溯祖过程

2011）。整个分选过程涉及从微观进化沿着群体适应值（fitness landscape）转移到宏观进化过程。单系或新物种形成后，各群体达到不同的适应峰值（Wright，1977；Gavrilets，2004），因此，单系阶段物种基因组间差异趋于极大，趋于固定不同的适应性等位基因。

不同遗传方式的基因组在谱系分选的进程可以不一致（胡颖等，2019），已知的溯祖理论证明对于一个隔离群体，在漂变过程中，从复系到单系平均需要 $4N_e$ 世代（nDNA）（Tajima，1983）或 $N_e$ 世代（单倍体 cpDNA 或 mtDNA），cpDNA 单系形成要比 nDNA 单系形成早 3 $N_e$ 世代（Palumbi et al.，2001）。Hudson 和 Coyne（2002）进一步研究显示要达到50%的核基因单系需要 $4 \sim 7$ $N_e$ 世代，95%的核基因单系需要 $9 \sim 12$ $N_e$ 世代，建议不用mtDNA 或 cpDNA 识别群体长期分化后的谱系物种（genealogical species）。Rosenberg（2003）更具体地证明，在中性的谱系分选过程中，复系维持的概率随时间逐渐下降，并系形成的概率开始有小升高然后再下降，而单系形成的概率由小逐渐升高并趋于固定，与Tajima（1983）的 DNA 序列进化关系结论类似。这些中性过程下的结论可用作无效假设测定其他非中性过程是否存在（Palumbi et al.，2001）。

在新物种形成过程中，一般认为漂变效应对物种形成贡献不大（Coyne and Orr，2004），因此除突变过程外，基因流和自然选择在物种形成过程中是两个重要且相互作用的过程，当选择强度高于基因流时，即使基因流存在，物种形成仍然在进行。关于基因流与物种形成的关系，刘义飞和黄宏文（2009）及李忠虎等（2014）有详细综述。

## 4.5　种群基因流估计

群体遗传结构模型可用于测定预测实际群体，并用可能的生物学过程来解释所观测到的群体遗传结构和估计一些参数，如群体之间的基因流等。为了测验群体遗传结构理论及作出生物学推测，我们需要调查实际群体，需要借助遗传标记进行分析。而遗传标记类型可以包括形态特征、生理生化特征、染色体核型变异、同工酶变异及 DNA 序列差异标记。这些标记遗传变化特征不同程度地反映了群体遗传结构的形成过程。研究植物群体遗传结构已有许多不同类型的分子标记（表 2-2）。

推测种内群体间的基因流的方法有多种，包括直接的和间接的方法。可利用无线电跟踪、雷达跟踪、全球定位技术、微型化技术和卫星遥感技术来追踪动物等（Freeland et al.，2011），这些方法能提供有关迁移的详细记录，如个体迁移距离、迁移路径、迁移个体性别等。其优点是测量所有个体迁移（不是有效的基因流），但缺点是非常耗时，且效果有限。理论上，部分直接方法也可应用于检测种间基因渐渗，但很少报道，更为普遍的是应用间接法估计群体间基因流。表 4-6 简要概括了应用分子标记估计种内群体间基因流的方法（Broquet and Petit，2009），包括估计单世代平均迁移数（$N_e m$）、相对迁移率（$m$）、迁移距离和扩散方差等。这些方法的前提假设不同，如用 $F_{st}$ 估计迁移是在假定迁移—漂变平衡条件下，估计历史上发生的群体间基因流。应用距离隔离和扩散方差估算，亲本分析用于估计当代花粉扩散，基因溯祖理论框架可用于种内群体间基因流（基因树），下面对表4-6 列出的方法做简要介绍。

**表 4-6　种内群体间基因流估计方法**

| 估计参数 | 理论模型 | 统计量 | 样本 | 参考文献 |
|---|---|---|---|---|
| $N_e m$ 或 $m$ | 岛屿模型，迁移—漂变平衡 | $F_{st}$ | 空间上两个或更多群体抽样 | Wright，1951；Vitalis and Couvet，2001 |
| $m$，$N_e$ | 岛屿模型 | $F_{st}$ | 时间上两个或更多世代群体抽样 | Wang and Whitlock，2003 |
| $m$ | 单群体 | 亲本基因来源分析 | 单个群体多位点基因型分型 | Ellstrand and Marshall，1985 |
| $m$ | 分配检验法 | 混杂分析，即单株基因组成源于不同群体概率分布 | 空间上两个或更多群体抽样 | Pritchard *et al.*，2000；Wilson and Rannala，2003；Faubet and Gaggiotti，2008；Broquet *et al.*，2009 |
| $m$ | 私有基因有限扩散 | 回归分析 | 空间上多群体抽样 | Slatkin，1985；Slatkin and Barton，1989 |
| $m$ | 岛屿模型 | 似然函数估计 | 空间上多群体抽样 | Rannala and Hartigan，1996；Tufto *et al.*，1996 |
| $m$ | 基因树 | $F_{st}$ | 空间上多群体抽样 | Hudson and Slatkin，1992 |
| $M_i$，$\theta_i$ | 基因树 | 似然函数估计 | 两群体样本 | Beerli and Felsenstein，2001 |
| 距离隔离效应测定 | 距离隔离模型 | 遗传距离与对数地理距离的回归分析 | 空间上多群体抽样 | Wright，1943；Rousset，1997 |
| 花粉迁移距离 | 双世代方法 | $\Phi_{st}$ | 母本和种子两个世代样本 | Smouse *et al.*，2001 |
| 基因扩散距离方差 | 杂交带（基因频率随距离渐变） | 特征长度与扩散距离方差关系 | 空间上多群体抽样 | Barton，1982 |

（1）$F_{st}$ 统计量

$F_{st}$ 指标准化的群体间基因频率的方差，其本身无任何进化意义。由于用于度量群体遗传分化程度，所以又称群体遗传分化系数，反映群体内随机从两个体各抽取一个等位基因，它们来自同一祖先的概率，取值范围在 0 和 1 之间（$0 \leqslant F_{st} \leqslant 1$）。当与进化动力联系后，$F_{st}$ 可用来估计群体遗传参数（Weir，1996），其中应用最广的就是估计群体间单世代的平均基因流数量，对于二倍体核基因可以得到：

$$N_e m = \frac{1}{4}\left(\frac{1}{F_{st}} - 1\right) \tag{4.23}$$

式中，$N_e m$ 中的 $m$ 是指有效的基因迁移率（effective gene flow）。由于是统计量，其估计受样本容量影响，实际分析时，在空间多点采样，应用方差分析方法估计，这样考虑了样本容量的影响，测验 $F_{st}$ 是否显著（Weir，1996）。

该理论是在岛屿模型假设下（没有选择、亚群体的数量无穷大并且有相同有效群体大小、每个群体迁移率相等），群体处于迁移—漂变平衡等条件下获得的。由于多数天然群体很少符合这些条件（胡新生，2002），尽管如此，由于 $F_{st}$ 在统计学上的计算简洁性以及有明确的生物学意义，仍被广泛应用于比较种内群体间分化研究。

当 $N_e$ 可以分开估计的话，应用 $F_{st}$ 就可以估计有效迁移率 $m$。基于 $F_{st}$ 估计，也开发出其他方法将群体迁移率与 $N_e$ 分开估计 ( Vitalis and Couvet, 2001；Wang and Whitlook, 2003)，但应用这些方法时，群体采样需要从多个世代进行。

（2）亲本分析

其基本原理是从已知基因型的母株采集种子，基于分子标记估计父本基因型，再比较群体中可能的父本基因型，估计母株中有多少比率是来自同一群体和外来群体花粉。该方法需要大量抽样分析所在群体潜在的父本，因而适合分析小群体或隔离群体的迁移率，也适合分析连续分布群体中某一小面积的群体，需要估计背景基础群体的等位基因频率，才能估计所调查群体的迁移率。Adam 和 Birks(1991)引入邻近群体模型，利用亲本分析来估计花粉迁移率及其他参数。

亲本分析估计的迁移(花粉流)反映了"即时"迁移，而不是反映基因单位时间迁移率或用漂变转换后的时间内的平均迁移率，后者反映了有效基因流。

（3）STRUCTURE 分析

对多群体中的每一个体，事先不假定其来源，根据传统群体概念来界定群体以及参数的贝叶斯先验假设分析多位点基因型数据，在不同群体数假设下，计算合理的群体间遗传结构和群体内遗传组成，之后再确定每个体的来源，判断可能的种间杂交个体。目前已有一些软件用于这类分析，如基于 Bayes 途径的 STRUCTURE( Pritchard et al., 2000) 和基于极大似然估计分析的 Admixture ( Alexander et al., 2009) 及 Frappe( Tang et al., 2005)等，下面简要介绍最常用的 STRUCTURE 分析原理及其应用。

事先不假定每个体来源，对于给定的群体数 $K$，每个群体用一组位点上的等位基因频率来描述，将每个样本基因型随机分配到各个假定的群体，同时计算群体的等位基因频率，依据群体概念(哈迪-温伯格平衡，HWE)及位点连锁平衡(LD=0)确定群体组成。具体计算是：根据给定的群体数 $K$ 和二倍体基因型数据 $X$，所有群体的等位基因频率 $P$，建立似然函数 $Pr(X|K, P)$，再根据先验分布假设 $Pr(K)$ (均匀分布)和 $Pr(P)$ (Dirichlet 分布)，建立后验分布函数 $P(K, P|X)$，再根据所得到的后验分布抽样数值计算 $K$ 和 $P$。在假定每个的基因位点可能存在来自不同群体时(个体混合模型)，其参数为 $Q$ 向量，从后验分布 $P(K, P, Q|X)$ 也可以同时估计参数 $Q$。计算最后目的是通过分配个体每个基因到给定的群体内，获得贝叶斯估计，使得尽量达到群体内位点间连锁平衡及 HWE，合理的群体数 $K$ 采用 $\ln[Pr(X|K)]$ 对 K 的二阶导数除以 $\ln[Pr(X|K)]$ 的标准差 $sd\{\ln[Pr(X|K)]\}$ 得到 $\Delta K$ 的极大值，$\ln[Pr(X|K)]$ 的标准差 $sd\{\ln[Pr(X|K)]\}$ 由重复计算获得( Evanno et al., 2005)。

STRUCTURE 被广泛地应用到种内群体遗传结构研究上，对两个或多个群体分析时，用 STRUCTURE 可以估计每个个体的遗传组成在不同群体的分布比率 $Q$，这些比率 $Q$ 估值可以判断是否存在基因流现象以及近似估计迁移率。

（4）私有基因

一个群体的私有基因就是该基因只出现在该群体，其他群体不存在。私有基因的存在意味着有限的基因扩散。定义 $\bar{p}(i)$ ($i=1, 2, \cdots, d$) 为 $i$ 个群体的基因频率均值，$\bar{p}(1)$ 表示只在一个群体出现的基因频率均值，Slatkin(1985)证明 $\bar{p}(i)$ 与选择和突变独立，但对群体的迁移率敏感。模拟证明群体间迁移数 $N_e m$ 与 $\bar{p}(1)$ 存在对数线性回归关系：

$$\ln[\bar{p}(1)] = a\ln(N_e m) + b \tag{4.24}$$

当 $N_e m$ 过小(如，$N_e m<0.01$)或过大(如，$N_e m>10$)，两者偏离对数直线回归关系。实际分析时，计算不同群体私有基因频率的平均值，利用理论模拟在不同抽样和群体数的 $a$ 和 $b$ 值，根据回归关系可以近似估计 $N_e m$。假如每个群体调查 10 株，则 $a=-0.49$ 和 $b=-0.95$；若每个群体调查 25 株，$a=-0.58$ 和 $b=-1.1$；每个群体调查 50 株，$a=-0.61$ 和 $b=-1.2$。

理论模拟显示应用 $\bar{p}(1)$ 与采用 $F_{st}$ 方法估计 $N_e m$ 的结果具有可比性(Slatkin and Barton，1989)，但实际分析时估计稀有等位基因比较困难，应用 $F_{st}$ 方法更加简便些，目前应用 $\bar{p}(1)$ 估计迁移数 $N_e m$ 的报道较少。

(5)极大似然估计

在迁移—漂变作用下，基因频率分布可以达到稳态分布，Wright(1931，1969)给出了基因率的分布密度函数，用 Beta 分布描述一个基因两个等位基因频率密度分布，用狄利克雷分布(Dirichlet distribution)或多元 Beta 分布描述 $k$ 个基因每个基因有两个等位基因的联合基因频率密度分布，根据这些基因频率分布密度可以构建样本的似然函数，求得参数 $\theta=N_e m$ 极大似然估计值。

考虑一个基因 $k$ 个等位基因情况，从 $I$ 个亚群体(有限数量的岛屿模型)分别随机抽取 $N_1$，$N_2$，$\cdots$，$N_I$ 个样本，定义 $n$ 为一个 $I\times k$ 矩阵，矩阵元素 $n_{ij}(i=1,2,\cdots,k;j=1,2,\cdots,k)$ 为第 $i$ 个亚群体第 $j$ 个等位基因的个数，定义 $p=(p_1,p_2,\cdots,p_k)$ 为迁移基因频率向量，依据 Rannala 和 Hartigan(1996)似然函数可表示为：

$$f(n\mid\theta,p) = \prod_{i=1}^{I}\left[\binom{N_i+\theta-1}{N_i}^{-1}\prod_{j=1}^{k}\binom{n_{ij}+\theta p_j-1}{n_{ij}}\right] \tag{4.25}$$

式中，有参数 $\theta=N_e m$ 及 $p$ 个基因频率 $p_j(j=1,2,\cdots,k)$。实际估计时可以先采用直接计数的方法来估计基因频率 $\hat{P}_j=\dfrac{\sum_{j=1}^{I}n_{ij}}{\sum_{j=1}^{I}\sum_{i=1}^{k}n_{ij}}(i=1,2,\cdots,k)$，减少参数的个数，然后对似然函数对 $\theta$ 求一阶偏导：

$$\frac{\partial\ln f}{\partial\theta} = \sum_{i=1}^{I}\left[\sum_{j=1}^{k}\sum_{l=1}^{n_{ij}-1}\ln(\theta\hat{P}_j+l) - \sum_{l=0}^{N_i-1}\ln(\theta+l)\right] \tag{4.26}$$

由于 $\theta$ 的解析解难以获得，因此利用 Newton-Raphson 迭代方法可以求得参数 $\theta=N_e m$ 的极大估计值。

当同时考虑 $L$ 个基因位点时，假设基因位点间相互独立，可以将各基因位点的似然函数乘积得到总的似然函数：

$$f(n\mid\theta,p) = \prod_{l=1}^{L}\prod_{i=1}^{I}\left[\binom{N_{li}+\theta-1}{N_{li}}^{-1}\prod_{j=1}^{k_i}\binom{n_{lij}+\theta p_{lj}-1}{n_{lij}}\right] \tag{4.27}$$

类似的，采用迭代方法求极大似然估计。

上述阐述的是在岛屿模型框架下估计参数 $N_e m$，其他类型的群体结构(如渐变群)，也可建立似然函数估计迁移数，这方面有待进一步完善。

(6)基因树

利用群体基因序列变异信息估计群体间基因流是一条途经，但与分析群体间基因频率

变异的相关。从两个或两个以上的亚群随机抽取同源 DNA 序列，所选取的 DNA 序列没有
发生过重组，首先建立样本序列基因树，然后将每个 DNA 序列来源地理位置看作多个状
态的质量性状，每一个群体位置视为一个状态性状，如 1，2，…，$L$ 群体等，基因树建立
采用简约树标准(parsimony criterion)，将这一性状填置到基因树上(图 4-14)，计算与基因
树一致的迁移事件发生次数 $s$ 最少的树(Slatkin and Maddison，1989)，Fitch(1971)简约法
则计算内节点的方法如下：

$$\{x, y\} \diamondsuit \{x, z\} = \{x\}, \quad \{x\} \diamondsuit \{y\} = \{x, y\}$$

式中，符号"$\diamondsuit$"为简约运算操作。图 4-14 显示发生 2 次迁移事件，$s=2$。

模拟显示最小迁移事件发生数 $s$ 为 $N_e m$ 的函数，用于估计迁移数。在岛屿模型框架
下，比较分析显示应用基因树估计 $N_e m$ 与应用 $F_{st}$ 估计效果相当(Hudson and Slatkin，
1992)。该方法的缺点是 $s$ 与 $N_e m$ 函数关系的表达式还没有获得，估计仍然依赖模拟结果
推断。

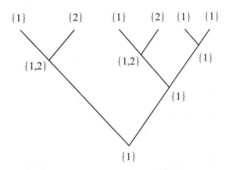

**图 4-14　利用简约法则(Fitch，1971)构建样本位置状态性状树**

注：图中 4 个基因从位置 1 抽取$\{1\}$，2 个基因从位置 2 抽取$\{2\}$，内节点状态用 Fitch 法则确定

(7) 迁移—溯祖过程 ($N_e$ 与 $m$)

迁移—溯祖过程(migration-coalescent process)提供一种更为有效但又复杂的途径来估
计迁移数(Beerli and Felsenstein，1999)，该模型比溯祖过程增加了迁移过程，在一定的基
因树分支时间段上，迁移与溯祖以相对不同概率发生。考虑两个群体，4 个参数(图 4-
15)，每世代迁移数和有效群体大小参数都用突变率 $\mu$ 进行尺度转换，即：$\Theta_i = 4N_e^{(i)} \mu$，$M_i =$
$m_i/\mu$ 或 $\gamma_i = \Theta_i M_i = 4N_e^{(i)} m_i$。模型假设群体大小为常数(Wright-Fisher 模型)，对于 DNA 序
列，$\mu$ 单个核苷酸位点突变率；对于卫星 DNA 标记或同工酶，$\mu$ 指单个位点(locus)的突
变率。

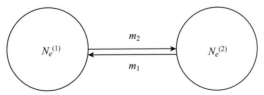

**图 4-15　迁移—溯祖模型**

注：两群体四参数，每世代平均迁移数 $m_i (i = 1, 2)$

及有效群体大小 $N_e^{(i)} (i = 1, 2)$

参数估计是通过抽取基因树先验概率 $Pr(G|P)$ 与似然函数 $Pr(D|G)$ 的乘积所得到的后验概率分布进行的。

$$L(P) = \sum_G Pr(D|G) Pr(G|P) \tag{4.28}$$

式中，参数向量 $P = (\Theta_1, \Theta_2, M_1, M_2)$，先验概率密度，

$$Pr(G|P) = \prod_{i=1}^{2} \left[ \left(\frac{2}{\Theta_i}\right)^{v_i} M_i^{w_i} \right] \prod_{j=1}^{T} p_j \tag{4.29}$$

式中，$p_j = \exp\left\{ -t_j \sum_{j=1}^{2} \left[ k_{ji}M_i + \frac{k_{ji}(k_{ji}-1)}{\Theta_i} \right] \right\}$。变量 $v_i$ 为群体 $i$ 内总的溯祖发生的次数；$w_i$ 为群体 $i$ 在所有时间间隔发生的迁移次数；$t_j$ 为时间间隔 $j$ 的长度；$k_{ji}$ 为群体 $i$ 在时间间隔 $j$ 内的谱系（lineage）数；$p_j$ 为在时间间隔 $j$ 内没有发生迁移和溯祖的概率。当多个位点基因序列同时考虑时，可见将单个位点后验概率乘积得到多位点的后验概率。

对于给定的两群体样本时，先验分布可产生基因树拓扑结构数 $G$ 很大，很难对所有的基因树进行分析。Beerli 和 Felsenstein（1999）提出一种简化的基因树抽样方法，采用 Metropolis-Hastings 算法选取新的基因树，新基因树 $G_{new}$ 接受的概率简化为：

$$r = \text{Min} \left[ 1, \frac{Pr(D|G_{new})}{Pr(D|G_{old})} \right] \tag{4.30}$$

通过 MCMC 数值计算获得 $L(P)$ 后验分布的数值样本，计算参数 $P$ 的极大似然估计值，模拟结果显示该方法与由 $F_{st}$ 估计迁移效果相当，甚至更好。

（8）距离隔离（IBD）测验

早期理论研究证明迁移距离方面信息可以通过群体结构拟合 IBD 模型中推测（Wright，1943），其分析生物学基础就是有限的迁移导致群体变异呈现非随机分布或群体内个体间非随机分布，因此可利用分子标记分析群体结构与距离隔离的关系来检测 IBD 效应。Rousset（1997，2000）利用式（4.13）回归关系验证 IBD 显著性，若 $b \neq 0$，则存在 IBD 效应。也可应用成对群体的遗传距离对经对数转换后的地理距离回归分析，回归系数 $b = 1/(4d\pi\sigma^2)$（一维空间），如果群体密度 $d$ 可以通过其他方法估计得到的话，基因扩散方差 $\sigma^2$ 可以从回归系数 $b$ 中估计得到。有关这方面应用评价，参见 Broquet 和 Petit（2009）。

（9）双世代方法

与亲本分析类似，采用两个世代（亲本—子代）分析传播给母株花粉源的遗传异质性，通过抽取分布在不同景观或空间的母株结的种子，应用多分子标记分析种子和母本基因型，估计父本配子的贡献，平均授粉距离，有效邻近群体大小等，Smouse（2001）定义 $\Phi_{FT}$ 用于描述花粉遗传结构（类似于 Wright 的 $F_{st}$），其值与花粉平均扩散距离相关，估计花粉空间异质性。虽然双世代分析没有亲本分析所需的大量样本，但缺乏适当的遗传分化条件也会影响分析结果。Broquet 和 Petit（2009）认为双世代分析有两个缺点：一是当存在近交或成熟植株未处于平衡状态时，$\Phi_{FT}$ 并不能准确描述花粉遗传结构；二是比较困难评价所研究群体的有效密度。尽管如此，该方法在估计花粉扩散距离，森林破碎化影响和森林经营管理方面有一定的应用（Simouse and Sork，2004）。

（10）基因扩散方差（$\sigma^2$）

在选择—扩散平衡维持下，基因频率呈梯度变化模式可以用来推测基因扩散方差，该

模式可发生在渐变群或杂交带群体中，根据多基因位点基因频率模式，扩散方差估计方法如下：

$$\sigma = w \sqrt{4Rr} \qquad (4.31)$$

式中，$w$ 为梯度变化宽度（cline width）；$R$ 为位点间连锁不平衡值；$r$ 为对应的位点间重组率（Barton，1982），该方法应用报道较少。

## 4.6　Nei 氏遗传距离

除了应用 $F_{st}$ 来描述群体遗传结构外，也会用遗传相似性或遗传距离来度量群体分化程度。常用的距离有 Nei 氏遗传距离（Nei，1972），其算法是：首先计算成对群体遗传相似性 $I$，然后计算自然对数的负值。例如，考虑某位点 $l$（= 1，2，…，$k$），每个位点在两个群体 $x$ 和 $y$ 的等位基因频率依次为 $p_{xli}$（$i$ = 1，2，…，$m$）和 $p_{yli}$（$i$ = 1，2，…，$m$），$I$ 的计算按式（4.32）进行：

$$I = \frac{\sum_l \sum_i p_{xli}p_{yli}}{\sqrt{\sum_l \sum_i p_{xli}^2 \sum_l \sum_i p_{yli}^2}} \qquad (4.32)$$

式中，$I$ 的数值范围为 0~1，$I$ = 1 表示两群体遗传组成完全一致，$I$ = 0 表示两群体遗传组成完全不同（如固定不同的等位基因），Nei 氏遗传距离 D 按式（4.33）计算。

$$D = -\ln(I) \qquad (4.33)$$

式中，$D$ 取值范围为 0 到无限大，当 $I$ = 1 时，$D$ = 0，当 $I$ = 0 时，$D$ 趋近无限值。因此，$D$ 值越大，两群体遗传分化越大。

例如，某两群体的一个位点 3 个等位基因频率见表 4-7：

**表 4-7　两群体在一个位点上的基因频率**

| 等位基因 | 群体 $x$ | 群体 $y$ |
|---|---|---|
| 1 | 0.146 | 0.491 |
| 2 | 0.818 | 0.106 |
| 3 | 0.036 | 0.403 |

$\sum_l \sum_i p_{xli}p_{yli}$ = 0.146 × 0.491 + 0.818 × 0.106 + 0.036 × 0.403 = 0.173

$\sum_l \sum_i p_{xli}^2$ = 0.146$^2$ + 0.818$^2$ + 0.036$^2$ = 0.692

$\sum_l \sum_i p_{yli}^2$ = 0.491$^2$ + 0.106$^2$ + 0.403$^2$ = 0.415

$I = \dfrac{0.173}{\sqrt{0.692 \times 0.415}}$ = 0.323

$D = -\ln(0.323)$ = 1.13

假设两群体来源于同一个祖先群体，两群体的 Nei 氏距离越大，说明分化越久，理论上证明在无限等位基因模型下，$D$ 值与自从群体分裂后的时间呈正比，其期望值为 $E(D) = 2\mu t$（式中，$u$ 为突变率；$t$ 为两群体分裂后到调查时间）。

## 4.7 花粉流与种子流

林木群体基因流可以通过花粉流和种子流实现，花粉通过风、虫媒传播，而种子通过地球引力、风、动物及人传播，估计两类传播对基因流的相对贡献（$m_P/m_S$）具有重要意义，解释相关物种群体遗传结构的形成过程，分析其与物种的繁殖生态学特性的关联。应用不同遗传方式的分子标记估计群体遗传结构提供了一种间接途径估计（Ennos，1994；Ennos *et al.*，1999；Hu，2000）。

考虑经典岛屿模型，核基因组上的一个中性位点，两个等位基因（$A$，$a$），理论上证明基因频率分布在漂变—迁移作用下达到平衡分布时，由式（4.4）知，群体遗传分化系数为 $F_{st(b)} = [1 + 4N_e(m_S + m_P/2)]^{-1}$（式中，$m_P/2$ 是由于花粉为单倍体）。

由式（4.5）知，父系遗传的单倍体基因组位点，如裸子植物（针叶树）的叶绿体 DNA 位点，花粉和种子流对基因流都产生贡献，在随机漂变—迁移平衡时，群体遗传分化系数为 $F_{st(p)} = [1 + 2N_e(m_S + m_P)]^{-1}$。

由式（4.6）知，母系遗传的单位体基因组位点，如多数被子和裸子植物的线粒体 DNA 位点，只有种子流对基因流都产生贡献，在随机漂变—迁移平衡时，群体遗传分化系数为 $F_{st(m)} = (1 + 2N_e m_S)^{-1}$。

理论上，利用上述核质基因组位点标记的群体遗传分化系数可以估计花粉流与种子流的比率。

$$\frac{m_P}{m_S} = \frac{\dfrac{2}{F_{st(p)}} - \dfrac{1}{F_{st(b)}} - 1}{\dfrac{1}{F_{st(b)}} - \dfrac{1}{F_{st(p)}}} \tag{4.34}$$

$$\frac{m_P}{m_S} = \frac{\dfrac{1}{F_{st(b)}} - 1}{\dfrac{1}{F_{st(m)}} - 1} - 2 \tag{4.35}$$

$$\frac{m_P}{m_S} = \frac{\dfrac{1}{F_{st(p)}} - 1}{\dfrac{1}{F_{st(m)}} - 1} - 1 \tag{4.36}$$

以上三种计算给出的是点估计，实际分析时需要提供标准差估计，可以采用 Fisher 的 Delta 方法近似计算（Hu *et al.*，2017）。理论预测，异花授粉植物通常 $m_P/m_S > 1$，近交植物或以动物传播种子为主要途径的植物花粉流与种子流有一定的可比性（Ennos，1994；Ennos *et al.*，1999），甚至种子扩散为主要的基因流方式。

Hu 和 Ennos（1997）探讨了利用 Nei 遗传距离估计植物花粉流与种子流的比率，该方法主要基于 DNA 序列数据分析(Hu, 2000),目前这方面应用研究报道很少,但却是一个重要研究方向。

## 4.8 种间基因渐渗

当群体间存在频繁的基因交换时,基因流(尤其是适应性的功能基因流)减少群体间的遗传分化,维持同一物种的完整性(Morjan and Rieseberg, 2004)。当群体因岐化选择等进化过程作用而逐渐加大遗传分化时,分化的群体终究趋于生殖隔离,形成新物种(Wright, 1977)。起初群体间的基因流逐渐减弱,基因流维持物种完整性的功能也就衰减,这时遗传分化的群体或物种之间通过杂交及随后的回交来实现物种间基因交换,这一过程称为种间基因渐渗。在生物学概念上,种内群体间的基因流逐渐转化为种间基因渐渗,这两个不同层次上的群体基因交换,有着不同的群体遗传和进化基础。

伴随着谱系分选过程,起始的种内群体间基因流逐渐演变成种间基因渐渗。许多因素参与改变种间基因渐渗。例如,基因流与重组互作,可导致早晚期迁移的基因年龄或 DNA 片段长度存在差异,同一条染色体上不同部位可存在不同程度的种间基因交换(Sousa and Hey, 2013)。不同交配系统的物种可产生不相等的种间基因渐渗(Hu, 2015; Pickup *et al.*, 2019)。种间遗传背景的不亲和性,如 DMI(Dobzhansky-Muller-Incompatibility),物种所处的生态环境、生殖生态学特征、基因迁移载体、空间物理障碍等因素都可能影响种间基因渐渗。检测和估计种间基因流有助于理解下列问题:①遗传保护单位;②物种的系统分类地位;③杂种和生物多样性等问题。因此,检测种间基因渐渗在进化生物学和保护遗传学上具有重要意义。

已有的相关文献显示许多直接和间接方法用于推测种间基因流,表 4-8 简要概括了应用分子标记估计种间基因流的方法,由于种内群体间基因流与种间基因渐渗的差异,有些方法难以适合同时分析两个层面的基因流,如很少报道应用距离隔离和扩散方差估算等方法分析种间基因渐渗,亲本分析用于估计当代花粉扩散也主要局限在种内群体间或种内群体内基因流,但基因溯祖理论框架可用于种内群体间基因流(基因树)(Hudson and Slatkin, 1992)和种间基因渐渗(物种系统树)(Hey and Nielsen, 2007)。Sousa 和 Hey(2013)系统地评价了应用基因组数据分析种间基因流的不同统计方法和模型,王茜等(2019)讨论了应用核质分子标记的连锁不平衡来检测种间基因渐渗。下面将对表 4-8 列出的方法作简要介绍。

**表 4-8　物种间基因渐渗检测方法与理论模型**

| 数据类型 | 统计变量 | 模型与检测 | 参考文献 |
|---|---|---|---|
| 基因频率和全基因组序列 | *AFS* | 采用扩散过程建立两个或多个群体等位基因频率谱(AFS)密度函数,根据 Poisson 分布假设,建立似然函数,应用有限元差分数值计算估计群体大小、迁移参数、群体分化时间等 | Gutenkunst *et al.*, 2009 |

（续）

| 数据类型 | 统计变量 | 模型与检测 | 参考文献 |
|---|---|---|---|
| 全基因组序列 | 迁移比率 $w$ 检验（TreeMix） | 应用各群体基因频率计算方差—协方差矩阵，建立群体有根进化分支图，根据似然函数是否显著增加来确定群体间迁移边界存在性 | Pickrell and Pritchard, 2012 |
| | ABBA – BABA 分析 $D$ | 无模型假设；当 ABBA 与 BABA 基因树拓扑构相发生的频次存在显著差异时，种间基因渐渗发生 | Green et al., 2010 |
| | 迁移 IBD 片段长度密度分布，似然估计 $m$ | 模型：迁移—漂变，依据迁移 IBD 片段长度的密度分布，建立似然函数估计两群体间迁移率 | Pool and Nielsen, 2009 |
| | IM 后验分布函数估计 | 模型：隔离—迁移模型（IM），基于所有潜在的基因树构相，建立参数后验分布，采用 MC 计算及 LRT 测验 | Nielsen and Wakeley, 2001 |
| | IIM 似然函数估计 | 模型：分裂—起初迁移—隔离模型（IIM），基于所有潜在的基因树拓扑结构，建立似然函数，采用数值计算估计及 LRT 测验 | Wilkinson-Herbots, 2015 |
| | ABC 模拟估计 | 各种物种形成模型，采用模型模拟数据与观测数据比对来确定最佳模型，推测后验分布 | Beaumont, 2010; Tavare et al., 1997; Pritchard et al., 1999 |

注：引自程祥等，2020。

### 4.8.1　ABBA–BABA 检验

ABBA–BABA 模型提供了一种新的途径来分析种间基因渐渗，该方法起初是由 Green 等（2010）提出的，用于分析现代人和尼安德特人在核基因组水平上的遗传混杂，采用 Patterson $D$ 统计量来测验三个遗传关系密切的群体。Durand 等（2011）进一步推导出在祖先群体为非随机条件系，用 $D$ 统计量检验群体混杂的不同表达式。该统计检验的基本原理是假设 4 个物种存在系统进化树 $\{[(P_1, P_2), P_3], O\}$，进化树中 $P_1$ 和 $P_2$ 为两个关注的物种，它们从共同祖先群体或物种 $P_3$ 分化而来，$O$ 为遗传关系更远的外类群或物种（outgroup），从每个物种获得基因组序列数据并进行比对分析，考虑每个 SNP 位点仅存在两个等位基因，对于任一个 SNP 位点，假定来自 $O$ 群体 DNA 的等位基因为野生型"A"，由突变衍生出来的等位基因为"B"，因此对给定的系统树 $\{[(P_1, P_2), P_3], O\}$，单个 SNP 位点基因树可以是 ABBA 模式，也可以是 BABA 模式（图 4-16），在 $P_1$ 和 $P_2$ 的共同祖先 $P_3$ 群体为随机交配条件下，两种基因树模式发生期望频率应该相等。$D$ 统计量的计算公式如下：

$$D(P_1, P_2, P_3, O) = \frac{\sum_{i=1}^{n} [C_{ABBA}(i) - C_{BABA}(i)]}{\sum_{i=1}^{n} [C_{ABBA}(i) + C_{BABA}(i)]} \tag{4.37}$$

式中，$C_{ABBA}(i)$ 和 $C_{BABA}(i)$ 分别为在第 $i$ 位点 ABBA 和 BABA 模式数值（0 或 1）。当群体 $P_3$ 与 $P_1$ 或者与 $P_2$ 发生种间基因渐渗且 $P_3$ 群体为非随机交配系时，那么一种基因树

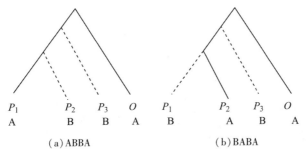

$$P_1 \quad P_2 \quad P_3 \quad O \qquad\qquad P_1 \quad P_2 \quad P_3 \quad O$$
$$A \quad\; B \quad\; B \quad A \qquad\qquad\; B \quad\; A \quad\; B \quad A$$

（a）ABBA　　　　　　　　（b）BABA

**图 4-16　在同一系统树 $\{[(P_1, P_2), P_3], O\}$ 下的两种基因树模式**

注：$P_1$ 和 $P_2$ 为遗传关联的物种，$P_3$ 为 $P_1$ 和 $P_2$ 共同祖先群体或物种，$O$ 为外类群，用于确定野生型等位基因，基因 $A$ 为野生型等位基因，$B$ 为突变型等位基因

模式的频率将会高于另一种基因树模式的频率，产生显著的 $D$ 值。

Martin 等（2014）评价使用 $D$ 统计量定位种间基因渐渗位点，并估计 3 种 $P_1$ 和 $P_2$ 由于基因渐渗导致的相同基因组的比率，计算方法如下：

$$f_G = \frac{S(P_1, P_2, P_3, O)}{S(P_1, P_{3a}, P_{3b}, O)} \tag{4.38}$$

式中，分子 $S$ 计算公式为 $S(P_1, P_2, P_3, O) = \sum_{i=1}^{n}[C_{ABBA}(i) - C_{BABA}(i)]$ 和分母计算表达式类似，$P_3a$ 和 $P_3b$ 为从 $P_3$ 谱系抽取的两个类群，所以 $f_G$ 计算的是从 $P_3$ 到 $P_2$ 的单一方向基因流。更为保守的 $f_{hom}$ 值计算是假设 $P_2$ 完全被 $P_3$ 替代（$P_2 = P_3$），以确保 $f_{hom}$ 值在 0 到 1 之间，$f_{hom}$ 计算如下：

$$f_{hom} = \frac{S(P_1, P_2, P_3, O)}{S(P_1, P_3, P_3, O)} \tag{4.39}$$

同时考虑 $P_2$ 和 $P_3$ 的双向基因流，定义 $P_D$ 为衍生等位基因 $B$ 频率最高的群体（$P_2$ 或 $P_3$），基因流比率计算见式（4.40）。

$$f_d = \frac{S(P_1, P_2, P_3, O)}{S(P_1, P_D, P_D, O)} \tag{4.40}$$

Martin 等（2014）通过模拟及应用袖蝶属（*Heliconius*）种的基因组数据调查 $D$ 统计量的特征，在有效群体小的情况下，$D$ 估计值偏高，不可靠，但统计量 $f_d$ 不存在类似的偏差，更好地应用于鉴别种间基因渐渗位点。Zheng 和 Janke（2018）用模拟的方法评价 $D$，$f_G$，$f_{hom}$ 及 $f_d$ 统计量，认为用 $D$ 检测基因流在遗传距离大（群体遗传分化时间）范围内表现稳健，但对群体大小敏感，建议应用 $D$ 检测大群体的物种间基因流。对于 $f_G$，$f_{hom}$ 及 $f_d$ 统计量，Zheng 和 Janke（2018）认为由于缺乏何时基因流发生的知识，这些统计量难于应用到实际生物学问题研究上。

类似于上述分析，Eaton 等（2013，2015）进一步分解 ABBA-BABA 检验，将 $P_3$ 物种分解成可以包含多个不同且有独立渐渗历史的亚谱系，测验 5 基因模式 $\{[(P_1, P_2), (P_{31}, P_{32})], O\}$，通过检验 3 对不同的等位基因数 $D$ 统计量，一次比对两个 $P_3$ 亚谱系（ABBBA/BABBA，ABBAA/BABAA，ABABA/BAABA）。$D_1$ 检测基因渐渗从 $P_{31}$ 到 $P_2$ 或 $P_1$，$D_2$ 检测基因渐渗从 $P_{32}$ 到 $P_2$ 或 $P_1$，$D_{12}$ 检测基因渐渗从 $P_{31}$ 和 $P_{32}$ 同时到 $P_2$ 或 $P_1$，这些 $D$ 值

计算如下：

$$D_1(P_1, P_2, P_{31}, P_{32}, O) = \frac{\sum_{i=1}^{n} [C_{ABBAA}(i) - C_{BABAA}(i)]}{\sum_{i=1}^{n} [C_{ABBAA}(i) + C_{BABAA}(i)]} \qquad (4.41)$$

$$D_2(P_1, P_2, P_{31}, P_{32}, O) = \frac{\sum_{i=1}^{n} [C_{ABABA}(i) - C_{BAABA}(i)]}{\sum_{i=1}^{n} [C_{ABABA}(i) + C_{BAABA}(i)]} \qquad (4.42)$$

$$D_{12}(P_1, P_2, P_{31}, P_{32}, O) = \frac{\sum_{i=1}^{n} [C_{ABBBA}(i) - C_{BABBA}(i)]}{\sum_{i=1}^{n} [C_{ABBBA}(i) + C_{BABBA}(i)]} \qquad (4.43)$$

这些 $D$ 统计量计算可以应用自助抽样法或刀切法进行显著性检验。

与 $F_{st}$ 和 LD 统计测验比较，ABBA-BABA 方法测验更为具体的种间基因渐渗信息。由于 $D$ 计算是基于等位基因状态（identity in state）的确定基因树拓扑结构的，因此受祖先群体的交配系统、遗传分化、遗传漂变等因素影响，$P_3$ 群体近交、自交、遗传漂变或选择等非随机交配条件会增加单个等位基因的频率，从而增加等位基因野生型 $A$ 或突变等位基因 $B$ 的概率，导致偏向 ABBA 或 BABA 模式，产生显著的 $D$ 值，如何区分这些过程与真正的基因渐渗过程仍需要进一步研究。

### 4.8.2　TreeMix 分析

TreeMix（Pickrell and Pritchard，2012）是利用全基因组范围内的等位基因频率数据进行分析的，推断多个群体分裂和混合事件。考虑一祖先群体分裂成多个子代群体，这些群体的基因频率因多世代遗传漂变逐渐偏离祖先群体基因频率 $x_A$，按照 Cavalli-Sforza 和 Edwards（1967）模型计算频率的方差和群体样本间基因频率协方差 $\hat{W}_{ij}$，实际分析时，考虑 SNP 连锁影响，将全基因组分解成许多相互独立的片段进行估计 $\hat{W}_{ij}$，为估计并进行检验群体间迁移权数 $w$ 显著性，采用刀切法估计标准误。

该方法的基本思路按以下主要步骤进行：①以共同祖先群体基因频率方差为参考，从多个子代群体的基因组序列样本数据，计算成对群体样本基因频率的协方差 $W_{ij}(i, j = 1, 2, \cdots, m)$，获得方差—协方差矩阵 $V$ 估计值，多群体样本基因频率向量 $X$ 服从多元正态分布，即 $X \sim MVN(x_A, V)$。若某群体与其他群体间存在迁移，除了增加来自不同群体迁移比率权数 $w$ 外，该群体基因频率方差及与其他群体协方差采用类似方法计算；②寻找各群体间最大似然树，似然函数 $L(\hat{W} \mid W) = \prod_{i=1}^{m} \prod_{j=i}^{m} N(\hat{W}_{ij} \mid G, \hat{\sigma}_{ij}^2)$，$G$ 为一个有根和有方向的无循环且具有分支长度和混杂权数的图；$\hat{\sigma}_{ij}^2$ 为 $\hat{W}_{ij}$ 估值的标准误；③计算残差协方差矩阵及按照一定方向添加群体间迁移分支边，若似然函数显著增加，需调整分支图构相并重新计算分支长度和似然函数，重复上述过程直到似然函数没有显著增加为止。

类似于 STRUCTURE 分析应用，当把物种视为高度遗传分化的群体时，TreeMix 分析也被用于分析物种间基因渐渗，例如，Gagnaire 等（2018）分析巨牡蛎（*Crassostrea gigas*）和角牡蛎（*C. angulate*）种间的全基因组分化，证实存在种间基因渐渗。

其他一些方法，如主成分 PCA（principle component analysis）聚类分析（Patterson *et al.*，2006）和非参数群体结构分析 AWclust（Gao *et al.*，2008）等，可以作为初步分析种间基因渐渗是否发生，解决了有和无的问题，但要准确估计迁移率，需要深入分析有关种间分化与引入基因流参数，将基因流作为单独的进化过程来建立模型及似然函数，估计并严格测验基因流。这就需要对物种形成进行模型假设，估计和测验基因流。

### 4.8.3　IM 模型

Felsenstein（1988）从统计学角度评价分子序列构建系统发育树的可靠性，提出一个基于系统树框架估计群体参数的似然函数如式（4.44）。

$$L(\Theta \mid X) \propto Pr(X \mid \Theta) = \sum_{G \in \Psi} Pr(X \mid G) P(G \mid \Theta), \qquad (4.44)$$

式中，$X$ 为序列数据；$G$ 为系统/基因树；$\psi$ 为所有可能系统/基因树的集合；$\Theta$ 为要估计的参数向量。$P(G \mid \Theta)$ 为先验分布，$Pr(X \mid G)$ 为给定基因树 $G$ 条件下获得数据 $X$ 的概率。由于系统树集 $\psi$ 随着参与的序列数增加而显著地增大，上述加和解析式难以获得，该计算的难点在于穷尽所有的基因树。随后 Felsenstein（1992）应用 Monte–Carlo（蒙特·卡罗）积分近似计算和自助抽样法估计有效群体大小 $\Theta = N_e$ 或 $4N_e\mu$。Kuhner 等（1995）提出另一种近似计算 MCMC（Markov Chain Monte Carlo）估计 $\Theta = 4N_e\mu$。Beerli 和 Felsenstein（2001）及 Nielsen 和 Wakeley（2001）应用近似计算 MCMC 估计两群体间的迁移率及有效群体数。这些近似计算估计没有得到广泛应用，但为后来的隔离—迁移模型（isolation-with-migration，IM）探索奠定了基础。

Nielsen 和 Wakeley（2001）首次提出 IM 模型（图 4-17），该模型包含 5 个参数 $\Theta = \{\theta_1, \theta_2, \theta_a, M_1, M_2, T\}$，3 个群体，即 2 个后裔群体（$N_1$，$N_2$）在 $T$ 世代前来自 1 个共同的祖先群体（$N_a$ 或 $\theta_a$），用 $M_1$ 和 $M_2$ 度量种间基因渐渗，用 Metropolis–Hastings MCMC 获得参数的后验分布。Hey 和 Nielsen（2004）进一步分析多位点情况下后验分布及 MCMC 计算方法，并估计拟暗果蝇（*Drosophila pseudoobscura*）与波斯果蝇（*D. persimilis*）间的分裂时间 $T$，$P(G \mid \Theta)$ 的分布仍然采用数值计算。

围绕着 $\Theta$ 参数估计，已有一系列理论方面的研究。Hey 和 Nielsen（2007）将式（4.44）中后验分布计算转化为：

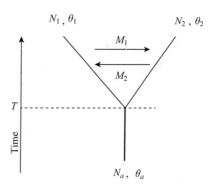

**图 4-17　IM 模型**

注：1 个祖先群体（$N_a$，$\theta_a$）在 $T$ 世代前分裂成两个不完全分离的子代群体（$N_1$，$\theta_1$；$N_2$，$\theta_2$），分裂后子代群体间存在基因流（$M_1$，$M_2$）

$$P(\Theta \mid X) = \int_{\Psi} P(\Theta \mid G) \, P(G \mid X) \, \mathrm{d}G \approx \frac{1}{k} \sum_{i=1}^{k} P(\Theta \mid G_i) \qquad (4.45)$$

式中，$P(\Theta \mid G_i)$ 的解析式可以推导出来，这样简化了计算后验分布及参数检验。需要指出的是对于一个给定的 $G$，溯祖过程与迁移过程是两个独立的，为推导 $P(G \mid \Theta)$ 分布密度的解析式提供了方便。Hey 研究团队已开发 IM 系列程序包分析以式（4.44）为框架的参数估计，尽管如此，实际计算仍然缓慢。Wang 和 Hey（2010）进一步推导出式（4.44）中的 $P(G \mid \Theta)$ 解析式，直接通过函数数值积分来获得极大似然参数估计，无需通过 MCMC 计算，这样也缩短了计算时间。这些计算的关键限速步骤仍然是计算不同基因数树的概率。基因树的似然估计常用 Felsenstein 的剪枝算法和局部更新进行，但未穷尽所有可能的基因树（Felsenstein，1981），似然估计的计算量与 DNA 序列的长度相关，增加内存和运算时间，周纯葆等（2012）针对 HKY 突变模型进行了 IM 模型的数据并行运算，从而提高运算效率。Lohse 等（2011）基于 Mathematica 研制出一种分支长度发生函数，自动计算单个位点上任意突变样本的基因树概率，快速计算极大似然估计方法，其优点是分析少量样本多基因序列，缺点是该方法只适用于相同的有效群体大小 $N_1 = N_2$ 及对称基因渐渗 $M_1 = M_2$ 情况。Yang（2010）提出了通过比较异域物种形成模式与邻域或同域三物种基因树的似然函数的比值 LRT 检验来间接判断是否存在种间基因渐渗。在考虑已知三物种的系统发育树条件下，Zhu 和 Yang（2012）分析了对称基因流下的 IM 模型。

应用 IM 模型需要解决以下三个问题：①处理多 DNA 序列但少位点，计算时间随着位点增加而计算耗时；②进化过程相对简单，没有提供更多基因流信息；③子代群体及祖先群体的有效群体大小为常数，基因位点间相互独立等，违反这些假设对分析推断可能带来偏差（Strasburg and Rieseberg，2010）。虽然对于多位点基因组序列数据，重组影响可能不占主要部分，分析结果仍可提供有价值参考，但要解决这些假设问题，需要借助其他模型。

### 4.8.4　IIM 模型

与 IM 模型不同，隔离—起始迁移模型（isolation-with-initial-migration，IIM）模型考虑一个祖先群体分裂为两个子代群体，子代群体间起初存在基因流但随后完全隔离（图 4-18），模型假设可能更接近实际物种的谱系分选过程。与 IIM 模型思想关联的前期理论研究有 Teshima 和 Tajima（2002），Innan 和 Watanabe（2006），Becquet 和 Przeworski（2009）等工作，Wilkinson-Herbots（2015）正式建立 IIM 模型，但只考虑了对称基因流和有效群体大小相等时的情况。

Costa 和 Wilkinson-Herbots（2017）进一步拓广原有的假设，提出一种高效快速的极大似然方法估计参数，同时可利用似然比 LRT 检测：①分裂开始直到现在仍存在潜在不对称的基因流的情况；②分裂开始直到过去的某个时间点仍存在潜在不对称的基因流，之后完全隔离的情况；③分裂开始完全隔离的情况。该模型适用于从大量独立位点的 DNA 序列数据。

给定两个物种随机抽取的 DNA 序列样本，应用 Costa 和 Wilkinson-Herbots（2017）的 IIM 模型计算涉及用三个独立时间上连续的马尔科夫链，起始状态分别为两个谱系中的种群一、亚种群二、状态三（每个谱系分别在两个亚种群）或状态四（谱系已经合并）。用以

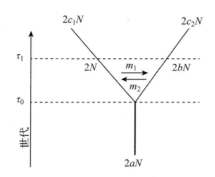

**图 4-18　IIM 模型**

注：1 个祖先群体($2aN$)在 $\tau_0$ 世代以前遵循 Wright-Fisher 生长模型，然后在 $\tau_0$ 世代前分裂成
两个子代群体，每个群体遵循 Wright-Fisher 生长模型，在过去 $\tau_1$ 和 $\tau_0$ 世代之间两后裔群体存在基
因流($m_1$, $2N$；$m_2$, $2bN$)，但在 0 到 $\tau_1$ 世代前两后裔群体($2c_1N$, $2c_2N$)基因流停止

状态一、二、三为起始状态的三个马尔科夫链来建立似然函数，将多位点的似然函数乘积
获得最后的似然函数，以求的极大似然参数估计。模型假设每个阶段有效群体大小固定，
种间有效群体大小可以不等，各基因位点独立，且无重组效应。

## 4.8.5　AFS 模型分析

类似于 IM 模型框架，对于任意两个群体/物种，等位基因频率谱 AFS(allele frequency
spectrum)模型假定它们的共公祖先群体分裂成两个子代群体/物种，子代群体/物种间存在
基因流(图 4-19)，所涉及的参数 $\Theta$ 有祖先($N_A$)和子代群体的有效群体大小($N_1$, $N_2$)、分
裂时间($T$)、基因流($M$)等。依据 Gutenkunst 等(2009)提出的模型，AFS 与 IM 模型不同
之处有：①AFS 模型可同时考虑多个群体/物种间的基因流；②处理非中性 SNP 位点；
③依据突变的等位基因频率矩阵来计算，突变等位基因是根据所研究的群体 DNA 序列与
外类群/种群 DNA 序列比对确定的，矩阵行与列数为两群体的样本数(若是二倍体的，各
样本数乘以 2)，矩阵中的元素对应两群体样本 DNA 序列在所在位置对应的各自样本 DNA

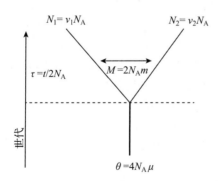

**图 4-19　等位基因频率谱 AFS 模型**

左边为 AFS 模型：1 祖先群体($N_A$, $\theta$)在 $\tau$ 世代前分裂成两个子代群体($N_1$, $N_2$)，子代群体间存在基因流(M)；右
边为 AFS 矩阵，从群体 1 和 2 中分别随机抽取 $n_1$ 和 $n_2$ 样本，DNA 测序，与外类群对应的 DNA 比对确定两样本中
SNP 的突变等位基因型，然后应用群体基因组比对来计算 AFS 矩阵各元素观测值

位点多态性出现的次数/频次，如[1，0]表示在第一个群体样本 DNA 序列中某 SNP 位点出现 1 个突变等位基因和第二个群体样本 DNA 序列中对应位点没有突变等位基因的次数。AFS 矩阵包含了所有两种间序列差异信息，但仅隐含种间基因组进化关系；④采用扩散模型(diffusion process)建立多群体突变等位基因数相对频率的联合密度 $\varphi$，计算期望突变等位基因数；⑤根据 AFS 矩阵每个元素，位点间相互独立及 Poisson 分布假设，建立似然函数 $L(\Theta \mid S)$，采用有限元差分法近似计算和估计参数，比基于基因树空间抽样的 IM 和 IIM 模型计算更高效。

AFS 模型从基因频率途径分析物种分化、种间基因渐渗，去除了复杂的从基因溯祖途径或基因树空间 $G$ 抽样分析。目前已有广泛应用，但以下问题值得注意：①多群体等位基因频率估计或 AFS 矩阵的观测值均受样本大小影响，样本对 AFS 模型的检测功效、对参数估计影响目前还没有报道。②AFS 模型假设，如位点相同的突变率，无重组，位点间无连锁不平衡，可能会影响参数估计，尤其是当 SNP 位点数多的情况下。位点间突变率存在变异，如常用的 Γ-分布来描述位点间突变率分布等。Sousa 和 Hey(2013)对 AFS 模型弱点有一些评价，如 AFS 模型对检测群体间基因流的程度敏感性，这些需要统计检验等。③AFS 分析时，祖先群体与子代群体的有效群体大小是假定固定的，实际群体的大小有可能变化，如冰期后群体扩张或收缩等，这与 IM、IIM 模型假设类似。以上限制条件对于解释实际结果可能会有影响。

### 4.8.6 ABC 分析

近似贝叶斯计算(approximate Bayesian computation，ABC)提供了一种基于似然函数或贝叶斯公式，采用不同与传统极大似然或贝叶斯估计的途径去估计参数，避免复杂的似然函数或后验分布函数计算，有关分析原理已有许多文献报道(Beaumont，2010；Turner and Van Zandt，2012)，这里简要概括如下：假定观测数据 $D$，所要估计参数为 $\Theta$，参数的先验分布为 $\pi(\Theta)$，依据贝叶斯定理可得参数得后验分布 $P(\Theta \mid D)$，其计算见式(4.46)。

$$P(\Theta \mid D) = \frac{P(D \mid \Theta)\pi(\Theta)}{P(D)} \qquad (4.46)$$

式中，分母 $P(D)$ 为试验数据概率或常数。应用 ABC 算法估计参数 $\Theta$ 步骤：①从先验分布抽取参数 $\Theta^*$；②在一定的统计模型 $M$ 下(依据具体的假设模型定)模拟并产生相同样本大小的模拟数据 $D^*$；③选用一个或多个简略且尽量为参数的充分统计量 $S(.)$，计算模拟数据 $S(D^*)$ 与实际观测数据 $S(D)$ 的距离 $\rho[S(D^*)，S(D)]$。假定一个小数 $\epsilon$，当 $\rho[S(D^*)，S(D)] < \epsilon$ 时，接受 $\Theta^*$，否则拒绝 $\Theta^*$；④重复步骤①~③获得系列参数 $\Theta$ 值，这些接受的参数值服从或趋于后验分布，$P(\Theta \mid D) = P[\Theta \mid S(D)] \approx P(\Theta \mid \rho[S(D^*)，S(D)] < \epsilon$。在步骤③中，有一些不同的算法来调整接受的参数抽样值使得随后的抽样参数值分布更接近后验分布，包括基于线性(regression-based conditional density estimation)或非线性(feed-forward neural network model)回归的密度估计、序贯蒙特卡·罗抽样(sequential Monte-Carlo sampling，SMC)、ABC 群体蒙特·卡罗(population Monte-Carlo，PMC)等方法(Beaumont，2010；Turner and Van Zandt，2012；Blum and François，2010)，有兴趣的读者参见有关文献。

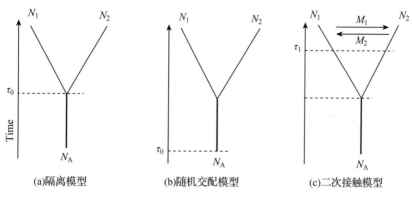

(a)隔离模型　　　　　(b)随机交配模型　　　　　(c)二次接触模型

**图 4-20　三种物种形成模型**

注：隔离模型（isolation model）指祖先群体在 $\tau_0$ 世代前分裂成两个物种，随后种间无基因渐渗；随机交配模型（panmictic model）指祖先群体无分裂，所研究的两个"物种"为同一种内的两个群体；二次接触模型（secondary contact）指祖先群体在 $\tau_0$ 世代前分裂成两个物种，在 $\tau_2$ 至 $\tau_0$ 世代前物种间无基因流，到 $\tau_2$ 世代后发生种间基因渐渗

自从 ABC 方法在群体遗传学应用后（Beaumont，2010；Tavare et al.，1997；Pritchard et al.，1999），该方法广泛地应用于生物学不同研究方面，如生态学和谱系地理学（Csilléry et al.，2010；Hoban et al.，2012），目前已开发许多 ABC 应用分析程序，如 DIYABC（Cornuet et al.，2008）和 R-abc 程序（Csilléry et al.，2012），Wikipedia 网站很好地概括了一些主要的 ABC 分析程序。在应用 ABC 分析种间基因渐渗时，常用的步骤为：①获取两物种观测的同源基因组序列数据或物种多位点的卫星 DNA 分子标记数据（$D$）；②根据参数先验分布假设及各种物种形成模型 M，如图 4-17 中的 IM，图 4-18 中的 IIM 以及图 4-20 中的三种模型等参考模型，应用模型程序，如 ms（Hudson，2002）或 msnsam（Ross-Ibarra et al.，2008），生成模拟数据（Li and Jakobsson，2012）；③应用 ABC 程序分析，计算参数概括统计量 $S$（$D^*$），比较每一种模型的模拟数据与实际观测数据 $S(D)$ 差异，选择最好的模拟数据和模型，获得参数后验分布，推测参数及生物学意义。

除上述模型分析外，还有一些应用较少的模型。如根据迁移基因组 IBD（identity by descents）片段长度密度分布估计近期种间基因渐渗，Pool 和 Nielsen（2009）提出似然函数，根据观察到的迁移 DNA 在接受群体的 IBD 片段长度分布，估计不同时间段从一个种间到另一个物种的迁移率，该方法的应用前提是可以根据全基因组分析，能够鉴别迁移 DNA 片段的长度及分布。近期 Schrider 等（2018）提出 FILET（finding introgressed loci via extratrees）方法分析种间基因渐渗等。

## 4.9　基因流与突变互作

基因流与突变在影响群体结构方面有类似的功能，基因流作用是同化群体间的遗传分化，维持群体遗传多样性；类似的，突变通过增加新的等位基因（无限位点模型或无限等位基因模型）或回复突变来增加遗传多样性，减少由遗传漂变或选择过程带来的分化。在迁移、突变及遗传漂变三者联合作用下达到平衡时，一基因两等位基因频率分布密度表示：

$$\varphi(p) = \frac{\Gamma[4N(m+u+v)]}{\Gamma[4N(mQ+v)]\Gamma\{4N[m(1-Q)+u]\}} p^{4N(mQ+v)-1}(1-p)^{4N[m(1-Q)+u]-1}$$

$$(4.47)$$

式(4.47)遵循 Beta 分布(Wright, 1931)，其分布均值为 $\bar{p} = \dfrac{mQ+u}{m+u+v}$，方差为 $\sigma_p^2 \approx$

$\dfrac{Q(1-Q)}{1+4N(m+u+v)}$，$Q$ 为迁移基因频率。迁移或突变有助于基因频率分布于中等频率处，否则基因向丢失或固定方向移动，基因频率呈"U"形分布。

从近交系数的递归关系看，我们可以获得下列关系：

$$f_{t+1} = (1-m)^2(1-u)^2\left[\frac{1}{2N} + \left(1-\frac{1}{2N}\right)f_t\right] \tag{4.48}$$

当存在平衡时($f_{t+1} = f_t$)，可以得到 $f \approx \dfrac{1}{1+4N(u+m)}$ (Wright, 1969)。$f$ 表示群体内两个随机抽取的基因为亲缘相同(IBD)的概率，$1-f$ 为随机抽取的两个等位基因不是 IBD 的概率。对于高等植物二倍体核基因，上式 $m = m_S + m_P/2$，突变与迁移有相同的功能，都降低近交系数。

对于林木或高等开花植物，父系单倍体等位基因的 IBD $f = \dfrac{1}{1+2N(u+m_S+m_P)}$，母系单倍体等位基因的 IBD $f = \dfrac{1}{1+2N(u+m_S)}$，由于单倍性，基因间亲缘相同的概率要比核基因间的 IBD 概率高。

迁移与突变的相对影响很难确定，突变反映长期进化过程，迁移既有长期又有短期的影响，与生态过程关联。多数情况下，迁移率要远大于突变率($m \gg \mu$)。理论上证明，在两群体模型和迁移—突变—随机漂变平衡下(图 4-15)，两群体的遗传距离(Nei 氏距离；Nei, 1972；Nei and Feldman, 1972；Chakraborty and Nei, 1974)为 $D \approx 2u/(m_1+m_2)$，具体到植物上，Nei 氏距离计算如下：

$$D_b = \frac{2u_{\text{nuclear}}}{m_{S1}+m_{S2}+(m_{P1}+m_{P2})/2} \tag{4.49}$$

$$D_p = \frac{2u_{\text{paternal}}}{m_{S1}+m_{S2}+m_{P1}+m_{P2}} \tag{4.50}$$

$$D_m = \frac{2u_{\text{maternal}}}{m_{S1}+m_{S2}} \tag{4.51}$$

这些距离差异反映了不同基因进化进程，如在相同的突变率下，母系遗传基因的群体分化最大，其次父系遗传基因，最小的核基因的群体遗传分化，同时它们之间的差异也可用于分析花粉流和种子流($m_P/m_S$)对群体结构的相对贡献(Hu and Ennos, 1997)。

多数情况下，迁移率要大于突变率，但对于某些特定位点，突变率要高于迁移率，对群体结构分化有更大的影响，例如，人类群体拷贝数变异（copy number variants，CNV）位点，分析证明健康人体内的 CNV 位点变异是中性的(Hu et al., 2016)，CNV 位点的突变率比 SNP 的突变率高，突变率与迁移率的比率估计式如下：

$$\frac{u_{CNV}}{m} = \frac{2}{3}\left(\frac{1/G_{st} - 1}{1/F_{st} - 1}\right) \tag{4.52}$$

应用 HapMap 人类基因组数据分析显示突变率是迁移率的 2 倍以上（Hu *et al.*，2016），因此，突变对 CNV 位点的遗传分化影响大。

突变率对群体结构的影响也间接地反映不同突变率的分子标记筛选，对于给定的群体，理论上高突变率的分子标记（如卫星 DNA 标记）表现出较小的群体遗传分化，突变率低的标记（如同工酶、RFLP 等），表现出较大的遗传分化。在评价群体遗传分化时，分子标记的突变率需要考虑在内，因为它与基因流引起的结构分化不同，后者与环境景观特征、基因迁移载体等有关。

# 4.10　分析软件介绍

与本章内容相关的软件较多，有关种间基因渐渗的方法和相应的软件，本章文中已经介绍了，就不再重复，这里介绍其他部分的程序包，第 3 章介绍的 Genepop，Popgene，DnaSP 等可用于群体结构分析，这里介绍 STRUCTURE 和 AMOVA 分析，具体操作参考程序使用说明。

STRUCTURE：利用 Bayes 后验分布估计不同群体数假设下，计算 $F_{st}$ 分布，各单株的遗传组成比率 $Q$，似然函数值等。

https：//web. stanford. edu/group/pritchardlab/structure. html

AMOVA：在 GenAlEx 程序包中，适用于显性标记、单倍体标记（cpDNA 和 mtDNA 等）的群体结构分析

http：//biology-assets. anu. edu. au/GenAlEx/Download. html

## 复习思考题

1. 为什么林木天然群体会形成群体遗传结构？
2. 简述动植物群体间基因流的异同。
3. Yeh 和 Hu（2005；Genome，48：461-473）调查了壮丽冷杉（*Abies procera*）21 个群体 14 个同工酶的遗传变异。以下是三个群体的地理位置和一个天冬氨酸转移酶同工酶（AAT，EC 2.6.1.1）的两个等位基因频率：

| 群体 | 纬度 | 经度 | 等位基因 A (p) | 等位基因 a (q) |
|---|---|---|---|---|
| 奥德尔巴特 | 43. 27°N | 121. 52°W | 0. 53 | 0. 47 |
| 费希尔点 | 44. 33°N | 122. 02°W | 0. 96 | 0. 04 |
| 落叶松山 | 45. 32°N | 122. 06°W | 0. 88 | 0. 12 |

（1）计算成对群体的分化系数 $F_{st}$；
（2）估计成对群体间每个世代基因迁移数；
（3）检测三个群体间是否存在距离隔离效应。

4. 简述岛屿模型的思想及与其相关的群体结构模型。

5. 怎样理解基因频率相关与对应距离变化关系的遗传基础？

6. 为什么说渐变群存在是物种形成的一个证据？

7. 种内基因流估计有哪些方法？

8. 简述 Nei 氏距离与 $F_{st}$ 的关系。

9. 简述定义统计简约网络的意义。

10. 简述嵌套进化枝分析过程。

11. 讨论花粉流/种子流比率与物种繁殖生态特征的关系。

12. 讨论种间基因渐渗的进化意义。

13. 讨论突变率、群体遗传分化程度和选用分子标记的关系。

14. 讨论基因流与突变率再影响群体结构的功能异同。

# 第 5 章　自然选择

## 5.1　自然选择的遗传基础

选择指在一个群体内朝一定方向改变基因频率，而不改变遗传材料(无突变)或引入遗传材料(无迁移)的任一过程。在一个物种群体内中，会观察到有些植物不适应当地环境而死亡，而另一些植株生长旺盛，有些植株结实很多，还有一些植物结实较少等变异，这种现象说明个体间在繁殖能力上存在变异，存在自然选择。从遗传学角度上来看，可以从植株的生存力或繁殖力与一些基因作用关联，找到控制植株生殖能力差异的基因。这些基因的遗传组成(基因数量、频率及效应)就构成了自然选择的遗传学基础，如果进一步分析这些基因的 DNA 序列差异形成的过程，就形成了自然选择的分子机制。

### 5.1.1　选择度量

考虑生存能力(viability)这一性状的遗传学基础，度量选择程度可以用绝对适合度(absolute fitness)表示，假设一个群体大小为 $N$ 株，某个基因位点有两个等位基因 ($A$, $a$) 与植株的生存能力相关，三种基因型 $AA$, $Aa$ 及 $aa$，基因型的频率依次为 $p_{AA}$, $p_{Aa}$ 及 $p_{aa}$。假设三种基因型的植株从合子到成熟植株生存概率(适合度)依次为 $w_{AA}$, $w_{Aa}$ 和 $w_{aa}$，经过选择后，三种基因型生存下来的株数依次 $Np_{AA}w_{AA}$，$Np_{Aa}w_{Aa}$ 及 $Np_{aa}w_{aa}$。例如，合子数 $Np_{AA}$ = 50，$Np_{Aa}$ = 70，$Np_{aa}$ = 30，适合度为 $w_{AA}$ = 0.7，$w_{Aa}$ = 0.9，$w_{aa}$ = 0.5，生存株数为 $Np_{AA}w_{AA}$ = 35，$Np_{Aa}w_{Aa}$ = 63，$Np_{aa}w_{aa}$ = 15。

同样，假设三种基因型合子数量分别为 $z_{AA}$，$z_{Aa}$ 及 $z_{aa}$，到成熟植株时相应的数量为 $y_{AA}$，$y_{Aa}$ 及 $y_{aa}$，那么三种基因型的绝对适合度为 $w_{AA} = \dfrac{y_{AA}}{z_{AA}}$，$w_{Aa} = \dfrac{y_{Aa}}{z_{Aa}}$ 及 $w_{aa} = \dfrac{y_{aa}}{z_{aa}}$。

利用前面例子可以计算选择前后的基因型频率的变化。选择前基因频率

$$p_{AA} = \frac{50}{50 + 70 + 30} = 0.3333, \quad p_{Aa} = \frac{70}{50 + 70 + 30} = 0.4667 \text{ 及 } p_{aa} = \frac{30}{50 + 70 + 30} = 0.2 \text{。}$$

选择后基因型频率为 $p'_{AA} = \dfrac{35}{35 + 63 + 15} = 0.3097$，$p'_{Aa} = \dfrac{63}{35 + 63 + 15} = 0.5575$ 及 $p'_{aa} = \dfrac{15}{35 + 63 + 15} = 0.1327$。选择后的基因型频率可以表示如下:

$$p'_{ij} = \frac{w_{ij}p_{ij}}{\overline{W}} \quad (i, j = A, a) \tag{5.1}$$

式中，$\overline{W} = w_{AA}p_{AA} + w_{Aa}p_{Aa} + w_{aa}p_{aa}$ 为平均适合度。类似的，选择前后的基因频率 $p_A = p_{AA}$ $+ \frac{1}{2}p_{Aa} = 0.5667$，$p_a = 1 - p_A = 0.4333$，$p'_A = 0.3097 + \frac{1}{2} \times 0.5575 = 0.5884$，$p'_a = 0.4116$。可以看出，选择后 A 基因频率升高了。选择后的基因频率则可由式(5.2)估算：

$$p'_i = p'_{ii} + \frac{1}{2}p'_{12} \quad (i = A, a) \tag{5.2}$$

通常采用相对适合度(relative fitness)表示不同基因型的适合度，假设以基因型 Aa 的绝对适合度 $w_{Aa}$ 为参考值，Aa 的相对适合度为 1，AA 的相对适合度 $w_{AA}/w_{Aa}$，aa 的相对适合度 $w_{aa}/w_{Aa}$（表 5-1）。

表 5-1　相对适合度与选择系数

| 项　目 | 基因型 | | |
| --- | --- | --- | --- |
| | AA | Aa | aa |
| 相对适合度 | $w_{AA}/w_{Aa}$ | 1 | $w_{aa}/w_{Aa}$ |
| 基因型频率 | $p_{AA}$ | $p_{Aa}$ | $p_{aa}$ |
| 应用选择系数 | $1 + s_1$ | 1 | $1 + s_2$ |

平均适合度 $\overline{W} = \dfrac{w_{AA}}{w_{Aa}}p_{AA} + 1 \times p_{Aa} + \dfrac{w_{aa}}{w_{Aa}}p_{aa}$，选择后，AA 基因型频率为 $p'_{AA} = \dfrac{(w_{AA}/w_{Aa})p_{AA}}{\overline{W}}$，类似的，还可以计算其他 2 个基因型频率。

再假设 $w_{AA}/w_{Aa} = 1 + s_1$，$s_1$ 为选择系数，用于度量适合度的升高（$s_1 > 0$）或下降（$s_1 < 0$）的程度。类似的，$w_{aa}/w_{Aa} = 1 + s_2$。三种基因型的相对适合度重写后为 $w_{AA} = 1 + s_1$，$w_{Aa} = 1$，$w_{aa} = 1 + s_2$。如果选择前基因型频率服从 Hardy-Weinberg 平衡，平均相对适合度为 $\overline{W} = 1 + p_A^2 s_1 + p_a^2 s_2$，那么选择后的基因频率可由式(5.3)估算。

$$p'_A = \frac{p_A^2(1 + s_1) + 2p_A p_a \times 1/2}{1 + p_A^2 s_1 + p_a^2 s_2} \tag{5.3}$$

图 5-1 反映基因频率在不同选择系数组合下的动态变化曲线，由图可以看出在定向选择(directional selection)条件下（$s_1 > 0$，$s_2 < 0$ 或 $s_1 < 0$，$s_2 > 0$）基因频率趋向固定或丢失，但在杂合子优势（$s_1 < 0$，$s_2 < 0$）条件下，即平衡选择(balance selection)，基因频率趋于平衡点（$p_A = 0.5$）。

上述相对和绝对适合度计算容易扩展到多等位基因情况，群体的平均适合度 $\overline{W} = \sum_{i,j} w_{ij}p_{A_iA_j}$，选择后基因型频率 $p'_{A_iA_j} = \dfrac{w_{ij}p_{A_iA_j}}{\overline{W}}$，及基因频率 $p'_A = p'_{A_iA_i} + \dfrac{1}{2}p'_{A_iA_j}$。

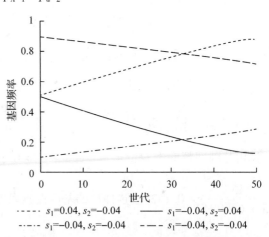

- - - - - $s_1 = 0.04$, $s_2 = -0.04$　——— $s_1 = -0.04$, $s_2 = 0.04$
- · - · - $s_1 = -0.04$, $s_2 = -0.04$　- - - $s_1 = -0.04$, $s_2 = -0.04$

**图 5-1　不同选择类型条件下的基因频率变化趋势**
注：四种类型的定向选择

### 5.1.2 适合度组成

适合度是由一些不同成分构成的：一是高等植物的生活史一般存在世代交替，在配子体世代，雌雄配子因携带不同的等位基因而存在选择，既有花粉选择也有雌配子选择(竞争)，在杂合子中产生不等的等位基因频率；二是不同亲本基因型组合产生子代数目不同，存在子代数目的变异；三是在合子生成后到下一代成熟植株时，不同基因型产生不同生存率；四是若植物有雌雄异株等差异的话，性别生存率也会有差异，即性别选择。

成熟植株 ⟶ 雌/雄配子 <sup>配子选择</sup>⟶ 合子 <sup>合子选择</sup>⟶ 成熟植株
世代 $t$ 世代 $t+1$

**图 5-2 植物生活史存在配子和合子选择**

由图 5-2 所示，配子和合子选择存在于单倍体和二倍体阶段，整个单世代的适合度等于两阶段选择适合度的乘积或不同组分适合度的乘积。例如，经过配子选择和合子选择后，群体的平均适应值等于 $\overline{W}$(配子阶段平均适合度) × $\overline{W}$(合子阶段平均适合度) (Hu，2015)，配子和合子阶段的平均适合度都为选择系数的函数。如果考虑群体的年龄结构影响的话，需要记录每个年龄级的植株/个体繁殖力和生存概率。假设群体年龄结构分布处于稳定分布状态，计算群体数目指数增长或下降，那么群体稳定生长率可以作为群体适合度。群体平均增长速率与基因型适合度的关系正是种群生态学与群遗传学结合切入点，这样就可以将群体遗传学理论与生态学理论结合成为进化生态学研究内容的一个重要部分(Roughgarden，1979；Hu and He，2006)。

### 5.1.3 选择类型

基因与环境条件或与不同遗传背景下的基因间关系复杂，自然选择的遗传学基础涉及许多过程，产生不同的选择类型，包括定向选择、平衡选择、歧化选择、上位性选择、性别选择、密度依赖性选择等(Wright，1969)，表 5-2 列出选择的几种类型及其基因频率的变化特点。

**表 5-2 不同选择类型下基因频率变化**

| 选择类型 | 基因频率变化 |
| --- | --- |
| 定向选择 | $\Delta p = p(1-p)\dfrac{\mathrm{d}\overline{W}}{\mathrm{d}p}/2\overline{W}$，基因频率趋于 0 或 1 |
| 平衡选择 | 存在弱多态性平衡点 |
| 歧化选择 | 导致不同群体固定不同的等位基因 |
| 复合选择 | 取决于多重选择效应 |
| 减少分裂驱动 | 雌雄配子基因频率偏离 1：1 |
| 位点间选择互作 | 平均适合度出现多选择峰 |
| 频率依赖性选择 | 基因频率依不同模型而有不同的变化趋势 |
| 随机选择 | 基因频率分布随着选择系数变异方差增大，由近似正态分布变为近似但又不同于"U"形分布 |

（1）定向选择

考虑一位点两个等位基因情况（$A$，$a$），假设群体处于 Hardy-Weinberg 平衡状态，三种基因型的绝对适合度设置见表 5-3。

**表 5-3　三种基因型频率与适合度**

| 项　目 | 基因型 | | |
|---|---|---|---|
| | $AA$ | $Aa$ | $aa$ |
| 频率 | $p^2$ | $2p(1-p)$ | $(1-p)^2$ |
| 绝对适合度 $W$ | $1+s_1$ | $1+s_2$ | $1+s_3$ |

平均适合度 $\overline{W} = 1 + p^2 s_1 + 2p(1-p) s_2 + (1-p)^2 s_3$，选择后基因型频率为 $p_{AA} = \dfrac{(1+s_1)p^2}{\overline{W}}$，$p_{Aa} = \dfrac{(1+s_2) \times 2p(1-p)}{\overline{W}}$，$p_{aa} = \dfrac{(1+s_3)(1-p)^2}{\overline{W}}$，选择前后基因频率之差为：

$$\begin{aligned}
\Delta p &= \left[ (1+s_1)p^2 + \frac{1}{2}(1+s_2) \times 2p(1-p) \right] / \overline{W} - p \\
&= p(1-p)[ps_1 + (1-2p)s_2 - (1-p)s_3] / \overline{W} \\
&= p(1-p) \frac{\mathrm{d}\overline{W}}{\mathrm{d}p} / 2\overline{W}
\end{aligned} \tag{5.4}$$

容易推出，当 $s_1 > s_2 > s_3$，等位基因 $A$ 有选择优势，$\mathrm{d}\overline{W}/\mathrm{d}p > 0$，每世代选择后其基因频率升高（$\Delta p > 0$），基因 $A$ 频率趋于固定；相反，当 $s_1 < s_2 < s_3$，基因 $a$ 频率趋于固定（图 5-1）。因此，定向选择的趋势是优势等位基因趋于固定，群体平均适合度随优势基因频率升高而升高（图 5-3）。例如，定向选择减少林木天然群体遗传多样性，多数林木人工选择为定向选择，提高抗逆性或提高特定性状值。

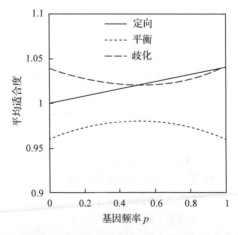

**图 5-3　群体平均适合度在三种选择类型下的变化模式**

注：（1）定向选择，$s_1 = 0.04$，$s_2 = 0.02$，$s_3 = 0$；（2）平衡选择，$s_1 = s_3 = -0.04$，$s_2 = 0$；

（3）歧化选择，$s_1 = s_3 = 0.04$，$s_2 = 0$

在多等位基因情况，根据 Wright（1969）研究，在随机交配系统下，单个等位基因频率变化的通用表示如下：

$$\Delta p_x = p_x(1-p_x)\frac{\partial \overline{W}}{\partial p_x} / 2\overline{W} \tag{5.5}$$

式中，$\overline{W}$ 为群体绝对适合度均值，是多基因频率的函数。在多维空间中，平均适合度 $\overline{W}$ 值曲面上会呈现极大值(峰值)或极小值(鞍点)，$\frac{\partial \overline{W}}{\partial p_x}$ 表示 $\overline{W}$ 随 $p_x$ 变化梯度，判断极值点需要考虑对多基因频率的二阶导数 $\frac{\partial^2 \overline{W}}{\partial p_i^2}$，$\frac{\partial^2 \overline{W}}{\partial p_i \partial p_j}$ 及其他条件 $\frac{\partial^2 \overline{W}}{\partial p_i^2}\frac{\partial^2 \overline{W}}{\partial p_j^2} > \left(\frac{\partial^2 \overline{W}}{\partial p_i \partial p_j}\right)^2$ 等，有关内容参见 Wright(1969)。

（2）平衡（稳态）选择

在平衡选择（balance selection）条件下，杂合子有选择优势。平衡选择类似于表型数量性状的稳态选择（stabilizing selection），性状值分布在中间的植株更有优势被保留下来繁殖后代，性状分布在两端的植株容易淘汰。在上述一基因位点二个等位基因例子中，假设 $s_2 = 0$，$s_1 < 0$，$s_3 < 0$，$\frac{d\overline{W}}{dp} = p(s_1 - 1) + (1-p)(1-s_3)$。存在三个平衡点（$\Delta p = 0$），即 $p = 0, 1$ 及 $\frac{1-s_3}{2-s_1-s_3}$。在杂合子存在优势时，群体存在弱的多态性平衡点，如 $s_1 = s_3$，$p = 0.5$（图 5-3），群体平均适合度在 $p = 0.5$ 达到极大值(图 5-3)，当 $\Delta p > 0$ 或 $< 0$ 时，基因频率朝向 1 或 0 平衡点方向变化。天然群体中，平衡选择有助于维持遗传多样性。

（3）歧化选择

同样，在上述一基因位点二个等位基因例子中，假设 $s_1 > s_2$ 且 $s_3 > s_2$，即纯合子比杂合子有更高的适合度，从 $\Delta p = 0$ 得到三个平衡点 $p = 0, 1$，$\frac{s_3 - s_2}{s_1 + s_3 - 2s_2}$。基因频率偏离 $\frac{s_3 - s_2}{s_1 + s_3 - 2s_2}$ 时，基因频率趋向 0 或 1 终端点。图 5-3 所示基因频率的变化，群体平均适合度在低基因频率（$p \to 0$）或高基因频率（$p \to 1$）处呈极大值。歧化选择（disruptive selection）导致群体间遗传分化，分化的群体有可能最终趋于形成新物种。

（4）复合选择（compound selection）

当考虑多重选择时，如定义 $W_V = 1 + S_V$ 和 $W_P = 1 + S_P$ 依次为生活力和繁殖力绝对选择适合度，整个选择适合度为 $W = W_V W_P = 1 + S_V + S_P + S_V S_P$。例如，考虑一群体内一位点两个等位基因情况($A$，$a$)，双重基因选择见表 5-4。

表 5-4　由生活力和繁殖力组成的复合选择

| 基因型 | 适合度 | | |
|---|---|---|---|
| | $W_V$ | $W_P$ | $W$ |
| $AA$ | $1 - S_V$ | 1 | $1 - S_V$ |
| $Aa$ | $1 - h_V S_V$ | $1 - h_P S_P$ | $1 - h_V S_V - h_P S_P + h_V h_P S_V S_P$ |
| $aa$ | 1 | $1 - S_P$ | $1 - S_P$ |

$h_V$ 和 $h_P$ 为等位基因间的显性程度，群体平均适合度按照乘积后的绝对适合度计算。

多重选择设计可以根据具体情况进行设置，在植物生活史中，也可以采用这种方法将单倍体选择和二倍体选择综合起来看选择后对基因频率的变化。不同的选择可以加入权重，以乘积或幂指数的形式进入最后的适合度计算，见表 5-5，选择后基因频率可以按照适合度 $W$ 来计算，这些设计要依据具体的物种或情况决定。

**表 5-5　由单倍体和二倍体选择组成的复合选择**

| 基因型 | 适合度 | | |
| --- | --- | --- | --- |
| | $W_V$（权重 $\alpha$） | $W_P$（权重 $1-\alpha$） | $W$ |
| $AA$ | $1-S_V$ | $1$ | $1-\alpha S_V$ |
| $Aa$ | $1-h_V S_V$ | $1-h_P S_P$ | $1-\alpha h_V S_V-(1-\alpha)h_P S_P$ |
| $aa$ | $1$ | $1-S_P$ | $1-(1-\alpha)S_P$ |

（5）减少分裂驱动（meiotic drive）

考虑两个等位基因情况，理论上杂合子产生两种配子，携带两个等位基因中任何一个的配子数量相等，当雌或雄配子中含两个等位基因的数目不相等时，分离比例偏离 1∶1。一种原因是存在亲代配子或合子选择；另一种原因可能是杂合子产生的配子存在竞争，导致分离比例偏离。在这种情况下，一个生活史内基因选择将雌雄配子选择及合子选择综合起来分析。假设 $k_e$ 和 $k_s$ 分别为雌雄配子中 $A$ 基因的比例，$1-k_e$ 和 $1-k_s$ 分别为雌雄配子中 $a$ 基因的比例，配子和合子选择设计见表 5-6（Wright，1969）。

**表 5-6　减少分裂驱动下的复合选择**

| 基因型 | 合子基因型频率 | | 合子适合度 | 配子适合度偏离比例 | | | |
| --- | --- | --- | --- | --- | --- | --- | --- |
| | $f$ | | $W$ | $W_{1e}$ | $W_{2e}$ | $W_{1s}$ | $W_{2s}$ |
| $AA$ | $p_e p_s$ | | $W_{11}$ | $1$ | | $1$ | |
| $Aa$ | $p_e(1-p_s)+p_s(1-p_e)$ | | $W_{12}$ | $k_e$ | $1-k_e$ | $k_s$ | $1-k_s$ |
| $Aa$ | $(1-p_e)(1-p_s)$ | | $W_{22}$ | $1$ | | $1$ | |

群体平均适合度 $\overline{W}=W_{11}p_e p_s+W_{12}[p_e(1-p_s)+p_s(1-p_e)]+W_{22}(1-p_e)(1-p_s)$，选择后雌雄配子基因频率为：

$$p'_e=\left\{W_{11}p_e p_s+W_{12}k_e[p_e(1-p_s)+p_s(1-p_e)]\right\}/\overline{W} \tag{5.6}$$

$$p'_s=\left\{W_{11}p_e p_s+W_{12}k_s[p_e(1-p_s)+p_s(1-p_e)]\right\}/\overline{W} \tag{5.7}$$

在不同的合子选择条件下，可以推出雌雄配子基因频率产生变化和其比例（$p_e∶p_s$）偏离 1∶1 的条件（Wright，1969）。类似的思想也用于分析性染色体上等位基因比例偏离 1∶1 的复合选择过程。

（6）位点间选择互作

考虑多个位点选择作用时，位点间存在互作（上位性效应），如果基因型频率与选择值是相互独立的话，在随机交配系统条件下，选择后单个位点等位基因的变化仍可以用下列

式子表示 $\Delta p_x = p_x(1-p_x)\dfrac{\partial \overline{W}}{\partial p_x}/2\overline{W}$，平均适合度值 $\overline{W} = \sum\limits_{ijk} f_{ij:\,k} W_{ij:\,k}$（式中，$ij$ 为关注位点的基因型；$k$ 为其他位点的基因型）（Wright，1969）。

例如，在随机交配下，位点 $A$（两等位基因频率 $p$ 和 $1-p$）和位点 $B$（两等位基因频率为 $q$ 和 $1-q$），两位点适合度值见表 5-7。

**表 5-7　两位点的上位性选择模型**

| 基因型 | 基因型 | | |
|---|---|---|---|
| | $AA$ | $Aa$ | $aa$ |
| $BB$ | 1 | 1 | $1+r$ |
| $Bb$ | 1 | 1 | $1+r$ |
| $bb$ | $1+s$ | $1+s$ | $1+t$ |

在随机交配系统条件下，群体平均适合度：$\overline{W} = 1 + rp^2(1-q^2) + s(1-p^2)q^2 + tp^2q^2$，等位基因的变化如下：

$$\Delta p = \{p^2(1-p)[r - (r+s-t)q^2]\}/\overline{W} = p(1-p)\dfrac{\partial \overline{W}}{\partial p}/2\overline{W} \tag{5.8}$$

$$\Delta q = \{q^2(1-q)[s - (r+s-t)p^2]\}/\overline{W} = q(1-q)\dfrac{\partial \overline{W}}{\partial q}/2\overline{W} \tag{5.9}$$

当群体在非随机交配系统条件下，式(5.5)就不成立，对于不同位点间选择类型需要具体计算，在涉及多位点的选择互作时，位点间的连锁也会影响群体平均适合度 $\overline{W}$ 以及 $\overline{W}$ 的选择峰值，例如，表 5-8 表示两位点的向心选择（centripetal selection），基因型值偏离中心值越大，适合度越低，基因频率或配子频率变化可以按照一般选择过程计算，代数上较为复杂，群体平均适合度在不同的基因频率组合下呈现出多选择峰现象。注意：向心选择在数量性状进化研究中是一重要的选择类型，通常假定性状适合度以偏离最优中间值的平方降低（见第 6 章有关数量性状遗传变异维持机制部分）。在随机交配和向心选择条件下，$n$ 个位点具有相同的效应且都有在中心最大基因型值，群体平均适合度有 $n! \left/ \left[\left(\dfrac{n}{2}\right)!\right]^2\right.$ 个选择适应峰（Wright，1969），群体适应值由低峰向高峰需跨越低谷，随机漂变在这峰值转变过程中担任重要角色（Wright，1997），后来也有持其他观点的（Coyne and Orr，2004）。

**表 5-8　两位点的基因型值与向心选择**

| 基因型 | 基因型值 | 适合度 $w$ |
|---|---|---|
| $AABB$ | $M + 2\alpha$ | $1-t$ |
| $AABb$，$AaBB$ | $M + \alpha$ | $1-s$ |
| $AAbb$，$aaBB$，$AaBb$ | $M$ | 1 |
| $Aabb$，$aaBb$ | $M - \alpha$ | $1-s$ |
| $aabb$ | $M - 2\alpha$ | $1-t$ |

注：$M$ 为群体基因型均值；$\alpha$ 为加性效应值；$s$ 和 $t$ 为选择系数。

在一般常数选择情况下，Kimura（1965a）证明两位点$(A, B)$的配子频率乘积比率 $R = p_{AB}p_{ab}/p_{aB}p_{Ab}$ 在不同的选择互作条件下趋于准平衡（quasi-equilibrium）。

（7）频率依赖性选择（frequency-dependent selection）

当基因型适合度与基因频率或与基因型频率相关时，选择值不是常数，Wright（1969）提出应用式（5.10）来表示基因频率的变化。

$$\Delta p = 0.5p(1 - p)\left[\partial F(W/\overline{W})/\partial p\right] \tag{5.10}$$

式（5.10）表示基因频率选择前后变化，$F(W/\overline{W})$ 为基因频率的函数，这里不做详细求解。依据适合度与基因频率的关系，频率依赖选择可以有多种类型（Christiansen，2004），下面只简要介绍 3 种选择类型。

①适合度与基因型频率呈正相关：考虑某位点二个等位基因情况，基因型处于 Hardy-Weinberg 平衡下，适合度设置表 5-9。

表 5-9　基因型适合度与其频率呈正相关

| 基因型 | 频率 | 适合度 $W$ |
|---|---|---|
| AA | $p_A^2$ | $k_{AA}(1 + s_1 p_A^2)$ |
| Aa | $2p_A p_a$ | $k_{Aa}(1 + 2s_2 p_A p_a)$ |
| aa | $p_a^2$ | $k_{aa}(1 + s_3 p_a^2)$ |

频率高的基因型会得到进一步加强，其结果类似于定向选择，优势基因趋于固定。在林木群体中，好的基因型材料在群体中占优势地位，存在劣势基因型的植株逐渐被淘汰。

②适合度与基因型频率呈反向关系：表 5-10 给出了一种基因型适合度的设置，频率低的基因型获得高的选择值，因而升高其频率，最终的趋势是增加群体的遗传多样性。

表 5-10　基因型适合度与其频率呈负相关

| 基因型 | 频率 | 适合度 $W$ |
|---|---|---|
| AA | $p_A^2$ | $k(1 + s_1/p_A^2)$ |
| Aa | $2p_A p_a$ | $k(1 + s_2/2p_A p_a)$ |
| aa | $p_a^2$ | $k(1 + s_3/p_a^2)$ |

③Logistic 生长：考虑一个基因两个等位基因情况，群体 3 种基因型频率为 $p_{AA}$，$p_{Aa}$ 及 $p_{aa}$，定义每种基因型的适合度 $w_{AA} = 1 + r_{AA}$，$r_{AA}$ 为内禀增长率（intrinsic），可分解为遗传部分 $r_{g.AA}$ 和环境部分 $r_{e.AA}$，假设环境部分的适合度随着群体密度变化而呈线性下降（Rough-garden，1979，pp. 312-313），$r_{e.AA} = r_{m.AA}(1 - n/K_{AA})$（式中，$K_{AA}$ 为基因型 $AA$ 的环境容量；$r_{m.AA}$ 为基因型 $AA$ 的最大内禀增长率），类似的定义 $w_{Aa}$，$r_{Aa}$，$r_{g.Aa}$，$r_{e.Aa}$ 等变量，因此群体平均适合度如下：

$$\overline{W} = 1 + \sum_{l = AA, Aa, aa} p_l\left[r_{g.l} + r_{m.l}\left(1 - \frac{n}{K_l}\right)\right] \tag{5.11}$$

$\overline{W}$ 受单个基因型的遗传和环境内禀增长率，环境容量及群体密度控制，基因频率变化可依据前面叙述的一般步骤计算。上述公式提供了群体遗传学与种群生态学理论研究的一个很好的连接点，将群体增长模型与群体基因频率变化联系起来了（Hu and He，2006），为进入进化生态学理论研究提供了一切入点。

(8) 随机选择 (stochastic selection)

当选择为随机变化时，例如，年间群体基因型选择值呈现出波动现象或因环境因素影响出现随机变化，相应的，基因频率的变化也会出现随机变化，出现类似于漂变影响但又不完全与漂变影响相同下的基因频率密度分布函数，基因最终趋于固定或丢失。考虑一位点二个等位基因情况 $(A，a)$，$s$ 为等位基因 $A$ 的选择系数，假设 $s$ 分布的均值为零 $\bar{s}=0$，方差为 $V_s$，因选择导致每世代基因频率改变 $M_{\delta p}=0$，$V_{\delta p}=V_s p^2(1-p)^2$，基因频率密度函数 $\varphi(p)$ 服从 Kolmogorov 前进方程 (5.12)：

$$\frac{\partial \varphi}{\partial t} = \frac{V_s}{2} \frac{\partial^2}{\partial x^2} p^2 (1-p)^2 \varphi \tag{5.12}$$

假设起始基因频率密度为 $\varphi(p，0)$，基因频率密度的一般解析式如下：

$$\varphi(p，t) = \frac{1}{\sqrt{2\pi V_s t}} \frac{\exp\left(-\frac{V_s}{8}t\right)}{(p(1-p))^{3/2}} \int_0^1 \exp\left\{-\left[\ln\left(\frac{p(1-y)}{(1-p)x}\right)\right]^2 / 2V_s t\right\} \sqrt{y(1-y)}\, \varphi(y，0)\, \mathrm{d}y \tag{5.13}$$

理论上证明等位基因 $A$ 以 $\dfrac{V_s}{8}$ 的速率趋向固定或丢失，与在漂变作用下的 $\dfrac{1}{2N}$ 的固定或丢失速率不一致（Kimura，1954）。

当考虑随机选择和稳态迁移时，随机选择导致等位基因丢失或固定，而迁移防止基因固定或丢失，最终达到平衡，基因频率达到稳态分布（Wright，1969）。单世代平均基因频率变化 $M_{\delta p}=(s-\bar{s})p(1-p)-m(p-Q)$，$V_{\delta p}=V_s p^2(1-p)^2$，基因频率密度分布函数：

$$\varphi(p) = \frac{C}{p^2(1-p)^2}\left(\frac{p}{1-p}\right)^{(2/V_s)[\bar{s}-m(1-2Q)]} \exp\left[-\frac{2m}{V_s}\left(\frac{Q}{p}+\frac{1-Q}{1-p}\right)\right] \tag{5.14}$$

$\varphi(p)$ 分布随着 $V_s$ 增大，逐渐由近似正态分布变为近似"U"形分布。

## 5.2 选择检测

自然选择强度取决于适合度性状的遗传变异。物种适应过程是通过自然选择实现的，虽然有许多进化过程，但只有自然选择导致适应，使得群体繁衍和适应新环境，还有一些精细而又复杂的表型结构就是通过自然选择适应而慢慢形成的，因此，检测选择是进化生物学的中心任务之一，本节介绍自然选择检测方法，从相继世代基因频率变化和群体 DNA 序列变异信息两途径来理解，相继世代分析主要是根据选择前后样本基因型/基因频率的变化，通过比较与无选择作用下期望值来估计选择系数或判断选择是否存在；DNA 序列变异分析主要是间接测定进行，以中性理论为参考依据（$H_0$ 假设）。应用基因型频率变化来估计选择的方法是在早期发展起来的，目前主要应用 DNA 序列途径检测自然选择。

### 5.2.1　相继世代基因型频率变化

（1）适合性测验

Weir（1996）其纠正了 Lewontin 和 Cockerham（1959）及 Weir and Cockerham（1978）的表达错误。假设成熟群体中等位基因 $A$ 和 $a$ 的频率，在随机交配情况下，选择前合子的基因型频率为 $AA\ p^2$，$Aa\ 2pq$，$aa\ q^2$。再考虑二倍体合子阶段的选择，以杂合子 $Aa$ 的适合度为参照，纯合子 $AA$ 和 $aa$ 的相对适合度依次为 $W_{AA}$ 和 $W_{aa}$。选择后群体平均适合度 $\overline{W} = W_{AA}\ p^2 + 2pq + W_{aa}q^2$，三基因型频率如下：

$$
\begin{array}{ccc}
AA & Aa & aa \\
\dfrac{W_{AA}p^2}{\overline{W}} & \dfrac{2pq}{\overline{W}} & \dfrac{W_{aa}q^2}{\overline{W}}
\end{array}
$$

于是基因频率计算为：$p' = (W_{AA}p^2 + pq)/\overline{W}$，$q' = (W_{aa}q^2 + pq)/\overline{W}$。

从二倍体群体中随机抽取 $n$ 株，三种基因型观察数为 $n_{AA}$，$n_{Aa}$，$n_{aa}$，样本基因频率的估计为 $\hat{p} = \dfrac{2n_{AA} + n_{Aa}}{2n}$，$\hat{q} = \dfrac{n_{Aa} + 2n_{aa}}{n}$。注意 $\hat{p}$ 为选择后 $p'$ 的估计值，而不是 $p$ 的估计值，如果三基因型期望频率存在下列关系：

$$
p'^2 = \frac{W_{AA}p^2}{\overline{W}}, \quad 2p'q' = \frac{2pq}{\overline{W}}, \quad q'^2 = \frac{W_{aa}q^2}{\overline{W}}
$$

由此推出 $W_{AA}W_{aa} = 1$。三种基因型频率服从 Hardy-Weinberg 平衡：

$$
\begin{array}{ccc}
AA & Aa & aa \\
p'^2 & 2p'q' & q'^2
\end{array}
$$

当基因频率达到平衡时，$p' = p$，$\overline{W} = w_{AA}p + q = w_{aa}q + p$，因此，只有两个独立的参数（$p$，$w_{AA}$），Weir（1996）给出了 $w_{AA}$ 的 MLE 估计表达式（$= 2qn_{AA}/pn_{Aa}$）。偏离 Hardy-Weinberg 系数推导如下：

$$
D_A = \frac{W_{AA}p^2}{\overline{W}} - p'^2 = \frac{p^2q^2(W_{AA}W_{aa} - 1)}{\overline{W}^2} \tag{5.15}
$$

用卡方测验 $D_A$ 是否等于零（$H_0: D_A = 0$）来判断 $W_{AA}W_{aa}$ 是否显著地偏离1，上面分析的关键是推出了在服从 HWE 条件下 $W_{AA}W_{aa} = 1$ 的关系，该方法提供了估计 $w_{AA}$，通过测验 $W_{AA}W_{aa} = 1$ 关系来判断选择是否存在。

（2）生活史不同阶段抽样（随机交配系统）

Prout（1965）讨论了应用两个世代的抽样基因型频率来推测自然选择问题，考虑一位点两等位基因（$A$，$a$）情况及随机交配条件，在 $t$ 世代，假设从合子形成到个体成熟阶段的适合度（合子选择）为 $E_{AA}$，$E_{Aa} = 1$ 和 $E_{aa}$，从成熟个体到配子交配阶段时（配子选择）的适合度依次为 $L_{AA}$，$L_{Aa} = 1$ 和 $L_{aa}$，交配形成合子后，进入 $t+1$ 世代，成熟个体阶段由开始经历第一阶段的选择，如此循环交替下去，从上一个世代成熟植株到下一世代成熟植株（图5-4）。

从合子形成到下一世代合子形成完成一个生活史过程，基因型的适合度为两阶段选择

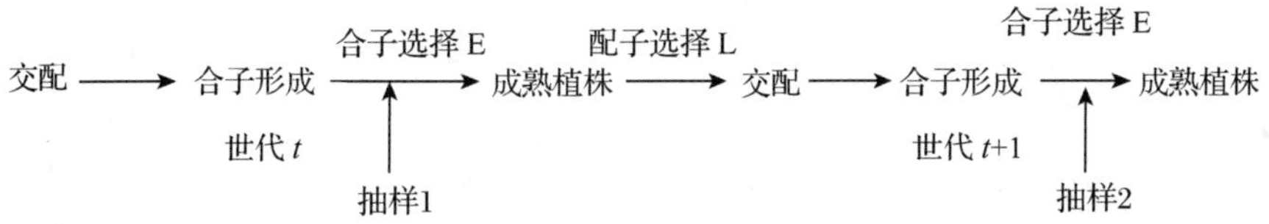

交配 ⟶ 合子形成 ⟶ 成熟植株 ⟶ 交配 ⟶ 合子形成 ⟶ 成熟植株

合子选择 E　　配子选择 L　　　　合子选择 E

世代 $t$　　　　　　　　　　　世代 $t+1$

抽样1　　　　　　　　　　　　抽样2

**图 5-4　植物生活史组成**
注：两次抽样在两世代的合子阶段

的乘积，即 $w_{AA} = E_{AA}L_{AA}$，$w_{aa} = E_{aa}L_{aa}$。Prout（1965）采用能观察到的纯合子与杂合子基因型频率之比（$R_{AA} = p_{AA}/p_{Aa}$，$R_{aa} = p_{aa}/p_{Aa}$）来推测适合度，假设在 $t$ 世代成熟阶段抽样，估计得到基因型频率之比为 $R_{AA}(t) = \dfrac{p_A^2 E_{AA}}{2p_A p_a}$，$R_{aa}(t) = \dfrac{p_a^2 E_{aa}}{2p_A p_a}$。在 $t+1$ 世代，合子的基因型频率可依据随机交配系统计算得到，基因型频率之比为 $R_{AA}(t+1) = \dfrac{E_{AA}}{2}\dfrac{2R_{AA}(t)L_{AA}+1}{2R_{aa}(t)L_{aa}+1}$，

$R_{aa}(t+1) = \dfrac{E_{aa}}{2}\dfrac{2R_{aa}(t)L_{aa}+1}{2R_{AA}(t)L_{AA}+1}$。如果不存在配子选择的话（$L_{AA} = L_{aa} = 1$），相对适合度可以估计得到，即

$$W_{AA} = E_{AA} = 2R_{AA}(t+1)\frac{2R_{aa}(t)+1}{2R_{AA}(t)+1} \tag{5.16}$$

$$W_{aa} = E_{aa} = 2R_{aa}(t+1)\frac{2R_{AA}(t)+1}{2R_{aa}(t)+1} \tag{5.17}$$

如果存在配子选择的话，Prout（1965）作了如下定义：

$$K_{AA} = E_{AA}\frac{2R_{AA}(t)L_{AA}+1}{2R_{aa}(t)L_{aa}+1}\frac{2R_{aa}(t)+1}{2R_{AA}(t)+1} = E_{AA}L_{AA} \tag{5.18}$$

$$K_{aa} = E_{aa}\frac{2R_{aa}(t)L_{aa}+1}{2R_{AA}(t)L_{AA}+1}\frac{2R_{AA}(t)+1}{2R_{aa}(t)+1} = E_{aa}L_{aa} \tag{5.19}$$

要估计 $W_{AA} = E_{AA}L_{AA} = K_{AA}$，$W_{aa} = E_{aa}L_{aa} = K_{aa}$，理论上证明需要同时满足以下两个条件：即 $L_{AA}L_{aa} = 1$ 和 $[4R_{AA}(t)R_{aa}(t) - 1](L_{AA} - 1) = 0$。$L_{AA} - 1 = 0$，意味着配子选择不存在，条件 $4R_{AA}(t)R_{aa}(t) - 1 = 0$ 意味着抽样群体存在 Hardy-Weinberg 平衡。因此，该途径还不能获得一般条件下的适合度估计。

（3）极大似然估计

这里简单介绍 DuMouchel 和 Anderson（1968）的工作，应用基因频率变化来估计适合度。考虑一个位点 $k$ 个等位基因 $A_i(i = 1, 2, \cdots, k)$，在 $t$ 世代等位基因频率为 $p_i(t)$（$i = 1, 2, \cdots, k$），定义基因型 $A_iA_j$ 的适合度为 $w_{ij}$。在随机交配系统条件下，$t$ 世代的杂合子基因型频率 $2p_i(t)p_j(t)$，纯合子频率 $p_i^2(t)$，$t+1$ 世代的基因频率 $p_i(t+1)$ 计算方法如下：

$$p_i(t+1) = p_i(t)\frac{w_{ii}p_i(t) + \sum_{j \neq i}w_{ij}p_j}{\overline{W}(t)} \tag{5.20}$$

$$\overline{W}(t) = \sum_i \sum_j w_{ij}(t) p_i(t) p_j(t) \tag{5.21}$$

假设在 $t$ 世代，随机抽样 $n$ 株，基因型 $A_i A_j$ 的观察数为 $n_{ij}$（$\sum_{i,j} n_{ij} = n$），每个等位基因观测数 $n_i = 2n_{ii} + \sum_{j\neq i} n_{ij}$，可以构建似然函数

$$L\{n_{ij} \mid w_{ij}\} = \prod_i [p_i(t)]^{n_i} \tag{5.22}$$

因此，计算似然函数得分向量为 $\dfrac{\partial \ln L}{\partial w_{ij}}$ 及多参数的信息矩阵 $I$，可以通过 Newton-Raphson 迭代方法（参见第 2 章第 2.2 节）求 $w_{ij}$ 的极大似然估计值及估值的标准差（DuMouchel and Anderson，1968）。

（4）生活史不同阶段抽样（混合交配系统）

这里简单介绍 Workm 和 Jain（1966）的工作。将植物生活史经历分成两个阶段，阶段 1 为从合子到成熟个体，阶段 2 为从成熟植株到下一代合子形成（图 5-5）。Workm 和 Jain 提出三种模型，模型Ⅰ只考虑阶段 1 选择及选择在观测基因型频率前发生；模型Ⅱ考虑选择在阶段 1 或阶段 2 发生，观测需要在交配后完成，在交配和调查之间没有自然选择发生；模型Ⅲ考虑选择发生在阶段 2，由母本基因型繁殖力差异导致，观测完成同模型Ⅱ一样要求。三模型中的任何一个都是假设选择发生在指定的阶段发生，要求数据调查不在部分选择阶段进行。

**图 5-5　植物单一生活史世代内的两阶段选择**

考虑一位点 2 个等位基因情况（$A$，$a$），定义 $w_{AA}$，1，$w_{aa}$ 依次为基因型 $AA$，$Aa$，$aa$ 的相对适合度，$p_{AA}(t)$，$p_{Aa}(t)$，$p_{aa}(t)$ 为世代 $t$ 的基因型频率，近交系数 $F\{=1 - p_{Aa}(t)/[2p_A(t)p_a(t)]\}$。三种基因型频率表示为 $p_{AA}(t) = p_A^2(t) + p_A(t) p_a(t) F$，$p_{Aa}(t) = 2p_A(t) p_a(t)(1-F)$，$p_{aa}(t) = p_a^2(t) + p_A(t) p_a(t) F$。假设每株自交率 $\alpha$ 和异交率 $1-\alpha$，且为常数。在模型Ⅰ中，可以得到基因型频率的下列递归表达式：

$$p_{AA}(t+1) \propto w_{AA}\left\{ \alpha\left[ p_{AA}(t) + \frac{1}{4}p_{Aa}(t) \right] + (1-\alpha)\left[ p_{AA}(t) + \frac{1}{2}p_{Aa}(t) \right]^2 \right\} \tag{5.23}$$

$$p_{Aa}(t+1) \propto \frac{1}{2}\alpha p_{Aa}(t) + 2(1-\alpha)\left[ p_{AA}(t) + \frac{1}{2}p_{Aa}(t) \right]\left[ p_{aa}(t) + \frac{1}{2}p_{Aa}(t) \right] \tag{5.24}$$

$$p_{aa}(t+1) \propto w_{aa}\left\{ \alpha\left[ p_{aa}(t) + \frac{1}{4}p_{Aa}(t) \right] + (1-\alpha)\left[ p_{aa}(t) + \frac{1}{2}p_{Aa}(t) \right]^2 \right\} \tag{5.25}$$

假设给定的自交率及基因/基因型频率估计值，相对适合度的估计值为：

$$\hat{W}_{AA} = \frac{p_{AA}(t+1)p_A(t)p_a(t)[2 - \alpha(1+F)]}{p_{Aa}(t+1)p_A(t)\left[ p_A(t) + \frac{1}{2}\alpha p_a(t)(1+F) \right]} \tag{5.26}$$

$$\hat{W}_{aa} = \frac{p_{aa}(t+1)p_A(t)p_a(t)[2-\alpha(1+F)]}{p_{Aa}(t+1)p_a(t)\left[p_a(t)+\frac{1}{2}\alpha p_A(t)(1+F)\right]} \tag{5.27}$$

在模型 II 中，基因型频率的递归表达式如下：

$$p_{AA}(t+1) = \alpha \frac{w_{AA}p_{AA}(t)+p_{Aa}(t)/4}{w_{AA}p_{AA}(t)+w_{aa}p_{aa}(t)+p_{Aa}(t)} + (1-\alpha)\frac{[w_{AA}p_{AA}(t)+p_{Aa}(t)/2]^2}{[w_{AA}p_{AA}(t)+w_{aa}p_{aa}(t)+p_{Aa}(t)]^2} \tag{5.28}$$

$$\begin{aligned}p_{Aa}(t+1) = &\alpha\frac{p_{Aa}(t)/2}{w_{AA}p_{AA}(t)+w_{aa}p_{aa}(t)+p_{Aa}(t)} + \\ &2(1-\alpha)\frac{[w_{AA}p_{AA}(t)+p_{Aa}(t)/2][w_{aa}p_{aa}(t)+p_{Aa}(t)/2]}{[w_{AA}p_{AA}(t)+w_{aa}p_{aa}(t)+p_{Aa}(t)]^2}\end{aligned} \tag{5.29}$$

$$p_{aa}(t+1) = \alpha \frac{w_{aa}p_{aa}(t)+p_{Aa}(t)/4}{w_{AA}p_{AA}(t)+w_{aa}p_{aa}(t)+p_{Aa}(t)} + (1-\alpha)\frac{[w_{aa}p_{aa}(t)+p_{Aa}(t)/2]^2}{[w_{AA}p_{AA}(t)+w_{aa}p_{aa}(t)+p_{Aa}(t)]^2} \tag{5.30}$$

从上式中得到适合度的解析解：

$$w_{AA} = \frac{2p_a(t)(1-F)}{1-p_a(t)(1-F)}\left[\frac{\alpha-2p_a(t+1)(\alpha-F')}{4p_a(t+1)(\alpha-F')}\right] \tag{5.31}$$

$$w_{aa} = \frac{2p_A(t)(1-F)}{1-p_A(t)(1-F)}\left[\frac{\alpha-2p_A(t+1)(\alpha-F')}{4p_A(t+1)(\alpha-F')}\right] \tag{5.32}$$

在模型 III 中，基因型频率的递归表达式如下：

$$p_{AA}(t+1) \propto \alpha\left[w_{AA}p_{AA}(t)+\frac{1}{4}p_{Aa}(t)\right] + (1-\alpha)\left[w_{AA}p_{AA}(t)+\frac{1}{2}p_{Aa}(t)\right]\left[p_{AA}(t)+\frac{1}{2}p_{Aa}(t)\right] \tag{5.33}$$

$$\begin{aligned}p_{Aa}(t+1) \propto &\frac{1}{2}\alpha p_{Aa}(t) + (1-\alpha)\left\{\left[w_{AA}p_{AA}(t)+\frac{1}{2}p_{Aa}(t)\right]\left[p_{aa}(t)+\frac{1}{2}p_{Aa}(t)\right] + \right.\\ &\left.\left[w_{aa}p_{aa}(t)+\frac{1}{2}p_{Aa}(t)\right]\left[p_{AA}(t)+\frac{1}{2}p_{Aa}(t)\right]\right\}\end{aligned} \tag{5.34}$$

$$p_{aa}(t+1) \propto \alpha\left[w_{aa}p_{aa}(t)+\frac{1}{4}p_{Aa}(t)\right] + (1-\alpha)\left[w_{aa}p_{aa}(t)+\frac{1}{2}p_{Aa}(t)\right]\left[p_{aa}(t)+\frac{1}{2}p_{Aa}(t)\right] \tag{5.35}$$

类似的，Workman 和 Jain（1966）给出了估计适合度的计算式，由于代数式复杂，这里就不进一步列出，该系列模型的可贵之处是给出了相对适合度的解析解。Allard 等（1972）和 Weir 等（1974）将上述模型推广到多等位基因情况。

（5）选择组分检测（母本—子代数据）

Christiansen 和 Frydenberg（1973）提出一种复杂模型可以同时检测生活史不同阶段组分的 4 种选择，包括合子选择（不同基因型从合子到成熟阶段的生存差异）、性别选择（亲本选配差异）、繁殖力选择（不同亲本组合繁殖后代数差异）、配子选择（杂合子亲本产生偏离 1∶1 配子）。该模型起初是参考动物群体，也可应用到植物群体上。模型理想数据组成有：①子代群体样本；②成熟阶段(雌雄个体)样本；③育种群体样本(雌雄个体及交配亲本)；④每对亲本组合产生的子代数；⑤新子代群体样本。这些不同样本基因型数据组合可用于检测不同阶段的选择。

考虑 1 个位点 2 个等位基因情况($A$，$a$)，每种基因型母本的子代三种基因型观察数列于表 5-11 中($C_{ij}$)，同时假设每个受孕母本中的一个随机子代基因型抽样得到，群体样本也可包括没有受孕雌植株数($S_1$，$S_2$，$S_3$)和成熟雄植株数($M_1$，$M_2$，$M_3$)，因此，数据组成有 7 个子代数据计数，3 个没有受孕母株计数，3 个成熟雄株计数，共 6+2+2 = 10 个自由度来检测选择参数和抽样假设。

**表 5-11  Christiansen 和 Frydenberg（1973）模型观察样本组成**

| | | 子代 | | 加和 | 没有受孕母株 | 成熟雄株 |
|---|---|---|---|---|---|---|
| | | $AA$ | $Aa$ | $aa$ | | | |
| | $AA$ | $C_{11}$ | $C_{12}$ | — | $F_1 = C_{11} + C_{12}$ | $S_1$ | $M_1$ |
| 母本 | $Aa$ | $C_{21}$ | $C_{22}$ | $C_{23}$ | $F_2 = C_{21} + C_{22} + C_{23}$ | $S_2$ | $M_2$ |
| | $aa$ | – | $C_{32}$ | $C_{33}$ | $F_3 = C_{32} + C_{33}$ | $S_3$ | $M_3$ |
| | | | | | $F_0 = F_1 + F_2 + F_3$ | $S_0$ | $M_0$ |

表 5-11 中各观察数的比率可以直接根据观察数计算得到(极大似然估计值)，$\gamma_{uv} = \dfrac{C_{uv}}{\sum_{u,v} C_{uv}}$，$\sigma_u = \dfrac{S_u}{\sum_u S_u}$，$\alpha_u = \dfrac{M_u}{\sum_u M_u}$，于是参数、期望值及观察数概括见表 5-12（Weir，1996），基于这些期望比率和相应的样本观测数，建立似然函数，估计各比率参数，计算期望值与实际观测数之差，用卡方检验其是否显著。

**表 5-12  Christiansen 和 Frydenberg（1973）设计各亲子基因型组合期望比率**

| 类型 | 期望比率 | 样本观察数 |
|---|---|---|
| 子代基因型 $u$，母亲基因型 $v$ | $\gamma_{uv}$ | $C_{uv}$ |
| 子代基因型 $u$，母亲基因型 $u$ | $\varphi_u$ | $F_u$ |
| 没有受孕母株基因型 $u$ | $\sigma_u$ | $S_u$ |
| 成熟雄株 $u$ | $\alpha_u$ | $M_u$ |

Christiansen 和 Frydenberg（1973）提出了 6 个假设，用于测定生活史不同组分的选择是否存在，假设见表 5-13，由 $H_1$ 到 $H_6$，假设要估计的参数个数逐渐减少。具体不同假设测验，请参阅原文，这里介绍 $H_1$ 和 $H_6$ 假设测验用以说明该模型的多种选择检验。

在 $H_1$ 假设：杂合母本子代中一半为杂合子，在该假设下，$\gamma_{22} = \gamma_{21} + \gamma_{23} = \dfrac{1}{2}\dfrac{F_2}{F_0}$，参数个数减少 1 个，对于母本—子代数据发生的似然函数如下：

$$L \propto \gamma_{11}^{C_{11}} \gamma_{12}^{C_{12}} \gamma_{21}^{C_{21}} (\gamma_{21} + \gamma_{23})^{C_{22}} \gamma_{23}^{C_{23}} \gamma_{32}^{C_{32}} (1 - \gamma_{11} - \gamma_{12} - 2\gamma_{21} - 2\gamma_{23} - \gamma_{32})^{C_{33}} \quad (5.36)$$

表 5-13　不同生活史选择组分检测

| 无效假设 | 测验的选择类型 | 剩余参数个数 |
|---|---|---|
| $H_1$：杂合母本的子代一半为杂合子 | 杂合母本配子选择 | 9 |
| $H_2$：父本传递配子频率与母本基因型相互独立 | 育种群体非随机交配及母本选择特定父本配子 | 7 |
| $H_3$：父本传递配子频率等于成熟雄个体中等位基因频率 | 雄株成功交配有差异，雄株存在配子选择 | 6 |
| $H_4$：繁殖母株基因型频率等于没有受孕母株基因型频率 | 雌株成功交配存在差异 | 4 |
| $H_5$：成熟雌雄株基因型频率相同 | 雌雄株合子选择不同 | 2 |
| $H_6$：成熟群体基因型频率等于合子群体基因型频率 | 合子选择 | 1 |

由此，可以利用 $\partial \ln L/\partial \gamma_{ij}=0$，求得 $\gamma_{ij}$ 的极大似然估计值，然后利用卡方检验来推断观察值是否偏离期望值：

$$\chi^2 = \sum_{j=1}^{2} \frac{(C_{2j} - F_0 \gamma_{2j})^2}{F_0 \gamma_{2j}} \tag{5.37}$$

在 $H_6$ 假设下，成熟群体与子代群体基因型频率相等，无合子选择，只需要基因频率一个参数（$p$）可以描述所有观察数发生概率（表 5-14），其似然函数为：

$$L \propto p^{3C_{11}} (p^2 q)^{C_{12}+C_{21}} \cdots q^{2(S_3+M_3)} \tag{5.38}$$

基因频率的极大似然估计值：

$$p = \frac{(C_{11}+C_{21}+C_{32}) + 2(F_1+S_1+M_1) + (F_2+S_2+M_2)}{(F_0-C_{21})+F_0+S_0+M_0}, \quad q = 1-p \tag{5.39}$$

利用卡方分布检验是否存在合子选择：

$$\chi^2 = \frac{(\gamma_{11}-p^3)^3}{p^3} + \cdots + \frac{(\alpha_{11}-q^2)^3}{q^2} \tag{5.40}$$

表 5-14　在 $H_6$ 假设下（无合子选择）各观测值频率

| | | 子代 | | | 加和 | 没有受孕母株 | 成熟雄株 |
|---|---|---|---|---|---|---|---|
| | | $AA$ | $Aa$ | $aa$ | | | |
| 母本 | $AA$ | $p^3$ | $p^2 q$ | – | $p^2$ | $p^2$ | $p^2$ |
| | $Aa$ | $p^2 q$ | $pq$ | $q^2 p$ | $2pq$ | $2pq$ | $2pq$ |
| | $aa$ | – | $pq^2$ | $q^3$ | $q^2$ | $q^2$ | $q^2$ |

例如：已知一个绵鳚（*Zoarces viviparus*）群体的 1 个基因 2 等位基因酯酶（Holsinger，2012），母本—子代基因型观察数见表 5-15。

在假设 $H_1 \sim H_6$ 下，测验结果证明不存在选择和不存在非随机交配（$p$ 值>0.50），此部分留给读者练习。

表 5-15　绵鳚群体调查的子代、没有受孕雌性和成熟雄性个体数

| 母本 | AA | Aa | aa | 加和 | 没有受孕母株 | 成熟雄株 |
|------|-----|-----|-----|------|------------|---------|
| AA | 41 | 70 | — | 111 | 8 | 54 |
| Aa | 65 | 173 | 119 | 357 | 32 | 200 |
| aa | — | 127 | 187 | 314 | 29 | 177 |
| | 106 | 370 | 306 | 782 | 69 | 431 |

## 5.2.2　DNA 序列变异

在第 3.4 节中，我们介绍了中性和近中性理论，讨论了利用 DNA 序列变异检测选择中性的方法，这里进一步介绍以中性理论为参考的检测选择方法，包括 $K_a/K_s$，EHH 及 $F_{st}$ 比较等方法。

（1）$K_a/K_s$ 比率测验：成对序列比对

根据合成氨基酸密码子突变比率来检测，当密码子某位点发生突变后形成新密码子，若两密码子仍翻译成同一氨基酸，则该位点突变为同义突变位点（synonymous site），若两密码子仍翻译成不同的氨基酸，则该位点突变为非同义突变位点（nonsynonymous site）。例如，密码子 TTT（Phe，苯丙氨酸）第三位置发生突变，变成 TTC，仍然合成 Phe，为同义突变位点，但若突变为 TTA（Leu）时，则为非同义突变位点，该位点突变既有同义突变又有非同义突变，需要计算各自的比例。比较两个编码基因 DNA 序列时，可以计算同义突变位点遗传距离（$K_s$ 或 $dS$），即平均单位同义突变位点上发生的突变数；同样，可以计算非同义突变位点遗传距离（$K_a$ 或 $dN$），即平均单位非同义突变位点上发生的突变数，两者比率为 $K_a/K_s$。

当非同义突变为中性时，其单位世代的固定突变数为：$K_a = 2N\mu \times \dfrac{1}{2N} = \mu$，而单个位点单世代的同义突变基因的固定突变数为：$K_s = \mu$，$K_a/K_s = 1$。因此，当 $K_a/K_s = 1$ 时，氨基酸替换主要为中性，但也有可能是正选择抵消纯化选择，某些氨基酸替换仍受选择驱动，而非中性。

假设一调查的基因或片段的各位突变点中有一部分位点 $f$ 非同义突变，为中性突变，$f$ 也可以指单位突变位点上非同义突变的概率或比率，其余 $1-f$ 部分为有害突变，有害突变的固定概率等于 0，于是 $K_a = f\mu + (1-f) \times 0 = f\mu$，这时得到：$K_a/K_s = f < 1$，纯化选择（选择针对有害的非同义替换），某些氨基酸替换有可能产生正选择（positive selection），但不足以克服纯化选择效应（purifying selection）。

假设在 $f$ 非同义突变比率中有 $\epsilon$ 部分为有益或有优势突变，即突变等位基因的选择系数大于 0，$1-\epsilon$ 部分为中性，即突变等位基因的选择系数 $s$ 在 $\left[-\dfrac{1}{2N_e}, \dfrac{1}{2N_e}\right]$ 范围，其余 $1-f$ 部分为有害突变，于是得到：$K_a = (1-f) \times 0 + f(1-\epsilon)\mu + f\epsilon \times 2N\mu s$，和比率 $K_a/K_s = f(1-\epsilon) + f\epsilon \times 2Ns$，当 $\epsilon$ 很大时，$K_a/K_s > 1$，（正）选择导致一些氨基酸替换，纯化选择也可以作用，但不足以克服正选择效应，某些替换不排除由漂变引起。

因此，我们可以得到以下结论：① $K_a/K_s = 1$：氨基酸替换主要为中性；但也有可能正选择抵消纯化选择，某些氨基酸替换仍受选择驱动。② $K_a/K_s < 1$ 为纯化选择（选择针对有害的非同义替换）；某些氨基酸替换有正选择产生，但不足以克服纯化选择效应。③ $K_a/K_s > 1$ 为（正）选择导致一些氨基酸替换，某些替换也可以由漂变引起；纯化选择也可以有作用，但不足以克服正选择效应。

估计两个基因 DNA 序列的 $K_a/K_s$ 分三步进行（Yang，2006）：第一，计算两序列平均总的非同义突变（N）和同义突变位点（S）。例如，TTT 可以突变成 TTC（Phe），TTA（Leu），TTG（Leu），TCT（Ser），TAT（Tyr），TGT（Cys），CTT（Ieu），ATT（Ile）及 GTT（Val），只有一个同义突变，有 3 × 1/9 = 1/3 的同义突变位点，3 × 8/9 = 8/3 非同义突变位点，因此一个密码子的同义和非同义突变位点可以计算得到。第二，比较两序列非同义突变（$N_d$）和同义突变位点（$S_d$）差异数，两基因序列密码子与密码子比对，如 TTT 与 TTT 之比，非同义突变和同义突变位点差异数都为 0，TTC 与 TTA 存在 1 个非同义突变位点，但 CCT 与 CAG 有两条路径，CCT（Pro）↔ CAT（His）↔ CAG（Gln），有 2 个非同义突变 0 个同义突变差异，CCT（Pro）↔ CCG（Pro）↔ CAG（Gln），有 1 个非同义突变 1 个同义突变差异，将两条路径发生的非同义和同义突变差异平均得到 0.5 个非同义突变，1.5 个同义突变，类似的——比对所有密码子，计算 $N_d$ 和 $S_d$。第三，计算比率：$p_S = S_d/S$，$p_N = N_d/N$，

$$K_s = -\frac{3}{4}\ln\left(1 - \frac{4}{3}p_S\right) \tag{5.41}$$

$$K_a = -\frac{3}{4}\ln\left(1 - \frac{4}{3}p_N\right) \tag{5.42}$$

然后计算 $K_a/K_s$。上述计算是同时考虑密码子变化的，也可逐个碱基计算同义和非同义突变。

为了克服转换（transition）与颠换（transversion）突变率的差异带来的影响，将密码子中突变位点分为无简并（non-degenerate），即每个突变都是有义突变；2 倍简并（two-fold degenerate），即只有一个突变为同义突变；3 倍简并（three-fold degenerate），只有二个突变为同义突变；4 倍简并（four-fold degenerate），每个突变都是无义突变类型。对不同类型密码子突变进行加权计算以获得更准估计有义和无义突变数（Li et al.，1985）。

示例：假设有两序列如下，按照以下步骤进行计算 $K_a/K_s$：

ACTCCGAACGGGGCGTTAGAGTTGAAACCCGTTAGA
ACGCCGATCGGCGCGATAGGGTTCAAGCTCGTACGA

第一，确定有多少碱基替换，共 10 个

```
ACTCCGAACGGGGCGTTAGAGTTGAAACCCGTTAGA
  *    *    *    *    *    *  *    **
ACGCCGATCGGCGCGATAGGGTTCAAGCTCGTACGA
```

第二，翻译成氨基酸后，有 5 个非同义突变，剩下 5 个为同义突变

```
TPNGALELKPVR
  *  *** *
TPIGAIGFKLVR
```

第三，计算同义和非同义核苷酸位点数：第 1 位点：3-碱基密码子，A 在 seq1 中 ACT->

CCT，GCT，TCT（P，A，S）非同义；A 在 seq2 中 ACG->CCG，GCG，TCG（P，A，S）非同义，无简并（no-degenerate），第 1 个碱基为非同义；第 2 位点：3-碱基密码子，C 在 seq1 中 ACT->AGT，ATT，AAT 非同义，C 在 seq2 中 ACG->AGG，ATG，AAG 非同义，所以第 2 个碱基为非同义；第 3 位点：3-碱基密码子，T 在 seq1 中 ACT->ACA，ACC，ACG 同义，G 在 seq2 中 ACG->ACA，ATT，AAC 同义，每个替换都是同义（4-fold degenerate）；……，第 9 位点：3-碱基密码子，C 在 seq1 中 AAC（N）->AAT（N），AAG（K），AAA（K），只有一个替换是同义（2-fold degenerate），1/3 同义，2/3 非同义，C 在 seq2 中 ATC（I）->ATT（I），ATA（I），ATG（M），有二个替换是同义（3-fold degenerate），2/3 同义，1/3 非同义，因此两序列平均：（1/3syn+2/3non-syn）/2 +（2/3syn+1/3non-syn）/2 = 1/2syn+1/2non-syn，同义和非同义各占 1/2；……最后得到下列比较结果：

$$\text{ACTCCGAACGGGGCGTTAGAGTTGAAACCCGTTAGA}$$

$$*\quad*\quad*\quad*\quad*\quad*\quad*\quad*\quad*\quad**$$

$$\text{ACGCCGATCGGCGCGATAGGGTTCAAGCTCGTACGA}$$

同义突变　$0\ 0\ 1\ 0\ 0\ 1\ 0\ 0\frac{1}{2}\ 0\ 0\ 1\ 0\ 0\ 1\frac{1}{4}\ 0\frac{1}{2}\ 0\ 0\frac{1}{3}\frac{1}{3}\ 0\frac{1}{3}\ 0\ 0\frac{1}{3}\ 0\ 0\ 1\ 0\ 0\ 1\frac{1}{3}\ 0\frac{2}{3}$　加和=7.5833

非同义突变　$1\ 1\ 0\ 1\ 1\ 0\ 1\ 1\frac{1}{2}\ 1\ 1\ 0\ 1\ 1\ 0\frac{3}{4}\ 1\frac{1}{2}\ 1\ 1\frac{2}{3}\frac{2}{3}\ 1\frac{2}{3}\ 1\ 1\frac{2}{3}\ 1\ 1\ 0\ 1\ 1\ 0\frac{2}{3}\ 1\frac{1}{3}$　加和=28.4167

第四，计算 $K_a/K_s$：$K_a = \dfrac{5}{28.4167} = 0.176$，$K_s = \dfrac{5}{7.583} = 0.659$，$K_a/K_s = 0.176/0.659 = 0.269$，表示从共同祖先开始，两片段积累的非同义突变为有害突变，经历了纯化选择。

（2）$K_a/K_s$ 比率测验：多序列同时比对（物种树）

更为严格的 $K_a/K_s$ 检验基于物种树分析（Yang，1998）。Goldman 和 Yang（1994）及 Muse 和 Gaut（1994）提出以密码子为单位的马尔科夫链模型，其状态转移概率矩阵设置如下：

$$q_{ij} = \begin{cases} 0, & \text{密码子 } i \text{ 和 } j \text{ 有 2 到 3 位置碱基不同} \\ \pi_j, & \text{密码子 } i \text{ 和 } j \text{ 有一个同义转换突变} \\ k\pi_j, & \text{密码子 } i \text{ 和 } j \text{ 有一个同义替换突变} \\ \omega\pi_j, & \text{密码子 } i \text{ 和 } j \text{ 有一个非同义转换突变} \\ \omega k\pi_j, & \text{密码子 } i \text{ 和 } j \text{ 有一个同义替换突变} \end{cases} \tag{5.43}$$

$q_{ij}$ 表示从密码子 $i$（$i=1$，2，…，61 有义密码子或 60 个 mtDNA 密码子）突变到密码子 $j$ 的概率，$k$ 为转变（transition）与颠换（transversion）的比率，$\omega = K_a/K_s$。应用转移矩阵比较任意两个 DNA 密码子序列，建立似然函数，估计极大似然估计 $K_a/K_s$（Goldman and Yang，1994）。

对于一给定的物种树，分枝长度确定后，可以考虑不同的模型来测验某基因的不同位点或分枝的 $\omega$（Yang，2006），如随机位点模型（random sites model）、分枝模型（branch model）、分枝—位点模型（branch-site model）等。这些模型的设置一方面减少参数个数，另一方面也可用来测验是否存在正选择。

①在随机—位点模型中，每个密码子位点（3 个碱基）的 $\omega$ 都是随机的，$\omega$ 的估计是根据后验分布进行的，$\omega$ 的值也是连续的，为了计算可行性，将先验分布 $f(\omega)$ 离散化，分成

若干有不同概率 $p_k$（$k = 1$，2，$\cdots$，$K$）的区段，这样便简化计算单位点的似然函数，例如，一个密码子位点 $h$ 在多序列的似然函数简化如下（Yang，2006）：

$$f(X_h) = \int_0^\infty f(\omega) f(X_h \mid \omega) \, d\omega \cong \sum_{k=1}^K p_k f(X_h \mid \omega_k) \tag{5.44}$$

表 5-16 给出了 6 种模型，对 $\omega$ 的分布或分类有不同的假设和参数，可以构造出两种模型比对，测验是否存在正选择：一是模型 M1a 与 M2a 比对，两模型相差 2 个参数，似然比测验用于推断 $\omega_2 > 1$，

$$2\Delta l = 2 \left[ \ln(M2a) - \ln(M1a) \right] \sim \chi^2_{df=2} \tag{5.45}$$

二是模型 M7 与 M8 比对，两模型也相差 2 个参数，似然比测验用于推断 $\omega_s > 1$，

$$2\Delta l = 2 \left[ \ln(M8) - \ln(M7) \right] \sim \chi^2_{df=2} \tag{5.46}$$

M7 与 M8 比对测验要比 M1a 与 M2a 比对结果更保守些 Yang（2006）。除了测验外，还可以估计每个密码子 $\omega$ 值，当整个基因或片段为测验单位时出现负选择情况下，某些密码子位点仍有可能出现正选择。

**表 5-16　不同的位点模型及参数设置**

| 模型 | 参数个数 | 参数 | 参数设置意义 |
|------|---------|------|-------------|
| M0（一个比率） | 1 | $\omega$ | 所有分枝有相同的 $\omega$ |
| M1a（中性） | 2 | $p_0\,(p_1 = 1 - p_0)$<br>$\omega_0 < 1,\ \omega_1 = 1$ | 将密码子位点分成 2 类，概率依次为 $p_0$ 和 $p_1$ |
| M2a（选择） | 4 | $p_0,\ p_1\,(p_2 = 1 - p_0 - p_1)$<br>$\omega_0 < 1,\ \omega_1 = 1,\ \omega_2 > 1$ | 将密码子位点分成 3 类，概率依次为 $p_0$、$p_1$ 和 $p_2$ |
| M3（离散） | 5 | $p_0,\ p_1\,(p_2 = 1 - p_0 - p_1)$<br>$\omega_0,\ \omega_1,\ \omega_2$ | 一般离散模型，对于 K 类，估计相应的 $\omega$ 值 |
| M7（贝塔分布） | 2 | $p,\ q$ | $\omega$ 遵循 beta 分布，两参数 $p$，$q$，$\omega$ 在（0，1）范围 |
| M8（贝塔分布和 $\omega$） | 4 | $p,\ q,\ \omega_s > 1$ | $\omega$ 遵循 beta 分布，两参数 $p$，$q$ |

注：引自 Yang，2006。

②在分枝模型中，假设在不同的进化分枝（branch）上有不同的 $\omega$ 值，依据似然比测验不同 $\omega$ 设置下相对显著性，例如，图 5-6 所示两种不同分枝模型，由模型 0 得到的似然函数：

$$l_0 = \sum_h \ln \left[ \sum_i \pi_{i(h)} \, p_{iH}(t_H; \omega, k, \pi) p_{iC}(t_C; \omega, k, \pi) p_{iO}(t_O; \omega, k, \pi) \right] \tag{5.47}$$

式中，$h$ 表示两序列以密码子为单位比对中的第 $h$ 个密码子；$t_H$，$t_C$ 及 $t_O$ 为分枝长度。由模型 1 得到的似然函数为：

$$l_1 = \sum_h \ln \left[ \sum_i \pi_{i(h)} \, p_{iH}(t_H; \omega_H, k, \pi) p_{iC}(t_C; \omega_C, k, \pi) p_{iO}(t_O; \omega_O, k, \pi) \right] \tag{5.48}$$

应用似然比检验分枝上相等或不等 $\omega$ 差异是否显著。

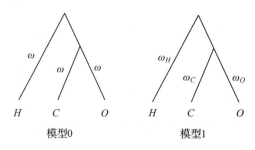

**图 5-6 两种进化模型的三物种进化树**

注：模型 0 各分枝上的 $\omega$ 相等，模型 1 每个分枝上 $\omega$ 不等

③考虑分枝—位点模型中，将前面两种模型结合起来考虑，针对所研究的谱系分枝或单个物种设置为前景枝，其他进化枝设为背景枝，用于测验前景枝是否存在正选择，例如，图 5-7 所示，前景枝存在正选择，而背景枝为纯化选择。分析时，在背景枝上，$\omega$ 设置 2 组，即：$0 < \omega_0 < 1$，发生概率为 $p_0$；$\omega_1 = 1$，发生概率为 $p_1$。相应的，在前景枝上，正选择（$\omega_2 \geqslant 1$）的比率设为：$1 - p_0 - p_1$。在构建似然函数时，对于多条比对的编码 DNA 序列，单个密码子位点 $h$ 在多序列的似然函数可简化如下（Yang，2006）：

$$f(X_h) = \sum_{I_h} p_k f(X_h \mid I_h) \tag{5.49}$$

式中，$I_h$ 等于 $\omega$ 表示不同类型划分类型（Yang，2006，p. 280），有关详细介绍参见 Yang（2006）。

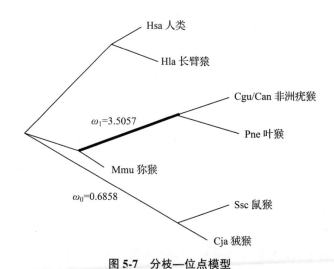

**图 5-7 分枝—位点模型**

注：前景枝用粗线标出模型 $\omega_1$，其他枝设为背景枝 $\omega_0$

（3）EHH 检测

在 DNA 序列中，在一个选择性基因位点附近，因选择作用导致遗传搭乘效应或背景

选择，存在 LD 片段。理论上，LD 片段的长度与选择强度呈正向关系，Sabeti 等（2002）提出用离选择位点 $x$ 处延长的单倍体纯合子频率（extended haplotype homozygosity，EHH）来度量 LD 程度，即两个随机抽取包含离选择位点 $x$ 的单倍型为亲缘相同概率，EHH 检测无重组延申单倍型的传递，正选择导致相应选择位点等位基因频率以及高 EHH，因此，可以通过观察 EHH 的频率和大小来判断选择的程度。

理论上，选择强度越大，IBD 片段越长及其 EHH 越高，但 EHH 与离选择位点距离 $x$ 呈负指数函数关系，也可用相对 EHH 表示（所关注选择位点片段 EHH 与其他一组选择位点对应距离的 EHH 的比值）。实际上可以用位点纯合子频率的相关性（纯合子频率协方差 $= p_{H_1 H_2} - p_{H_1} p_{H_2}$）来度量这种选择性清除（selective sweep）效应，即

$$r = \frac{Cov(H_1, H_2)}{\sqrt{H_1(1 - H_1)H_2(1 - H_2)}} \qquad (5.50)$$

式中，$H_1$ 和 $H_2$ 为两连锁位点的杂合子频率。沿着染色体计算每点的 $r$ 值，依据其变化模式来判断选择清除效应。

类似于正态化的合子连锁不平衡（Hu，2013），也可用一维空间自相关系数 Moran's $I$ 表示这种模式。注意长片段的单倍型也反映了近期选择的影响，因为随着时间增长，重组会缩短 LD 片段长度（图 5-8），相应地减小 IBD 长度和 EHH 频率，与其相关的另一种度量就是同线染色体上位点间 IBD 或 IBD 片段相关性，目前这方面的研究尚未报道（Hu，2005b）。

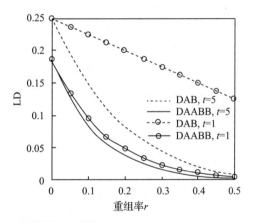

**图 5-8　随机交配群体中配子 $[D_{AB}(t) = (1 - r)D_{AB}(t)]$ 和纯合子 LD**

$[D_{AABB} = (1 - r)D_{AB}(2p_A p_B + (1 - r)D_{AB}]$ 随时间衰减

注：图中 $D_{AB}(0) = 0.25$，$p_A = p_B = 0.5$

（4）低—高阶 LD 比较

在 2.4 节中介绍了低阶 LD（配子）和高阶 LD（基因型）的计算，理论模拟证明在迁移、突变和漂变等中性过程下，低阶 LD 绝对数值要大于最大高阶 LD 绝对值（表 5-17），当位点为弱选择且位点间无上位性，低阶 LD 绝对数值要大于最大高阶 LD 绝对值；当位点间选择存在上位性时，最大高阶 LD 要大于低阶 LD（Hu，2013；Hu and Yeh，2014），这种比较关系可以用于筛选具有位点间是否存在选择交互作用。

**表 5-17　低阶与高阶 LD 数值比较检验**

| 低阶 LD | | 高阶 LD | 群体进化过程 |
|---|---|---|---|
| 配子型 LD | > | 最大基因型 LD | 中性过程(漂变、突变、迁移)或位点间加性选择模式 |
| 配子型 LD | ≈ | 最大基因型 LD | 位点间选择有弱交互作用(弱上位性选择效应) |
| 配子型 LD | < | 最大基因型 LD | 位点间选择有强交互作用(强上位性选择效应) |

Hu 和 Hu(2015)应用该理论分析人类基因组 HapMap III 数据,共检测到 19 735~95 921 个 SNP 对位点显示很强的上位性选择效应,有些上位性 SNP 所下的基因互作有试验数据证明,更多的 SNP 位点互作需要试验验证,在所有 11 个群体中,公共上位性 SNP 位点较少,该点有助于理解地域性基因组药物的必要性。

(5)$F_{st}$ 检测

在调查多群体 DNA 片段序多态性时,可以沿着 DNA 序列计算多态性位点 $F_{st}$,由于迁移和随机漂变过程作用于所有中性位点,在中性位点上产生近似的遗传分化 $F_{st}$ 值,但选择过程对中性位点和非中性位点的影响不同,若某位点群体间出现歧化选择,该位点及其附近位点会出现较大的 $F_{st}$ 值,即所谓的 $F_{st}$ 奇异值(outlier),若某位点群体间的选择类型相似,该位点及其附近位点出现比平均 $F_{st}$ 值还小,也为奇异 $F_{st}$ 值,因此,由沿着 DNA 序列 $F_{st}$ 值的变化模式可以推测选择位点或区域。

用该途径推测选择区域时需要注意以下几点:

①群体随机漂变的影响,如经历瓶颈效应或群体大小波动,不同位点因等位基因丢失程度不一样,位点间 $F_{st}$ 出现波动和变异也大,遗传搭乘效应或背景选择也会导致中性位点出现较大群体分化(Hu and He,2005)。

②标记突变率的影响,通常突变率在解释群体遗传结构时被忽略了{$F_{st} = [1 + 4N_e(m + \mu)]^{-1}$},突变率 $\mu$ 增大,减小群体分化,理论上同为核基因组的分子标记,用卫星 DNA 标记测量 $F_{st}$ 值比 SNP 或其他标记测的 $F_{st}$ 值小,主要是前者突变率的原因,高突变率标记产生许多等位基因,减小群体分化差异或驱动了迁移—遗传漂变—突变平衡进程。

③选择位点分化与基因流,强的歧化选择阻碍了选择位点群体间基因流,虽然基因流是整基因组发生的,但由于重组,位点间的基因流程度存在差异,当选择位点与生殖隔离或群体适应差异相关时,基因流就会被降低,分子标记的遗传分化与群体适应差异呈正相关,这一点也有助于选择位点的功能。

④$F_{st}$ 奇异值片段大小,由于不同区域重组率存在异质性,有的区域为重组发生热点,有的区域少发生重组,选择与重组互作产生不同大小的奇异值片段,分布与染色体不同区域。

## 5.2.3　数量性状变异

(1)同质园试验(common-garden experiment)

在林木遗传育种项目中,种源试验,又称同质园试验(种源、家系和无性系),是常用的田间试验,将不同地理地域的群体材料一起种植在单个或多个地点上,进行比较试验。研究在不同环境条件下,林木数量性状的变异,包括存活率、生长、材性、抗寒、抗旱、抗虫及抗病等重要性状。不同种源或家系通常存在一定的地理变异及其趋势。由于自然选择和局部环境适应，随纬度、经度或海拔高度呈梯度变化。有的树种树高的地理变异受纬度、经度和海拔的多重控制，但在不同试验点上表现不一致。例如，苦楝(*Melia azedarach*)种源试验，苦楝种源果核百粒重(g)随采种点海拔而升高(图 5-9)，随采种点由南到北，由西到东，苦楝苗期生长变慢，且高海拔种源生长更快，但低海拔种源引种到广东地区更易存活，各性状地理变异趋势大体呈现为南—北梯度变异(廖柏勇，2015)。

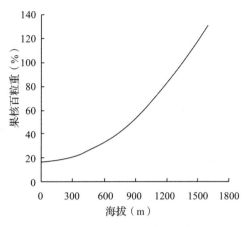

**图 5-9　种源试验测验生长适应性**
注：苦楝种源果核百粒重(g)与采种点海拔关系

田间试验很好地反映了不同种源群体对局部微环境或宏观大环境的适应性，推测最佳适生生境，以便适地适种源和种子区划与调拨，这些反映了复杂表型性状对自然选择适应的结果，同时种源试验还可用于估计性状的遗传参数(不是单个控制基因)，如遗传力等。有关数量性状遗传参数将在第 6 章介绍。

(2) $Q_{st}$ 与 $F_{st}$ 比较

数量性状的方差可以分解为由遗传因子引起的方差 ($\sigma_g^2$) 和由环境因子引起的方差 ($\sigma_e^2$)，当分析多个群体的数量性状时，遗传方差可分解为群体间 ($\sigma_b^2$) 和群体内 ($\sigma_w^2$) 部分，定义 $Q_{st}$ 是用来描述数量性状群体遗传分化系数，其计算式如下：

$$Q_{st} = \frac{\sigma_b^2}{\sigma_b^2 + 2\sigma_w^2} \tag{5.51}$$

从生物学意义上看，$Q_{st}$ 类似于但不同于遗传分化系数 $F_{st}$，$F_{st}$ 一般应用分子标记基因频率计算得到的[ $F_{st} = \sigma_p^2 / \bar{p}(1-\bar{p})$，正态化的基因频率的方差]，$Q_{st}$ 计算需要借助于群体遗传谱系结构(如半同胞、全同胞家系等)估计遗传方差(Wright，1969，p. 449)。

比较 $Q_{st}$ 与 $F_{st}$ 的差异显著性有助于推测进化和生态学过程(Leinonen *et al.*，2013)；当 $Q_{st} = F_{st}$(两者无显著差异时)，所研究的数量性状为中性；当 $Q_{st} \neq F_{st}$，存在自然选择；$Q_{st} > F_{st}$ 意味着数量性状可能存在歧化选择，不同的群体趋于适合不同的性状，如固定不同的 QTL 等位基因；$Q_{st} < F_{st}$ 意味着可能存在类似的选择模式，不同的群体趋于适合相同的性状，如固定相同的 QTL 等位基因(定向选择或平衡选择)。

(3)相关性状遗传增益

与适合度相关的数量性状可以用来估计选择强度，有许多性状与适合度相关，这些性状对选择的响应可以用育种者方程(breeder's equation)表示，$R = h^2 S$ [式中，$R$ 为性状对选择的响应(为选择前后群体平均值之差)；$h^2$ 为狭义遗传力(为加性方差与表型方差比率)，又称现实遗传力(realized heritability)；选择差 $S = R / h^2$ ](Falconer and Mackay，1996)。该方法起源于早期 Galton(1889)做的亲子平均身高回归分析，回归斜率 $\beta$ 为狭义遗传力，亲子平均身高之差为选择响应 $\Delta\mu = S\beta$，已知性状狭义遗传力和亲子平均身高变化，便可估计响应的选择差 $S$(图 5-10)。该方法的优点在于估计一个完整世代内的选择差，而非适合

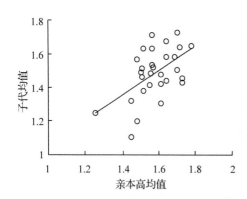

**图 5-10　相关性状遗传增益**

注：模拟的亲本身高均值与子代身高回归分析，斜率 $\beta(=0.72)$ 为狭义遗传力

度的部分组分，对于高等植物而言，完整适合度包括配子和合子阶段选择。

应用该方法的困难之处在于所研究的性状是否受适合度影响而变化或与适合度相关。一因多效（pleiotropic effects）或控制适合度与控制数量性状基因存在连锁不平衡（LD），都可产生数量性状与适合度关联，而后者受重组影响，增加估计平均选择强度的不稳定性。

与上述相关的是用数量性状的选择梯度 $\beta$ 估计表示选择强度，$\beta = S/V_P$，即单位表型标准差变化所引起的适合度变化，如 $\beta = 0.1$，数量性状改变 1 个表型标准引起 10% 的适合度变化。不同的选择类型作用于数量性状时，如稳态选择（stabilizing selection）和定向选择，选择梯度 $\beta$ 不同（Barton *et al.*，2007）。

### 5.2.4　基于选择与其他进化过程互作途径

在 5.2.2 节中我们介绍了应用 DNA 序列变异及用中性理论作为无效假设来检测选择，主要检测所观察的变异是否偏离漂变、突变及迁移中性过程下的预期结果，下面简要介绍选择与突变和扩散的联合作用，讨论估计选择系数问题。

（1）选择与突变互作

Wright（1931）给出了在选择与突变联合作用下基因频率的变化。考虑一基因两个等位基因情况（ $A$，$a$ ），假设等位基因 $a$ 有害，三种基因型 $AA$ : $Aa$ : $aa$ 的适合度依次为 1 : $1-hs$ : $1-s$，如果三基因型频率依次为 $p^2$ : $2pq$ : $q^2$，平均适合度 $\overline{W} = 1 - sq(2hp + q)$，经过选择后，基因频率的改变为 $\Delta p = spq[q + h(p - q)] + O(s^2)$，又考虑无回复突变，$A \to a$（无限等位基因假设），突变率为 $u$，由突变改变基因频率为 $\Delta p = -up$，因此，在突变和选择的联合作用下，基因频率的改变为 $\Delta p = spq[q + h(p - q)] - up$，当达到平衡时 $\Delta p = 0$ 得到下列方程：

$$q^2 + h(p - q)q = \frac{u}{s} \tag{5.52}$$

因此，在无显性的条件下 $h = 1/2$，$q = \dfrac{2u}{s}$；当 $A$ 对 $a$ 存在完全显性条件下 $h = 0$，$q = \sqrt{\dfrac{u}{s}}$；当 $a$ 对 $A$ 存在完全显性条件下 $h = 1$，$p \approx \dfrac{u}{s}$。因此，根据这些关系，可以估计选择系数 $s$。例如，在杂合子相对适合度为 $1 - s/2$ 条件下，突变率 $u = 3.9 \times 10^{-6}$，$q = 0.0025$，$s = 2 \times 3.9 \times \dfrac{10^{-6}}{0.0025} = 0.003$。

（2）选择与扩散互作

选择与迁移联合作用时产生的渐变群模式，这种模式用于估计迁移，同样基因频率梯度变异模式也可以用来估计选择系数。已知渐变群的宽度与特征长度 $l$（characteristic length）呈正比，特征长度与基因扩散的标准差呈正比，与 2 倍选择系数的平方根呈反比，即 $l = \sigma/\sqrt{2s}$。理论上如果扩散方差（扩散方程对于植物核基因表示为 $\sigma^2 = \sigma_S^2 + \sigma_P^2/2$；父系遗传的细胞器基因 $\sigma^2 = \sigma_S^2 + \sigma_P^2$；母系遗传的细胞器基因 $\sigma^2 = \sigma_S^2$）及宽度已知的话，就可以估计选择系数 $s$。通常情况是扩散系数和选择系数需要同时估计（Barton *et al.*，2007），因此，应用核基因或分子标记时，需要其他的遗传数据，如多位点基因型数据等，来同时估计两参数。

当用三种不同遗传方式的基因或分子标记调查渐变群时，遗传方式会产生不一致的基因频率梯度变异模式，所观察到的核和细胞器基因或标记不同的渐变群宽度可以用来估计核质基因的相对选择强度（Hu and Li，2002b）：

$$\frac{s_p}{s_b} = 2\left(1 + \frac{1}{1+r}\right)^{-1}\left(\frac{l_b}{l_p}\right)^2 \tag{5.53}$$

$$\frac{s_m}{s_b} = \left(1 + \frac{r}{2}\right)^{-1}\left(\frac{l_b}{l_m}\right)^2 \tag{5.54}$$

$$\frac{s_m}{s_p} = (1 + r)^{-1}\left(\frac{l_p}{l_m}\right)^2 \tag{5.55}$$

式中，$r = \sigma_P^2/\sigma_S^2$ 花粉与种子扩散方差比率，下标 $b$、$p$ 及 $m$ 依次表示双亲、父系及母系遗传基因或标记；$r$ 可以用核质基因或标记在渐变群体中的遗传分化系数 $F_{st}$ 来估计（Ennos，1994）。

## 5.2.5　小结

选择测验是群体遗传学研究的重要内容之一，实际估计选择时需要调查不同基因型适合度差异，或者找到引起适合度变异的数量性状、基因及最终的 DNA 序列变异，基于这些不同层次性状或标记所检测的选择作用时间尺度不同（图 5-11）。概括起来，应用相继世代基因型频率变化，检测一代生活适合度不同阶段或组分选择强度，依据表型数量性状变异和空间多群变异测验的途径主要反映生态适应变化（生态学变化尺度），如 1~10 个世代选择变化（Linnen and Hoekstra，2010），依据 DNA 序列变异检测或选择与其他进化过程达到平衡理论检测选择，反映了长期进化时间的选择强度（进化学时间尺度）。

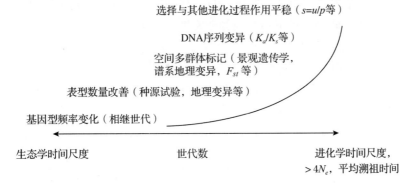

**图 5-11　不同选择测验反映的选择发生时间尺度关系**

## 5.3 选择与其他进化过程互作

### 5.3.1 选择与遗传漂变互作

已知遗传漂变导致基因频率随机波动，等位基因最终趋于固定或丢失，相对较强的遗传漂变作用将导致多群体趋于分散；另外，选择趋于增加群体平均适合度 $\overline{W}$，使得多数群体分布于高适合度附近，群体聚集分布的密度与 $\overline{W}^{2N_e}$ 呈正比，因此，遗传漂变和选择的联合作用使得基因频率分布最终趋于稳态分布，两过程的相对强弱将使群体状态分布在从近似完全分化极端状态到近似完全集聚在高适合度极端之间。

例如，一群体中三基因型的适合度为 $1(AA):1-s(Aa):1(aa)$，基因型频率依次为 $p^2:2pq:q^2$，群体的平均适合度为 $\overline{W}=1-2pq$，经过一世代选择后，基因频率的改变为 $\Delta p=spq(p-q)$，容易看出平衡点($\Delta p=0$)在 $p=0$、$0.5$ 和 $1$，其中在 $0.5$ 处为弱平衡点，当遗传漂变干扰后使得基因频率稍偏离 $0.5$，那么基因频率在选择的作用下趋于 $AA$ 或 $aa$ 群体(图 5-12)。

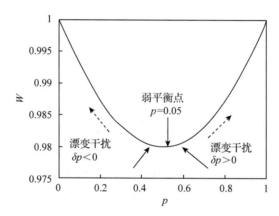

**图 5-12　群体平均适合度随基因频率变化**

注：在平衡的 $p=0.5$ 处，遗传漂变干扰将使基因频率高适合度群体

Kimura（1964）给出了定向基因选择[单位时间基因频率改变 $\Delta p=sp(1-p)$]和漂变[$\sigma_{\Delta p}^2=p(1-p)/2N_e$]联合作用下的基因频率密度函数 $\varphi(p)$，

$$\frac{\partial \varphi}{\partial t}=\frac{1}{4N_e}\frac{\partial^2}{\partial p^2}[p(1-p)\varphi]-s\frac{\partial}{\partial p}[p(1-p)\varphi] \tag{5.56}$$

研究已证明，群体维持多态性(两个等位基因)的概率随着时间而减少，最后趋于稳态分布，但基因频率分布偏向优势等位基因一端。

当杂合子存在超显性选择时，基因频率密度趋于平衡分布，有维持多态性的趋势，超显性缓减基因固定或丢失。

对于二倍体基因，Wright 给出了在选择、遗传漂变及突变(回复突变)联合作用下，基因频率稳态分布：

$$\varphi(p) = C\overline{W}^{2N_e} p^{4N_e\mu-1} (1-p)^{4N_e v-1} \qquad (5.57)$$

如图 5-13 所示，在中性条件下 $N_e\mu$ 和 $N_e v$ 反映了突变相对于遗传漂变的强度，突变由低到高，基因频率分布由"U"形趋于正态分布。与选择中性 $\overline{W} = 1$ 条件下相比[图 5-13(a)]，半显性[$1(AA):1-s(Aa):1-2s(aa)$；图 5-13(b)]和显性[$1(AA):1(Aa):1-2s(aa)$；图 5-13(c)]，基因分布主要集中在优势基因频率附近，除非突变基因数很大（$4N_e\mu = 4N_e v = 8$），基因频率分布主要集中分布在中等基因频率处（$p = 0.5$），维持较高的多态性。

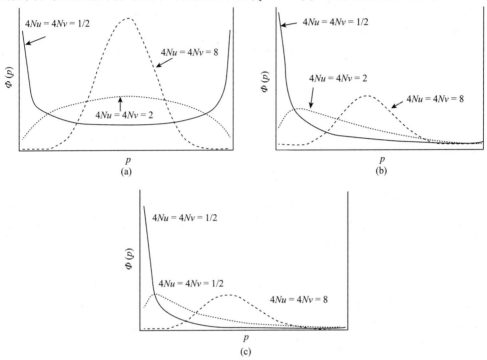

图 5-13　在不同选择模式下基因频率密度分布

注：(a) $\overline{W} = 1$；(b) $\overline{W} = 1-2sq$；(c) $\overline{W} = 1-2sq^2$

遗传漂变在群体适应峰转换的作用一直存在争论，从低适应峰转移到高适应峰的概率要比反向转移的概率大，群体适应峰值转换与相应的群体平均适合度比率呈正比，~ $\overline{W}_{saddle}^{2N_e}/\overline{W}_{peak}^{2N_e}$（Barton，2007，p496），即高峰转移到低峰点与停留在高峰值点的概率，有观点认为遗传漂变在驱动群体适应峰值转变作用有限，Wright（1977，1982）的转移平衡理论（shifting balance theory，SBT）中的第三阶段就是群体适应峰值由低到高的跨越，其中有跨越群体适应值低谷（saddle）过程，认为遗传漂变可能是主要动力。

在 3.6 节中介绍了突变与遗传漂变的联合作用有助于提高有害基因固定概率，有利基因的丢失，固定或丢失基因概率见式（3.44）和式（3.45），两者综合表示为：

$$Pr(p) = \frac{1 - e^{2N_e|s|p}}{1 - e^{2N_e|s|}}$$

对于有利基因，$s > 0$；对于有害基因，$s < 0$。群体越小（遗传漂变影响越大），自然选择功效下降，减缓群体对环境的适应，群体中出现负选择的比率越多（$K_a/K_s < 1$ 的数量）；反

之，出现正选择的比率越多（$K_a/K_s > 1$ 的数量）。

### 5.3.2 选择与基因流互作

在生物进化中，选择与迁移是两个重要的进化过程。两过程都可发生在从生态尺度到进化尺度任意时间段上，动植物种选择适应模式和基因迁移载体都具有多样化形式，研究两者在杂交带、群体遗传结构、基因扩散、基因淹没和物种形成等方面影响具有重要意义。

在无漂变情况下，选择—迁移作用导致基因频率的改变为：$\Delta p = sp(1-p) - m(p-Q)$（Wright，1969）。在选择与迁移不同的相对强度下，优势和劣势基因频率会有不同的表现。当 $|s| \gg m$，虽然受迁移影响，优势基因趋于固定，劣势基因趋于丢失；当存在弱选择 $|s| \ll m$，优势或劣势基因稍微高于或低于迁移基因频率；当两者相当 $|s| \approx m$，$p = \sqrt{Q}$（优势基因 $s > 0$）或 $1 - \sqrt{1-Q}$（劣势基因 $s < 0$）。

在存在漂变过程下，对于二倍体核基因，Wright 给出了选择—迁移—遗传漂变联合作用下的基因频率密度分布函数：

$$\varphi(p) = C\overline{W}^{2N_e} p^{4N_e mQ - 1}(1-p)^{4N_e m(1-Q) - 1} \tag{5.58}$$

迁移的作用类似于突变，增加遗传多样性，选择—迁移的相对影响产生基因频率分布，类似于图 5-13 所示。相对强的定向选择导致基因分布于优势基因附近；相对强的迁移导致基因频率趋于迁移基因频率附近。

（1）迁移负荷

Wright（1977）首先研究了迁入基因不适应接受群体而带来群体平均适合度下降，称为迁移负荷（migration load），其计算式为：$L = 1 - \overline{W}$，其负荷程度取决于迁移率与选择系数的相对大小。Hu 和 Li（2003b）给出了在存在配子和合子选择及混合交配系统条件下，花粉和种子迁移负荷估算方法如下：

$$L = \frac{1}{2}\left(1 + \frac{\tilde{m}}{S_T}\right)(1 + k_s k_r) r_p s_p \left\{1 - \left[1 - \frac{4\tilde{m}(1-Q)}{S_T(1 + \tilde{m}/S_T)^2}\right]^{1/2}\right\} \tag{5.59}$$

式中，$S_T = \frac{1}{2-\alpha}[(1-\alpha)(1+k_s) + (1+k_s k_r) r_P] s_p$；$\tilde{m} = m_S + \frac{1-\alpha}{2} m_P$；$k_s = \frac{s_o}{s_p}$；$s_o$ 为基因在子房选择系数比率；$s_p$ 为花粉选择系数；$r_p$ 和 $r_o$ 为花粉与子房中配子和合子阶段选择系数比率；$Q$ 为迁移基因频率；$\alpha$ 为自交率。

数值模拟结果显示种子迁移要比花粉迁移有更大的影响，在配子阶段，花粉选择对于合子阶段迁移负荷影响不大；相反，合子阶段选择在决定花粉迁移负荷中起关键作用，迁移负荷随着自交率升高而降低（图 5-14）。

当植物存在雌雄异株时，如杨树，雌雄株迁移的负荷存在差异（Hu，2006）。迁移负荷对接受群体的影响可以是显著的。当迁移率超过临界值时，即使是适应性不好的等位基因也可以淹没在当地群体优势等位基因，而这种临界值受交配系统、细胞核质基因连锁 LD 以及核质基因的选择模式（如杂合子优势和定向选择）调节，当超过临界值后，群体的平均适合度要比原先时的低。例如，在随机交配系统下，杂合子存在优势选择类型 $1(AA)$：$1 - s2(Aa)$：$1(aa)$，迁移临界值为 $(m_S + m_P/2)^* = s_2/8$，母系遗传基因的迁移临界值为

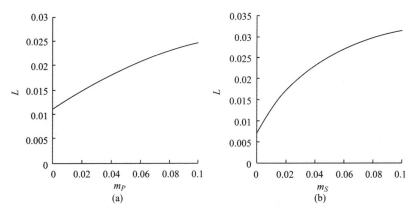

**图 5-14　迁移负荷随花粉和种子流而增加**

注：（a）参数设置为 $r_p = 2$，$k_s = 1$，$k_r = 1$，$s_p = 0.02$，$\alpha = 0.05$，$Q = 0.5$，$m_S = 0.02$

（b）参数设置为 $r_p = 1$，$k_s = 2$，$k_r = 0.5$，$s_p = 0.02$，$\alpha = 0.05$，$Q = 0.5$，$m_P = 0.02$

$m_S^* = 2s_C$（式中，$s_C$ 为选择系数）。在混合交配系统下，细胞核质基因连锁及选择模式，临界迁移率不同，且有更为复杂的表达式，花粉和种子流对临界迁移率贡献上存在相反但又不互补的关系，交配系统类型调节花粉和种子流相对贡献(Hu，2011)。

实际估计迁移临界值的报道很少，但迁移临界值有其明确的应用价值，如基因逃逸的问题，转基因植物通过花粉或种子扩散到近缘的种群，通过杂交及随后的回交实现基因渐渗，当迁移率超过临界值后，转基因就有可能在天然群体再建立和扩散，从而改变天然群体遗传组成。

（2）基因流障碍

类似于物理学电阻定义（电阻＝电压/电流），某点的基因流障碍定义为该点左右基因流之差除以基因流在该点的变化速率，即 $\Omega = \dfrac{\Delta p}{\partial p / \partial x}$。基因流障碍包括物理（如河流、山脉等）和生物学（如生殖隔离、物候差异等）障碍，已知中性基因最终会在空间完成扩散，跨越障碍，但在遗传搭乘效应或核质基因连锁不平衡条件下，中性基因频率会暂时出现梯度变异模式(Barton，1979；Hu，2008)。

优势基因扩散速率与选择系数呈正相关，与扩散系数（方差）也呈正相关（$c = 2\sqrt{\sigma^2 s}$，Fisher，1937）。优势基因的扩散可以在发生选择—迁移平衡下，存在相对稳定的渐变群，如两物种在空间杂交后形成的杂交带，基因频率变化越陡，障碍就越大；反之，障碍就越小。

交配系统可以调节基因障碍，例如，在一生态杂交带（ecological zone），两物种为自交率为 $\alpha_1$ 和 $\alpha_2$，在生态杂交带中心处的基因频率可通过下列函数估算：

$$b_A = ((1 + K)(3 - 2b_A))^{-1/2} \tag{5.60}$$

$$K = \frac{2 - \alpha_1}{2 - \alpha_2} \cdot \frac{\sigma_S^2 + (1 - \alpha_1)\sigma_P^2/2}{\sigma_S^2 + (1 - \alpha_2)\sigma_P^2/2} \cdot \frac{2(1 - \alpha_2)s\varepsilon_h^2 + S\varepsilon_d^2}{2(1 - \alpha_1)s + S} \tag{5.61}$$

式中，$\varepsilon_h^2$ 和 $\varepsilon_d^2$ 为杂交带中心两边配子和合子选择强度比值；$b_A$ 反映了基因 $A$ 从左边 $p_A = 1$

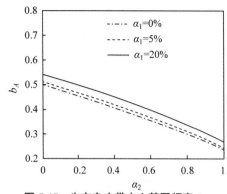

图 5-15　生态杂交带中心基因频率 $b_A$

注：所用参数有：配子的选择系数 $s = 0.0$，合子的 为 $S = 0.015$，种子扩散方差 $\sigma_S^2 = 0.005$，花粉扩散方差 $\sigma_P^2 = 0.02$，及先对选择强度 $\varepsilon_h^2 = \varepsilon_d^2 = 1$

到右边渗透情况，$b_A$ 越小，说明阻力越大，图 5-15 示对于物种 1 固定的交配系数 $\alpha_1$，随着物种 2 自交率 $\alpha_2$ 升高，基因渗透障碍越大（Hu，2015）。当存在选择—中性位点 LD 时，暂时的中性基因扩散也存在障碍。

注意虽然渐变群可以由两个遗传分化群体二次接触形成，当多基因位点基因频率出现一致的梯度变异时，该渐变群特征有可能是二次接触形成，而非选择影响。渐变群宽度与基因频率梯度变异的特征长度 $\left[ l = \sqrt{\sigma^2/(2s)} \right]$ 呈正比，特征长度反映了扩散与选择的相对影响程度。

（3）群体结构分化

在随机漂变—迁移处于平衡状态下，随机漂变引起的群体遗传分化，迁移则同化群体结构，当中性基因频率在亚群体间的分布不完全充分时便存在群体遗传分化。如果选择适应性基因参与中性基因的群体出现遗传分化的话，群体结构分化会进一步强化，增强的遗传基础是中性位点与选择性位点存在连锁不平衡 LD，可以由种子和花粉流产生或由近交系统来维持。

Hu 和 He（2005）分析了植物群体在背景选择下遗传分化，从两个方面增加 $F_{st}$，一是减小亚群体的有效群体大小（Charlesworth et al.，1993；Nordborg et al.，1996），$N'_e = N_e \mathrm{e}^{-\lambda}$，$\lambda$ 为与相关位点连锁重组率及选择系数的函数，其值与选择位点与中性位点的连锁不平衡值相关；二是群体间基因频率方差加大，

$$F_{st(\text{背景})} = \frac{1}{1 + 4N_e(m_S + m_P/2 + \mu)}(1 + \epsilon) \tag{5.62}$$

式中，$\epsilon$ 为增加的部分。

理论上背景选择影响部分可以通过与无背景选择位点的 $F_{st}$ 比较得到估计，即

$$\epsilon = \frac{F_{st(\text{背景})}}{F_{st(\text{中性})}} - 1 \tag{5.63}$$

Hu（2010）分析了在细胞核质系统（cytonuclear system）中，种子流和花粉流维持核质基因间的连锁不平衡 LD，当核基因为选择位点时，细胞器基因位点为中性，父系遗传单倍体中性位点的群体遗传分化如下：

$$F_{st} = \frac{1}{1 + 2N_e(m_S + m_P)}(1 + \epsilon) \tag{5.64}$$

例如，图 5-16 所示父系遗传单倍体中性位点的 $F_{st}$ 增量 $\epsilon$ 随着核基因选择位点数增加而提高，可以达到近 50%，这种增加份额是显著的。

类似的，母系遗传单倍体中性位点的群体遗传分化如下：

$$F_{st} = \frac{1}{1 + 2N_e m_S}(1 + \epsilon) \tag{5.65}$$

式中，$\epsilon$ 为细胞核质基因连锁不配平衡增加的部分。类似的，当细胞器基因存在选择

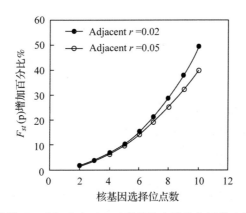

**图 5-16　核基因组选择位点对父系单倍体中性位点群体遗传分化增量**

注：模拟参数设置为种子流 $m_S = 0.04$，花粉流 $m_P = 0.08$，核位点选择系数 $s = 0.03$，核质位点迁移基因频率 $Q_A = Q_B = 0.5$，邻近核位点 LD = 0.15，核质基因位点 $D_{AB} = 0.15$，亚群体数 $L = 30$，亚群体有效群体大小 $N_e = 50$

性位点，细胞核基因组的中性位点遗传分化也会增加，近交系统通过加大核质基因连锁不平衡 LD 会进一步增强这种效应。

$$F_{st} = \frac{1}{1 + 4N_e(m_S + m_P/2)}(1 + \epsilon) \tag{5.66}$$

已知遗传搭乘效应除了减小紧密连锁的中性位点遗传多样性外（Maynard Smith and Haigh，1974），也减小中性位点的有效群体大小，增加中性位点基因频率方差和群体遗传分化（Slatkin and Wiehe，1989；Barton，2000）。利用全基因组 $F_{st}$ 变化模式特征，可以推测由遗传搭乘效应或背景选择引起的群体遗传分化 DNA 片段区域。

### 5.3.3　选择与突变互作

从选择适应视角去看突变的性质，突变等位基因作用无非有 3 种：中性突变、有害突变和有益突变。在分子群体变异中，大部分核苷酸碱基位点突变为中性突变，以基因为单位的突变一般为有害突变，少数为致死突变，极少数突变为有益突变。选择与突变互作就是选择作用于突变等位基因，筛选有利的等位基因，剔除有害或适应性不好的等位基因，从提高群体适合度，适应环境，促进群体生长和繁殖。

（1）突变过程

突变是遗传材料原有的结构化的随机改变，大概率是改变后的等位基因对环境适应变得更差，小概率是改变的结构变得更适应环境。但突变有其特殊地位，就是创造新的遗传变异材料，没有这一过程，进化终究趋于停止，下面简单概括一般突变理论：

①两个等位基因：考虑一群体中单倍体基因组上一个位点，两个等位基因（$A$，$a$），基因频率依次为 $p$ 和 $1-p$，假设平均单世代 $A$ 突变成为 $a$（$A \to a$）的概率为 $u$，而反方向突变率（$a \to A$）为 $v$，基因频率在下一世代为 $p' = p(1-u) + (1-p)v$，频率改变量为 $\Delta p = -up + (1-p)v$，当达到平衡时 $\Delta p = 0$，平衡时基因频率如下式：

$$p = \frac{v}{u+v} \tag{5.67}$$

由于向前突变(forward mutation) $u$ 和向后突变(back mutation) $v$ 速率不等,当 $v \to 0$ 趋于零时,$p' \to p(1-u)$,基因频率 $p$ 趋于平衡值零。

②多等位基因:当存在多等位基因 $A_1$,$A_2$,$\cdots$,$A_k$,基因频率 $p_i$($i = 1$,$2$,$\cdots$,$k$),假设 $u_{ij}$ 为单位世代 $A_i$ 突变成 $A_j$ 的突变率,在下一世代基因频率的函数为式(5.68)。

$$p'_i = p_i\left(1 - \sum_{j \neq i} u_{ij}\right) + \sum_{j \neq i} p_j u_{ji} \quad (i = 1,\ 2,\ \cdots,\ k) \tag{5.68}$$

达到平衡时,$p'_i = p_i$,获得 $k$ 个方程用以求平衡时等位基因频率(假设突变率已知)。

即

$$0 = - \sum_{j \neq i} u_{ij} p_i + \sum_{j \neq i} p_j u_{ji} \quad (i = 1,\ 2,\ \cdots,\ k) \tag{5.69}$$

需要特别说明的是:当所有突变率相等时,各等位基因频率相等 $p_i = \dfrac{1}{k}$($i = 1$,$2$,$\cdots$,$k$)。当存在无限数量等位基因时(无限等位基因模型),就不存在平衡,会持续地改变(Wright,1969)。

(2)突变负荷

由突变产生的等位基因因适应下降而导致的群体平均适合度下降,称为突变负荷(mutation load),直接反映了选择与突变基因的互作。突变负荷有重要的生物学意义,当突变负荷大时,如致死突变,群体无法承受而停止生长,当突变基因趋于中性(选择系数 $|s| < \dfrac{1}{2N_e}$),突变负荷对群体影响很小。

考虑一单倍体群体,1 基因位点 2 个等位基因($A$,$a$)情况,基因频率为 $p$($A$ 基因)和 $q$($a$ 基因),两等位基因的适合度为 $1(A) : 1 - s(a)$,群体平均适合度为 $\overline{W} = 1 - qs$,若只考虑 $A \to a$ 突变 $u$ 时,平衡时基因频率为 $q = \dfrac{u}{s}$,群体突变负荷为 $L = 1 - \overline{W} = qs = u$,等于有害基因突变率。

对于二倍体群体,1 个位点有 2 个等位基因($A$,$a$),基因 $a$ 有害,3 种基因型 $AA : Aa : aa$ 的适合度依次为 $1 : (1 - hs) : (1 - s)$,3 种基因型频率依次为 $p^2 : 2pq : q^2$,平均适合度 $\overline{W} = 1 - sq(2hp + q)$,经过选择和突变($A \to a$,突变率为 $u$)后,基因频率的改变为 $\Delta p = spq[q + h(p - q)] - up$,当达到平衡时 $\Delta p = 0$ 得到 $q^2 + h(p - q)q = \dfrac{u}{s}$。当 $h = \dfrac{1}{2}$,突变负荷 $L = 1 - \overline{W} = 2u$;当 $h = 0$,突变负荷 $L = u$;当 $h = 1$,突变负荷 $L = 2s - 3u$。

同时考虑多个相互独立位点,每个位点的突变负荷为 $L_i = 1 - \overline{W}_i$,总的突变负荷为它们的乘积:

$$L = \prod_i L_i \tag{5.70}$$

总的来说,理论上群体突变负荷不应过大,否则群体无法适应而死亡。

(3)数量性状遗传变异维持

选择和突变是维持数量性状遗传变异的重要机制,如突变增加遗传变异,稳态选择减小遗传变异,假设在突变—稳态选择的作用假设下,多等位基因模型中的遗传方差 $V_G = 2UV_s$(式中,$1/V_s$ 为度量稳态选择强度;$U$ 为影响相关性状的总突变率)(Turelli,1984)。

又如，在等位基因连续效应（continuum of alleles）模型中，遗传方差 $V_G = \dfrac{2UV_s}{1 + V_s/N_e a^2}$（式中，$a^2$ 为单个位点的加性方差）（Burger *et al.*，1989）。多数弱有害突变基因维持数量性状的遗传变异方差。

对于二倍体核基因多等位基因，Wright（1969）给出了选择—突变—漂变联合作用下的基因频率密度分布函数：

$$\varphi(p_1,\ p_2,\ \cdots,\ p_k) = C\overline{W}^{2N_e}\prod_j p_j^{4N_e v_j - 1} \tag{5.71}$$

Li（1977a）进一步分析了单位点 $k$ 个等位基因情况，群体平均适合度如下：

$$\overline{W} = 1 + 2\sum_{j=1}^{k} s_j p_j \tag{5.72}$$

式中，$s_j$，$p_j$ 分别为基因 $A_j$ 的选择系数和频率。数值模拟显示在大群体中，弱选择改变基因频率的分布并降低杂合子频率。

Hu 和 Li（2006）分析了多位点，每个位点 2 个等位基因情况下，选择与突变对维持数量性状的加性遗传变异的影响，多位点基因频率密度分布函数如下：

$$\varphi(p_1;\ p_2;\ \cdots;\ p_k) = C\overline{W}^{2N_e}\prod p_j^{4N_e v_j - 1}(1-p_j)^{4N_e u_j - 1} \tag{5.73}$$

该密度函数满足 Kolmogorov 前进方程。对于人工选择，群体平均适合度按下式估算：

$$\overline{W} = 1 + \frac{2i}{\sigma}\sum_{j=1}^{k} \alpha_j p_j \tag{5.74}$$

式中，$i$ 为选择强度；$\sigma$ 为表型标准差；$a_i$ 为第 $i$ 位点等位基因加性效应。类似的，对于稳态选择（stabilizing selection），群体平均适合度为：

$$\overline{W} = 1 - \frac{1}{V_s}\sum_{j=1}^{k} \alpha_j^2(1-p_j) \tag{5.75}$$

式中，$\dfrac{1}{V_s}$ 为度量稳态选择强度。

理论模拟研究显示位点间加性效应的分布类型影响总的加性方差、平均基因多样性、单位点的方差贡献等，位点效应"L"形分布反映了微效多基因的聚集作用占主要地位，高斯正态型分布或更平坦分布反映了中等效应或较大效应的基因的主导作用（Hu and Li，2006）。

### 5.3.4　选择与交配系统互作

交配系统在植物进化和遗传育种的重要性一直受到重视（Wright，1969），被认为是合子形成前的物种形成机制之一（Coyne and Orr，2004）。一般应用分子标记对植株通过基因型进行分型来识别异交，如早期的同工酶标记（Hu and Ennos，1999a）和现在的 DNA 分子标记（Zhou *et al.*，2020）。混合交配系统中异交率的统计方法已相当成熟，已广泛地应用于已知或未知母本的子代样本等估计（Weir，1996；Ritland，2002）。

植物从异交向自交演化过程，花的形态性状呈现出自交综合症状（selfing syndrome），包括小而不显眼的花、柱头与花药靠近、低的花粉/子房比率、花蜜产生功能丢失等，同样，基因组也会出现类似的自交综合症状（genomic selfing syndrome），包括减小分子多态性、增加连锁不平衡、积累有害突变、基因组变小、转座子数量减少、基因组结构化加大等现象（Cutter，2019），这些演化是自然选择适应的结果。

　　许多研究证明环境改变会导致植物与交配系统关联的表型形状变化，从而改变自交率或通过改变转粉者行为而改变异交，如干旱影响和气候变化影响、景观生态环境的破碎化、群体间连续性降低和阻碍植物花粉传播等，都会引起交配系统的改变。Baker（1955）认为，由于有限花粉源或父本数量，自交物种确保繁殖成功，移居于新生境要比异交植物更有优势，殖民新生境的物种主要为自交的。交配系统影响物种的地理分布边界大小，在15科20属数百物种中呈现出自花授粉种要比异交或双亲遗传后代的种有更广的地理分布边界（Grossenbacher et al.，2015）。这些例子都说明选择适应与交配系统的互作关系。

　　理论上，选择与交配系统的互作主要反映在两方面：一是选择系数与自交率 $\alpha$（或异交率 $= 1 - \alpha$）乘积效应；二是自交和近交通过减小有效群体大小与自然选择互作，减小自然选择的功效。下面简要介绍从群体遗传理论角度来讨论两者的互作。

　　（1）直接作用

　　考虑选择与混合交配系统互作，Wright（1969）将对群体的随机交配部分和近交部分（单倍体选择）作用分开考虑，然后再合并的思路进行分析基因频率的变化。Caballero 等（1991）直接将应用常用的方法将近交系数纳入基因型频率（表 5-18），只考虑二倍体选择，然后计算基因频率变化。

表 5-18　存在近交条件下的基因型频率

| 项　目 | 基因型 | | |
| --- | --- | --- | --- |
| | AA | Aa | aa |
| 适合度 | 1 | $1 + sh$ | $1 + s$ |
| 基因型频率 | $p^2 + pqF$ | $2pq(1 - F)$ | $q^2 + pqF$ |

　　群体平均适合度 $\overline{W} = 1 + 2pq(1 - F)hs + p(p + qF)s$，假设弱选择，经过推导后，基因频率变化如下：

$$\Delta p = - spq\{q + h(1 - 2p) + F[p + h(1 - 2p)]\}  \tag{5.76}$$

　　该结果与 Wright（1969）推出的表达式分子部分是一致的。在部分自交和异交情况下近交系数 $F$ 为：$F = \alpha / (2 - \alpha)$，这样就将交配系统与选择系数自交连接起来了。

　　影响植株适合度的组分有来自配子阶段和合子阶段选择，不同阶段的选择与交配系统都可以产生互作（Damgaard et al.，1994；Hu and Li，2003b），且自交率在配子和合子阶段与选择有不一致的互作效应，在调节基因频率变化时有不同的贡献（Hu，2015）。例如，Hu 等（2019）研究在影响物种范围大小方面，交配系统与选择互作存在非线性关系（图 5-17），假设种群密度为指数增长模型，在选择—迁移平衡时，物种范围大小可

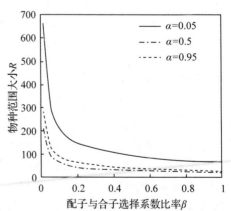

图 5-17　在不同自交率条件下，选择对物种范围大小的影响

注：参数为 $V_D = 0.05$，$\sigma_P^2 = 0.05$，$\sigma_S^2 = 0.01$，$S = 0.05$

由下式估算：

$$R = 4\sqrt{\frac{(2-\alpha)\left[\sigma_S^2 + \frac{(1-\alpha)\sigma_P^2}{2}\right]}{\alpha(1-\alpha)\beta SV_D}} \tag{5.77}$$

式中，$\beta$ 为同一等位基因在配子与合子阶段选择系数的比率；$S$ 为合子阶段的选择系数；$V_D$ 为适应数量性状的加性方差。此外，自交率与配子和合子阶段选择系数互作不一致在调节基因扩散速率方面也有重要意义（Zhang *et al.*，2020）。

（2）间接作用

已知漂变效应与群体的有效群体大小有着密切关系，当有效群体大小 $N_e$ 变小时，其影响涉及许多方面，包括提高有害基因的固定概率，降低适应基因的固定概率，增加亚群体间遗传分化，减小遗传多样性等。当群体存在部分自交和近交时，群体的有效群体大小 $N_e$ 变小，理论上证明在存在部分自交条件下，$N_e$ 按下式估算：

$$N_e = \frac{N}{1+F_{is}} \tag{5.78}$$

式中，$N$ 为实际群体数，近交系数 $F_{is} = \alpha/(2-\alpha)$。注意在不同的近交系统下，$F$ 与近交率 $\alpha$ 有不同的函数关系（Caballero and Hill，1992）。这样通过改变 $N_e$，交配系统与自然选择产生互作。例如，群体内一个等位基因的起始频率为 $1/2N$ 和选择系数为 $s$，该基因固定概率按下式估算：

$$u = 2\frac{N_e}{N}\left[\frac{\alpha(1-h)}{2-\alpha} + h\right]s \tag{5.79}$$

式中，$h$ 为显性度。

由图 5-18 所示，随着自交率 $\alpha$ 升高，基因固定概率升高。对于 DNA 序列变异，近交导致的有效群体大小减小，减弱了对有害突变基因的选择，$K_a/K_s$ 比值下降，因而降低自然选择的功效（Charlesworth and Wright，2001；Glemin，2007；Glemin and Muyle，2014）。

当物种形成时间短，不足以固定适应性突变基因，理论上自交会进一步减缓这种固定进程（有效群体大小与选择系数乘积 $N_e s$ 变小），Slotte 等（2013）在荠菜（*Capsella rubella*）的基因组分析中证实这一结论。自交会快速地减弱对有害突变基因的自然选择作用。Herman 等

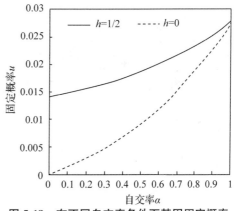

**图 5-18　在不同自交率条件下基因固定概率**

注：参数为 $N_e/N = 0.7$，$s = 0.02$

（2012）在地梅芥属（*Leavenworthia*）物种中，证明自交不亲和（self-incompatibility，SI）基因的丢失过程，交配系统从祖先的异交演变成自交，存在正选择作用。

此外，交配通过改变基因流中的花粉流 $m_S + (1-\alpha)m_P/2$ 或 $\sigma_S^2 + (1-\alpha)\sigma_P^2/2$ 来调节适应性基因在空间扩散，或减少对外来群体基因的入侵（Hu，2011）。

## 5.4 分析软件介绍

这里介绍 PHYLIP 和 PAML 两个程序包。其中，PHYLIP 用于构建基因树或物种树，可以处理 DNA 序列数据和蛋白质序列，也可以是其他类型的数据，包括基因频率数据、距离矩阵数据及数量性状数据等，构建物种树后可用于 PAML 选择测验分析；在本章中 PAML 程序包用于测验种间或同源基因间 DNA 序列突变的正/负选择性质，该程序包可以分析核苷酸、氨基酸及密码子序列数据，具体应用可参考相应的程序使用说明。

PHYLIP：http：//evolution. gs. washington. edu/phylip. html

PAML：http：//abacus. gene. ucl. ac. uk/software/paml. html

## 复习思考题

1. 简述绝对适合度与相对适合度的区别。

2. 怎样理解适合度的组成？

3. 选择有哪些类型？在维持基因多态性方面有何异同点？

4. 考虑复合选择的意义是什么？

5. 怎样理解多基因位点时的多适应峰？不同适应峰之间怎样实现过渡？

6. 已知一群体三种基因型频率为 $0.5AA$，$0.2Aa$，$0.3aa$，相对适合度为 1，$1-s$，$1-2s$，经过选择后，基因 $A$ 的频率为 0.7，试计算选择系数 $s$。

7. 已知一个绵鳚（*Zoarces viviparus*）群体的 1 个基因 2 等位基因酯酶（Holsinger，2012），母本—子代基因型观察数见表 5-15，测验 $H_2$，$H_3$，$H_4$，$H_5$ 假设。

8. 已知有 2DNA 序列如下，求 $K_a/K_s$ 比值。

物种1 GTAAATATAGTTTAACCAAAACATCAGATTGTGAATCTGACAACAGAGGCTTACGACCCCTTATTTACC
物种2 GTAAACATAGTTTAATCAAAACATTAGATTGTGAATCTAACAATAGAGGCTCGAAACCTCTTGCTTACC

9. 简述 $Q_{st}$ 与 $F_{st}$ 差异与选择类型的关系。

10. 简述选择与漂变联合作用对基因频率的影响。

11. 迁移负荷与突变负荷哪个更大？

12. 怎样理解选择对中性基因的群体结构影响？

13. 简述选择与交配系统的互作关系。

# 第6章　数量性状变异与进化

在前面几章中，我们介绍了基本进化动力对单个基因或少数基因的遗传进化影响，对于适应性基因，基因频率的改变自然会影响其控制的性状表型，环境改变同样有可能影响单个基因的选择方式和选择强度，形成基因与环境互作，影响性状表型。然而，当同时考虑许多基因的行为时，众多基因的聚集效应有可能通过复杂的作用模式，包括加性累积、相互作用、多重网络交叉以及与环境因子互作等影响性状变异。复杂数量性状包含许多基因作用，这些基因的数量、效应、在群体中的频率、在基因组上的位置等构成了数量性状变异的遗传学基础，它们的集聚作用产生数量性状遗传变异，在外观上形成个体表型差异。因此，与研究单个基因的进化过程的方法不同，研究数量性状的遗传变异更多地依赖于统计学方法，分析控制数量性状的多基因聚合效应、环境效应以及多基因与环境互作效应，但是驱动数量性状进化的动力仍为遗传漂变、突变、选择和迁移等，只是这些过程同时作用于许多基因，比研究单个或少数基因的群体行为更为复杂。

## 6.1　数量性状变异的遗传基础

### 6.1.1　数量性状遗传变异

（1）离散与连续变异的协调统一

质量性状呈离散的和不连续变异状态，如植株抗病与感病、植物种子的种皮皱褶与光滑等性状。而数量性状的变异呈连续性，一般情况下都呈现出正态分布或经过数据转换后呈正态分布，例如，微阵列（microarray）的基因表达量之比的对数值、动植物的各种形态生长性状都呈现出正态分布。同一无性系不同单株是具有相同的基因型，但高生长有差异，这是环境影响造成的，高生长呈正态分布。当同时考虑两个数量性状的分布时，两变量在二维平面分布呈负相关［图6-1（a）］，或正相关［图6-1（b）］，或不相关［图6-1（c）］的分布关系，各变量在中间分布密度高，向边缘趋于分布密度低的特点，两性状间存在统计上相关（correlation）或不相关特点。

从遗传学角度看，质量性状是由单个或少数离散的孟德尔基因控制，杂交后代表现出明显的自由分离和组合规律。如假设花色性状红色由基因 $A$ 控制，白色由基因 $a$ 控制，亲本1（红色 $AA$ ）与亲本2（白色 $aa$ ）杂交，若子代 $F_1$ 代呈共显性粉红色（ $Aa$ ），由 $F_1$ 代进一步自交产生的 $F_2$ 代会出现红色、粉红色和白色三种表现型，比率为1∶2∶1，由 $F_1$ 代与亲本1杂交产生的回交一代 $BC_1$ ，会出现红色和粉红色二种表现型，比率为1∶1；同样，由 $F_1$ 代与亲本2杂交产生的回交一代 $BC_2$ ，会出现白色和粉红色二种表现型，比率为1∶1，这些性状不容易受环境影响，表现稳定。

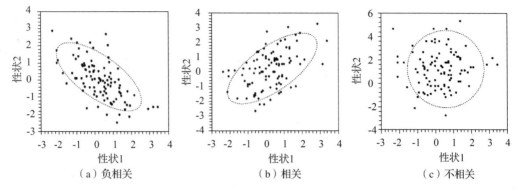

图 6-1　两数量性状散点分布

　　连续变异的数量性状可以由许多微效孟德尔因子作用来解释，群体内每个微效因子服从孟德尔变异分布，如 1 个位点 2 个等位基因情况，在随机交配下基因型频率为 $p^2(AA)$，$2pq(Aa)$，$q^2(aa)$，或 $F_2$ 代基因型比率为 1（$AA$）：2（$Aa$）：1（$aa$）等。早期 Nilsson-Ehle（1909）的燕麦和小麦试验结果证明种皮颜色变异遵循孟德尔比率，用两个孟德尔因子解释种皮颜色的连续变异特征。由图 6-2 所示，3 个控制籽粒色素基因在 $F_2$ 代群体产生的近正态分布，色素颜色分布近似于数量性状的连续分布特点。后来 Morgan 发现果蝇突变的微小效应证据，进一步认为所有类型的变异可以用孟德尔因子变异解释，多基因假说（multiple factor hypothesis）被用来解释数量性状遗传变异基础。

　　随后的遗传学理论发展为解释数量性状变异的奠定了遗传学理论基础。Fisher（1918）认为亲属间的相关性可以用多个孟德尔因子以及非遗传的随机因素来解释，定义表型方差为遗传方差和非遗传方差之和，遗传方差进一步分解加性、显性及上位性（基因间的交互作用）组分，强调大群体内数量性状是由对许多微效基因的选择而逐渐变化。Wright（1921，1931）提出了近交（系数）和漂变的重要概念，强调基因间的互作效应对性状遗传变异的贡献，提出亲属间交配系统分析，交配系统与遗传漂变，以及遗传漂变与选择、迁移和突变互作影响基因频率变化等理论。这些自然地被应用到解释参与控制数量性状基因的

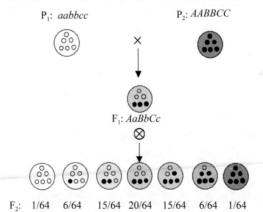

图 6-2　离散与连续变异的协调统一

注：两纯合亲本杂交的 $F_1$ 代和 $F_2$ 代色素深度的分布

频率变化之中。Haldane(1930—1932)研究了自然和人工选择(强选择影响)作用于孟德尔因子遗传变异的理论。虽然揭示数量性状变异的遗传学基础仍然任重道远,这些早期理论的综合为解释质量和数量性状的遗传基础提供了协调一致性。

(2)数量性状表型值分解

Fisher(1918)论文中引入了一个重要思想就是将表型值(P)分解成遗传型值(G)与环境值(E),是一种直接而简单的方法,类似于用线性可加模型去逼近非线性系统的思想,表型值呈正态分布时,它的均值就去除了环境影响,等于遗传性均值。环境值同样也服从正态分布,它的均值也等于零。进一步剖分基因型值,可以分为三种效应值。一是加性效应值(additive effect,A),即每个等位基因添加而引起遗传效应,是可遗传的;二是显性效应值(dominant effect,D),即每个基因位点内不同等位基因之间的相互作用而产生的遗传效应;三是上位效应值(epistasis,I),即不同基因位点之间的相互作用产生的效应。此外,当同一基因型在不同环境条件下,呈现出不同的表型值,则存在遗传型与环境互作,有了上述分解后,我们可以将表型线性模型归纳如下:

$$P = G + E + G \times E \tag{6.1}$$

$$G = A + D + I \tag{6.2}$$

如果从性状变异的方差角度上分析的话,表型方差 $V_P$ 等于遗传方差 $V_G$ 加上环境方差 $V_E$,再加上遗传 × 环境的方差 $V_{GE}$,而遗传方差进一步剖分成加性方差 $V_A$,显性方差 $V_D$ 和上位性方差 $V_I$,分析这些组分值及其变异就构成数量性状变异的遗传学基础,方差分解式为:

$$V_P = V_G + V_E + V_{GE} \tag{6.3}$$

$$V_G = V_A + V_D + V_I \tag{6.4}$$

(3)遗传力

估算表型变异中有多大比例是遗传造成的,常用遗传力反映。有两种遗传力:一是狭义遗传力(narrow-sense heritability),即加性遗传方差与表型方差值比率,$h_N^2 = V_A/V_P$。从统计学上讲,在无遗传与环境互作条件下,遗传力主要是表型值与加性值相关系数的平方,$r^2(P, A) = V_A/V_P$;二是广义遗传力(broad-sense heritability),即遗传方差与表型方差的比率,$h_B^2 = V_G/V_P$ 也可视为表型值与遗传值相关系数的平方,$r^2(P, G) = V_G/V_P$。广义遗传力反映了多少个体表型的差异源于它们的遗传上的差异。

此外,还有一种遗传力称为现实遗传力(realized heritability),就是实现了的遗传力,等于选择响应 R 与选择差 S 之比(图 6-3),这里牵涉到性状下两个世代的分布,从亲本选择一部分个体,那么这部分个体的均值与亲本的均值之差就是选择差(selection differential,S),繁殖到后代,在子代当中,它的平均值就是平均遗传值,在子代的平均值与亲代的亲本的平均值之差,就是选择响应 R,现实遗传力主要反映了加性效应方差对性状遗传的贡献,理论上等于狭义遗传力,狭义遗传力可以被认为是选择响应的效率。注意虽然这里的选择差常常指人工选择引起,但也可以指自然选择引起,只有加性方差对自然选择产生响应 $R = h_N^2 S$,在人工群体中,这种关系有称为育种者方程(breeders' equation),结合选择和遗传来预测单个世代选择后的遗传改变。

遗传力与群体进化潜势或遗传改良的潜势有关,在 Fisher 的自然选择定理(Fisher,

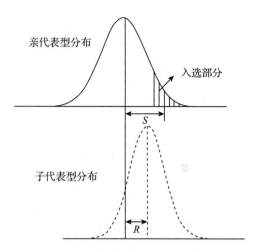

选择差S与选择响应R之比：$h^2_R = S/R$

**图 6-3　现实遗传力的估计示意**

注：选择差 S 为亲本选择植株均值与亲本均值之差，响应 R 为选择后
子代分布均值与亲本分布均值之差

1931），群体的进化潜势完全取决于这个群体相对适应值的加性方差，这是从自然界自然群体上看，加性方差对选择的响应类似于群体遗传中基因频率对选择的响应，环境方差减小这种响应速率。对于人工群体来说，原理也是一样的，群体改良的潜势是与所研究的数量性状在该群体的加性方差呈正比，加性方差越大，选择改良潜力越大。

至今仍认为多数数量性状以加性遗传为主（Hill *et al.*，2008），上位性作用贡献小，根据文献可归纳得出以下两个结论（Lynch and Walsh，1998）：①实验室与田间试验遗传力估计没有系统偏差；②形态性状有更高的遗传力，高于行为与生理性状，而后者又大于生活史性状，这可能是自然选择快速减少与适应相关的性状的遗传变异，或者生活史性状的环境变异 $V_e$ 大，是其他性状环境变异的函数，也有认为生活史性状受适应值影响，对新突变变得不灵敏。一些林木树高、木材密度和干形的狭义遗传力在 0.03 ~ 0.9（Zobel and Talbert，1984）。

### 6.1.2　遗传方差与基因频率关系

遗传方差与基因频率的关系有助于深入理解遗传变异是怎样影响遗传方差组分的，数量性状的遗传变异是怎样维持的，基本进化动力通过改变基因频率途径而间接地改变数量性状遗传方差，这样就容易理解进化过程与数量性状遗传变异的关系。

（1）单基因位点

考虑 1 个基因 2 个等位基因情况（ A，a ），群体基因型频率服从 Hardy-Weinberg 平衡，依据 Fisher 的理论，将基因值 $G_{ij}(i, j = A, a)$ 作如下分解为：

$$G_{ij} = \mu_G + \alpha_1 N_1 + \alpha_2 N_2 + \delta_{ij} \tag{6.5}$$

式中，$N_1$ 为基因型 $ij$ 中 A 的数量（=0，1，2），$N_2$ 为基因型 $ij$ 中 a 的数量（=0，1，2），对于二倍体 $N_1 + N_2 = 2$；$\alpha_1$ 和 $\alpha_2$ 为回归的斜率，分别为等位基因 A 和 a 的加性效应；$\delta_{ij}$ 为

剩余残差，为显性效应（$\delta_{ij} = G_{ij} - \widehat{G}_{ij}$）。式（6.5）回归关系也可表示如下：

$$G_{ij} = \mu' + (\alpha_2 - \alpha_1)N_2 + \delta_{ij} \qquad (6.6)$$

式中，$\mu' = \mu_G + 2\alpha_1$，$\alpha = \alpha_2 - \alpha_1$ 为回归斜率，在随机交配系统下，$\alpha$ 为等位基因替换后导致群体平均基因型改变值。基因型的期望估计值为 $\widehat{G}_{AA} = \mu_G + 2\alpha_1$，$\widehat{G}_{Aa} = \mu_G + \alpha_1 + \alpha_2$ 及 $\widehat{G}_{aa} = \mu_G + 2\alpha_2$。例如，假设基因型值如下：

| 基因型 | $AA$ | $Aa$ | $aa$ |
|---|---|---|---|
| 频率 | $p^2$ | $2pq$ | $q^2$ |
| 基因型值 | 0 | $(1+k)a$ | $2a$ |

采用回归分析可以计算得到 $\alpha = [1 + k(q - p)]a$，加性方差 $\sigma_A^2 = V(\alpha N_2) = 2pq\alpha^2$，$\sigma_D^2 = V(\widehat{\delta}_{ij}) = (2pqak)^2$，群体遗传均值 $\mu_G = 2qa(1 + pk)$。容易知道在无显性条件下（$k = 0$），遗传方差在 $p = 0.5$ 处达到最大值，但在有显性条件下，加性方差及显性方差的极大值偏离基因频率 $p = 0.5$ 处（图 6-4）。

通过回归分析获得单个等位基因加性效应估值 $\alpha_i(i = 1, 2)$，也可通过残差平方和极小化求得（求一阶偏导 = 0；最小二乘法）。一个基因型（或个体）的育种值（breeding value），用 $A$ 表示，定义为各基因加性效应之和。即基因型 $AA$ 的育种值为 $2\alpha_1$，$Aa$ 的育种值为 $\alpha_1 + \alpha_2$，$aa$ 的育种值为 $2\alpha_2$。依据 Falconer 和 Mackay（1996）的育种值定义，可以证明一个基因型的育种值等于其子代均值与群体均值之差的 2 倍，乘以 2 倍是由于单一亲本只有两个中的一个基因传递给子代，这一结论也指出了估计亲本个体育种值的方法。

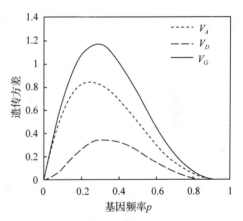

**图 6-4　遗传方差与基因频率关系**
注：单个位点的遗传方差（参数 $k = 1$，$a = 1$）

回归分析方法可以推广到多个等位基因情况下，或在非随机交配群体条件下计算遗传方差（Lynch and Walsh，1998）。考虑 $n$ 个等位基因 $A_i(i = 1, 2, \cdots, n)$，单个等位基因的平均过量效应（average excess）计算为：

$$\alpha_i^* = \sum_{j=1}^{n} P_{ij|i} G_{ij} - \mu_G \qquad (6.7)$$

式中，$P_{ij|i}$ 为给定等位基因 $A_i$ 条件下基因型 $A_{ij}$ 发生的概率 $P_{ij}/P_i$。加性效应 $\alpha_i$ 可以通过最小二乘法来估计，残差项为显性效应。

$$G = \mu_G + \sum_{i=1}^{n} \alpha_i N_i + \delta \qquad (6.8)$$

在随机交配条件下，加性效应 $\alpha_i = \sum_{j=1}^{n} P_j G_{ij} - \mu_G$；存在近交时，$\alpha_i = \alpha_i^* / (1 + f)$，$f$ 为近交系数，利用 $V_G = Cov\left(G, \mu_G + \sum_{i=1}^{N} \alpha_i N_i + \delta\right) = \sum_{i=1}^{n} \alpha_i Cov(G, N_i) + V_e$ 和 $Cov(G, N_i) = 2p_i \alpha_i^*$，

随机交配系统下，加性方差 $V_A = 2\sum_{i=1}^{n} p_i \alpha_i^2$ 或非随机交配条件下，$V_A = 2(1+f)\sum_{i=1}^{n} p_i \alpha_i^2$，显性方差 $V_D = V(\delta_{ij}^2)$。另一个角度看加性方差就是育种值的方差 $V_G = V(\mu_G + \alpha_i + \alpha_j + \delta_{ij}) = V_A + V_D$。

（2）两基因位点

考虑多个基因时，除了各位点的加性效应和显性效应外，还存在位点间的互作效应（上位效应，epistasis），以下用 2 个基因，每个基因 2 个等位基因（$A$, $a$；$B$, $b$）情况为例，说明遗传各种效应估计及其方差计算。两位点的基因型值可作如下分解：

$$G_{ijkl} = \mu_G + (\alpha_i + \alpha_j + \alpha_k + \alpha_l) + (\delta_{ij} + \delta_{kl}) + [(\alpha\alpha)_{ik} + (\alpha\alpha)_{il} + (\alpha\alpha)_{jk} + (\alpha\alpha)_{jl}]$$
$$+ [(\alpha\delta)_{ikl} + (\alpha\delta)_{jkl} + (\alpha\delta)_{ijk} + (\alpha\delta)_{ijl}] + (\delta\delta)_{ijkl}$$
$$= \mu_G + A + D + AA + AD + DD \tag{6.9}$$

式中，$A$ 表示各位点的加性效应总和；$D$ 为各位点显性效应和；$AA$ 表示位点间的加性×加性的互作效应之和；$AD$ 为加性×显性的互作效应总和；$DD$ 为显性×显性的互作效应之和。实际估计时，从低级到高级效应顺序进行，假设已经获得各基因型频率估值，各效应具体计算如下：

群体均值：$\mu_G = \sum_{i,j,k,l} P_{ijkl} G_{ijkl}$

等位基因的加性效应：$\alpha_i = G_{i\cdots} - \mu_G$，$\cdots$，其中 $G_{i\cdots} = \sum_{j,k,l} P_{ijkl} G_{ijkl}$

显性效应：$\delta_{ij} = G_{i..} - \mu_G - \alpha_i - \alpha_j$，$\cdots$，其中 $G_{ij..} = \sum_{k,l} P_{ijkl} G_{ijkl}$

加性×加性：$(\alpha\alpha)_{ik} = G_{i.k.} - \mu_G - \alpha_i - \alpha_k$，$\cdots$，其中 $G_{i.k.} = \sum_{j,l} P_{ijkl} G_{ijkl}$

加性×显性：$(\alpha\delta)_{ikl} = G_{i.kl} - \mu_G - \alpha_i - \alpha_k - \alpha_l - (\alpha\alpha)_{ik} - (\alpha\alpha)_{il}$，其中 $G_{i.kl} = \sum_{j} P_{ijkl} G_{ijkl}$

显性×显性：$(\delta\delta)_{ijkl} = G_{ijkl} - \mu_G - \alpha_i - \alpha_j - \alpha_k - \alpha_l - \delta_{ij} - \delta_{kl} -$
$$(\alpha\alpha)_{ik} - (\alpha\alpha)_{il} - (\alpha\alpha)_{jk} - (\alpha\alpha)_{jl} -$$
$$(\alpha\delta)_{ikl} - (\alpha\delta)_{jkl} - (\alpha\delta)_{ijk} - (\alpha\delta)_{ijl}$$

在获得这些效应估值后，相应的方差成分等于估计的效应平方乘以相应的频率之和，如 $V_A = \sum_v P_v \alpha_v^2$（$v = i, j, k, l$）等，总遗传方差 $V_G = V_A + V_D + V_{AA} + V_{AD} + V_{DD}$，也可以直接采用多因素方差分析的方法估计各成分的方差分量。

理论上，上述方法可以推广到 3 个及更多基因位点参与所研究的性状遗传变异，这时遗传方差进一步分解成 3 个基因及以上位点间的互作，

$$V_G = V_A + V_D + V_{AA} + V_{AD} + V_{DD} + V_{AAA} + V_{AAD} + \cdots \tag{6.10}$$

一般互作效应级别越高，其对遗传方差的贡献就越小，因此，可以忽略高阶互作效应。此外，实际分析时，各基因型频率常常是未知的，借助群体基因组分型数据进行性状-SNP 关联分析或 QTL（quantitative trait locus）定位分析，部分地筛选出控制有关数量性状遗传的少数主效基因（major gene）位点，但要找全关联的基因仍然是困难的，因为许多基因仍为微效基因，很难检测，因此，目前估计遗传方差及不同组成分量主要是基于亲属间相关性进行分解的。

### 6.1.3 QTL 定位分析

微效多基因假说认为数量性状遗传变异是由许多基因控制的，各基因效应相等，等位基因表现为增效或减效作用，各基因效应是累加的。至今这一假说仍然被应用于解释数量性状连续分布特点，只是稍加修正。分子标记技术的开发和应用，使得研究数量性状变异的遗传基础的研究前进一步，逐渐认识到基因的效应存在差异，有的基因效应大，多数基因效应微小等特征。由于不能直接观察到 QTL，需要借助能观测到与数量性状 QTL 关联的标记来推测，这种标记可以是已知功能的基因，或未知功能的标记，前者难以找到，后者容易筛选，如各种类型的分子标记(见表 2-2)。检测 QTL 的遗传基础是标记与 QTL 存在 LD，需要应用人工或自然遗传分离群体进行，这里事先假设采用与定位分析同一群体并已建立了标记连锁图谱，然后进行 QTL 定位分析，以下简单介绍 QTL 定位的原理和方法。

(1)回交群体

假设亲本 1 基因型为 $MMQQ$ ( $M$ 为标记等位基因, $Q$ 为 QTL 等位基因), 亲本 2 为 $mmqq$, 杂交 $F_1$ 代所有个体基因型为 $MmQq$, 与亲本 2 回交生成遗传分离群体，比例为 $\frac{1-c}{2}MmQq$, $\frac{c}{2}Mmqq$, $\frac{c}{2}mmQq$ 及 $\frac{1-c}{2}mmqq$, $c$ 为标记与 QTL 位点的重组率，标记基因型的频率为 $P(Mm)=\frac{1}{2}$, $P(mm)=\frac{1}{2}$。假设 QTL 位点的基因型值为: $G_{QQ}=\mu+a$, $G_{Qq}=\mu+d$ 及 $G_{qq}=\mu-a$, $a$ 为加性效应值, $d$ 为显性效应值，依据 Bayes 条件概率公式，例如， $P(Qq\mid Mm)=\frac{P(MmQq)}{P(Mm)}=\frac{1-c}{2}/\frac{1}{2}=1-c$, $P(qq\mid mm)=\frac{P(Mmqq)}{P(Mm)}=\frac{c}{2}/\frac{1}{2}=c$ 等，观测到的两种标记基因型均值如下:

$$\mu_{Mm}=G_{Qq}P(Qq\mid Mm)+G_{qq}P(qq\mid Mm)$$
$$=\mu-ca+(1-c)d \tag{6.11}$$
$$\mu_{mm}=G_{Qq}P(Qq\mid mm)+G_{qq}P(qq\mid mm)$$
$$=\mu-(1-c)a+cd \tag{6.12}$$

两种标记基因型均值之差:

$$\mu_{Mm}-\mu_{mm}=(1-2c)(a+d) \tag{6.13}$$

QTL 位点的加性和显性效应混合，如 $c=0.2$, $1-2c=0.6$, $\mu_{Mm}-\mu_{mm}$ 之差可以显示 60% 的 QTL 效应，因此，通过采用 $\mu_{Mm}-\mu_{mm}$ 差异的显著性，可以寻找与性状关联的标记。类似的方法也可用于分析杂交 $F_1$ 代与亲本 1 回交生成遗传分离群体。

(2)$F_2$ 代群体

由 $F_1$ 自交产生 $F_2$ 代分离群体，继续考虑单个标记的话，后代基因型频率为 $\frac{(1-c)^2}{4}MMQQ$, $\frac{c(1-c)}{2}MMQq$, $\frac{c^2}{4}MMqq$, $\frac{c(1-c)}{2}MmQQ$, $\left[\frac{(1-c)^2}{2}+\frac{c^2}{2}\right]NmQq$, $\frac{c(1-c)}{2}Mmqq$, $\frac{c^2}{4}mmQQ$, $\frac{c(1-c)}{2}mmQq$ 及 $\frac{(1-c)^2}{4}mmqq$, 标记基因型的频率为 $P(Mm)=\frac{1}{2}$, $P(mm)=P(MM)=\frac{1}{4}$。同样可计算条件概率 $P(QQ/MM)=(1-c)^2$, …,

$P(qq \mid mm) = (1 - c)^2$，因此，观测到的标记三种基因型均值为：

$$\mu_{MM} = G_{QQ}P(QQ \mid MM) + G_{Qq}P(Qq \mid MM) + G_{qq}P(qq \mid MM)$$
$$= \mu + (1 - c)^2 a + 2c(1 - c)d - c^2 a \tag{6.14}$$

$$\mu_{mm} = G_{QQ}P(QQ \mid mm) + G_{Qq}P(Qq \mid mm) + G_{qq}P(qq \mid mm)$$
$$= \mu - (1 - c)^2 a + 2c(1 - c)d + c^2 a \tag{6.15}$$

$$\mu_{Mm} = G_{QQ}P(QQ \mid Mm) + G_{Qq}P(Qq \mid Mm) + G_{qq}P(qq \mid Mm)$$
$$= \mu + c^2 d + (1 - c)^2 d \tag{6.16}$$

两种标记基因型均值之差：

$$\mu_{MM} - \mu_{mm} = 2(1 - 2c)a \tag{6.17}$$

$$\mu_{Mm} - (\mu_{MM} + \mu_{mm})/2 = (1 - 2c)^2 d \tag{6.18}$$

因此，通过标记纯合基因型均值 $\mu_{MM} - \mu_{mm}$ 之差检测加性效应，杂合子均值与两纯合子均值之差来检测显性效应，可以采用方差分析或 $t$ 检验进行显著性测验。与应用回交群体定位分析相比，应用 $F_2$ 代群体更精细地区分加性和显性效应。

（3）线性模型检测

先考虑单个共显性标记分析（single-marker analysis），假设用 $n$ 个标记，其基因型类型可以是 2 个（如回交群体中 $Mm$，$MM$）或 3 个（如 $F_2$ 代群体 $MM$，$Mm$，$mm$），将每株表型观测值与单个标记进行回归分析，筛选出与表现显著相关的标记，回归分析式为：

$$y_j = \mu + \sum_{i=1}^{n} b_i x_{ij} + e_j \tag{6.19}$$

当第 $j$ 株的标记基因型为 $i$，如 $BC_2$ 存在两种基因型，标记基因型为 $Mm$，$x_{ij} = 0$，标记基因型为 $MM$，$x_{ij} = 1$；如 $F_2$ 存在 3 种标记基因型，$x_{ij}$ 的取值如下：

$$x_{ij} = \begin{cases} 1 & (\text{第 } i \text{ 个标记基因型为 } MM) \\ 0 & (\text{第 } i \text{ 个标记基因型为 } Mm) \\ -1 & (\text{第 } i \text{ 个标记基因型为 } mm) \end{cases}$$

该方法的优点是初步且快速筛选出有关的分子标记，为更为精确分析打下基础。

当同时考虑两个标记时，可以测验是否存在标记位点间的互作，

$$y_j = \mu + \sum_{i=1}^{n1} a_i x_{ij} + \sum_{k=1}^{n2} b_k z_{kj} + \sum_{i=1}^{n1} \sum_{k=1}^{n2} d_{ik} x_{ij} z_{kj} + e_j \tag{6.20}$$

式中，$d_{ik}$ 表示两个标记效应的互作效应（上位性）。当连锁图上两个相邻的标记进行上述分析时，提高了 QTL 定位精度，这种方法又称区间定位方法（interval QTL mapping, IM）。

若同时存在多个 QTL 位点时，单标记分析和区间定位分析有可能产生不正确的位置，一种修正办法就是将区间定位方法再增加其他标记作为辅助因子（cofactors），使用所关注区间外的标记来关联其他区段的 QTL 影响，从而降低了关注区段的 QTL 的效应，提高了定位精度，这种分析方法称为复合区间定位分析（composite interval mapping, CIM）（Zeng, 1993；1994）。对于一条连锁群上有 $n$ 个标记，每一个标记区间加上区间外的标记进行一次测验分析，共需要进行 $n-1$ 次测验，当一连锁群上所有标记同时考虑时，一次分析一条连锁群上的所有标记，这种定位方法称为的多点定位分析（Multipoint mapping）（Kearsey and Hyne，1994；Hyne and Kearsey，1995；Wu and Li，1996）。

这里仅介绍 CIM 方法，假设我们分析区段在第 $i$ 个标记和第 $i+1$ 个标记之间（图 6-5），区段左边邻近标记 $i-1$ 和右边邻近标记 $i+2$ 作为辅助因子，分析时用与辅助标记关联的 QTL 作为背景考虑，以提高关注区段 $i$ 和 $i+1$ 的定位精度，

**图 6-5　复合区间定位分析片段**

注：关注的区段在第 $i$ 和 $i+1$ 标记间，第 $i-1$ 和 $i+2$ 标记作为辅助因子，
用来去除与 $i-1$ 和 $i+2$ 关联的 QTL 影响

$$y_j = \mu + \sum_{i=1}^{n1} b_i x_{ij} + \sum_{(i+1)=1}^{n2} b_{i+1} x_{(i+1)j} + \sum_{k \neq i,\ i+1} b_k x_{kj} + e_j \tag{6.21}$$

式中，$b_i$ 为第 $i$ 个标记的加性效应，对于回交群体标记 $x_{ij}$ 的取值为 1 或 -1，对于 F2 群体，标记 $x_{ij}$ 的取值为 1（$MM$），0（$Mm$），或 -1（$mm$）。

当考虑显性效应时，每种标记都改成三项（三种基因型），

$$y_j = \mu + b_{i1}x_{i1j} + b_{i2}x_{i2j} + b_{i3}x_{i3j} + b_{(i+1)1}x_{(i+1)1j} + b_{(i+1)2}x_{(i+1)2j} + b_{(i+1)3}x_{(i+1)3j} +$$
$$\sum_{k \neq i,\ i+1} (b_{k1}x_{k1j} + b_{k2}x_{k2j} + b_{k3}x_{k3j}) + e_j \tag{6.22}$$

当标记基因型为 $MM$ 时，$b_{x1j}=1$，$b_{x2j}=0$，$b_{x3j}=0$；标记基因型为 $Mm$ 时，$b_{x1j}=0$，$b_{x2j}=1$，$b_{x3j}=0$；标记基因型为 $mm$ 时，$b_{x1j}=0$，$b_{x2j}=0$，$b_{x3j}=1$。

用作辅助因子标记的数量一般不超过 $\sqrt{n}$，$n$ 为样本容量，以便有一定的自由度来测验多标记的效应。通常对于每条连锁群分别分析，先做单标记分析，将不显著的标记去除，再做区间和复合区间定位分析。图 6-6 示三种线性模型定位精度比较，CIM 结果要比单一标记分析和区间定位分析更理想些。通常检测的 QTL 效应（能解释的表现方差比例）要比实际的要大（overestimation），同时检测到的 QTL 数量要远比实际数量少，这与所用的分离群体类型和样本容量相关。

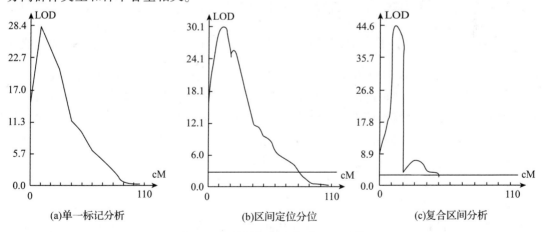

(a)单一标记分析　　(b)区间定位分位　　(c)复合区间分析

**图 6-6　三种回归方法检测 QTL 比较**

注：所用性状为 WinQTL2.5 模拟回交群体（NSimu-01.mcd），阈值线设在 LOD=3

(4)异交群体 QTL 定位

与前面介绍的人工近交群体（$BC_1$，$F_2$ 等）不同，异交群体（outbred population）的特点是亲本遗传不均匀，存在变异，这使得只有一部分亲本保持标记和 QTL 都可能是杂合的，产生遗传分离的子代，异交群体分离的等位基因数可能多于 2 个，标记与 QTL 连锁结构相不同，有的亲本是 $M$-QTL，有的则是 $m$-QTL，因此，需要单独地对每个亲本产生的遗传分离后代进行标记—性状分析。Lynch 和 Walsh（1998）介绍了不同的定位方法，有些方法更适合动物群体分析。这里简要概括几种方法，并对这些方法稍加修改，以便适合林木天然群体的分析，假设已建立了适合异交群体的连锁图谱，如采用多个半同胞家系建立连锁群（Hu et al.，2004），对连锁群上的标记与性状关系进行分析，虽然准确位置难以确定，但可以做 QTL 是否存在的定性判断。

假若从一个植株上采种作样本，父本花粉来源于该群体不同的植株（与动物群体不同，父本数量难以控制），这些种子属半同胞家系（half sib family）。该母株在标记和 QTL 位点上都是杂合 $M_1Q_1/M_2Q_2$，母株后代出现遗传分离，这些种子繁育苗木及生长，测量表现性状，并用分子标记分型，分析线性模型如下：

$$y_{ij} = \mu + m_i + e_{ij} \tag{6.23}$$

式中，$y_{ij}$ 为母株标记为 $i$ 的第 $j$ 株表型值；$m_i$ 为母株标记等位基因 $i$ 效应；$e_{ij}$ 为随机误差。因此，可以采用方差分析或 $t$ 检验，分析两种标记等位基因间是否有显著差异：

$$t = \frac{\bar{y}_{M1} - \bar{y}_{M2}}{\sqrt{V(\bar{y}_{M1}) + V(\bar{y}_{M2})}} \tag{6.24}$$

经检验，若存在显著差异，那么该标记与性状关联。理论上，当从一个连锁平稳的群体中随机抽取一系列家系样本时，利用这些系列的条件期望均值之差 $E\left(\mu_{M1} - \mu_{M2} \mid 母本 = \frac{M_1Q_i}{M_2Q_j}\right) = 0$，这是因为 QTL 位点上的等位基因效应期望值等于零，但均值差的平方的期望值不等于零。假设每个标记等位基因的观测个数为样本数的一半 $n/2$，$E[(\bar{y}_{M1} - \bar{y}_{M2})^2] = (1 - 2c)\sigma_A^2 + \frac{4\sigma_e^2}{n}$，反映了该标记与数量性状的关系（Lynch and Walsh，1998），给定位置 $c$，可以估计相应的 QTL 加性方差。

使用多个同胞家系（multiple sib families）进行定位分析，即对天然群体作定位分析，考虑多个半同胞家系，如同一植株上采集的种子，同母异父，与动物群体的同父异母模型相对应，子代为遗传分离群体，方差分析的线性模型如下：

$$y_{ijk} = \mu + f_i + m_{ij} + e_{ijk} \tag{6.25}$$

式中，$y_{ijk}$ 为第 $i$ 个家系标记基因型为 $j$ 的第 $k$ 株表现值；$f_i$ 母株 $i$ 的效应；$m_{ij}$ 为第 $i$ 个半同胞家系标记基因型为 $j$（一般 $j = 1，2$ 不同基因型）的效应；$e_{ijk}$ 为家系内标记内的残差，假设各效应间相互独立，均值为零，且服从正态分布，即 $f_i \sim N(0，\sigma_f^2)$，$m_{ij} \sim N(0，\sigma_m^2)$，$e_{ijk} \sim N(0，\sigma_e^2)$。依据巢式方差分析（nested ANOVA），用 $F$ 检验来判断标记效应是否显著：

$$F = \frac{MS_m}{MS_e} \tag{6.26}$$

若显著，所用的标记与性状关联，从方差分析表的期望均方估计 $\sigma_m^2$，通过 $\sigma_m^2$ 估计 QTL 的加性方差，具体计算有待完善。

使用样本株间谱系遗传结构关系（pedigree methods）也可测验 QTL 与标记关联性，考虑连锁群某片段 QTL 以及与该段独立的背景 QTL，样本中第 $i$ 植株表型值分解为：

$$y_i = \mu + A_i + A_i^* + e_i \tag{6.27}$$

式中，$A_i$ 为关注片段的 QTL 加性效应；$A_i^*$ 为基因组其他区域（背景）的 QTL 效应；$e_i$ 为剩余残差，假设这些效应相互独立且均值为零，方差依次为 $\sigma_A^2$，$\sigma_{A*}^2$，$\sigma_e^2$，任意两株表型协方差按下式计算：

$$Cov(y_i, y_j) = R_{ij}\sigma_A^2 + 2\Theta_{ij}\sigma_{A*}^2 \tag{6.28}$$

式中，$R_{ij}$ 两株间染色体区域相同亲缘 IBD（identical by descent）的比例部分；$2\Theta_{ij}$ 为二倍共祖系数，对于所有样本 $n$ 观测值，$n$ 株间的遗传关系矩阵 $V$（$n \times n$）如下：

$$V = R\sigma_A^2 + A\sigma_{A*}^2 + I\sigma_e^2 \tag{6.29}$$

当 $i = j$ 时，$R_{ij} = 1$，$A_{ij} = 1$，当 $i \neq j$ 时，$R_{ij} = \hat{R}_{ij}$（估计值），$A_{ij} = 2\Theta_{ij}$，$R$ 包含所关注片段基于标记的 IBD，$A$ 为基于谱系结构的共祖系数，两个矩阵为已知，因此可以建立似然函数：

$$L(z \mid \mu, \sigma_A^2, \sigma_{A*}^2, \sigma_e^2) = \frac{1}{\sqrt{(2\pi)^n \mid V \mid}} \exp\left[ -\frac{1}{2}(y-\mu)'V^{-1}(y-\mu) \right] \tag{6.30}$$

根据似然函数求 $\mu$，$\sigma_A^2$，$\sigma_{A*}^2$，$\sigma_e^2$ 的极大估计值（MLE），再根据似然比测验 $\sigma_A^2$ 和 $\sigma_{A*}^2$ 是否显著，即 $-2\ln \dfrac{L(\mu, \sigma_A^2, \sigma_{A*}^2, \sigma_e^2)}{L(\mu, \sigma_A^2 = 0, \sigma_{A*}^2, \sigma_e^2)} \sim \chi_{df=1}^2$ 和 $-2\ln \dfrac{L(\mu, \sigma_A^2, \sigma_{A*}^2, \sigma_e^2)}{L(\mu, \sigma_A^2, \sigma_{A*}^2 = 0, \sigma_e^2)} \sim \chi_{df=1}^2$。如果 $\sigma_A^2$ 显著地大于零，说明所关注的片段存在 QTL；如果 $\sigma_{A*}^2$ 显著地大于零，说明所关注的片段外存在 QTL。注意应用这种方法的前提是 $R$ 和 $A$ 矩阵已知。

Haseman-Elston（1972）提出了一种以成对亲属等位基因共享为单位的回归分析，其基本思想是给定一个分子标记，考虑成对个体间亲缘共同（IBD）等位基因数量，假设有 QTL 与该标记紧密连锁，理论上共享标记 IBD 的成对亲属应该共享 QTL 等位基因 IBD，表现出比没有共享标记 IBD 的成对个体间更相似，根据这种关系，Haseman-Elston 假设 $y_i = (y_{i1} - y_{i2})^2$，成对亲属间表型值之差平方和，定义 $x_{im}$ 为成对亲属标记位点等位基因 IBD 的比例，因此回归分析：

$$y_i = a + bx_{im} + e \tag{6.31}$$

截距和回归系数与亲属关系和重组率 $c$ 有关，理论上可作如下推导：

$$b = \begin{cases} -2(1-2c)\sigma_A^2 & \text{（祖父母—孙子关系）} \\ -2(1-2c)^2\sigma_A^2 & \text{（半同胞关系）} \\ -2(1-2c)^2(1-c)\sigma_A^2 & \text{（叔叔—侄子等关系）} \\ -2(1-2c)^2\sigma_A^2 & \text{（全同胞关系）} \end{cases}$$

可以通过差异 $b < 0$ 来判断 QTL 与标记是否显著相关，实际分析时，只要调查多对亲属数据就可以实现筛选相关标记。

Haseman-Elston 方法比较简单，与单因素方差分析类似，不能确定 QTL 的位置，因为重组率 $c$ 与 $\sigma_A^2$ 无法分开，要回避同时应用不同亲属关系的遗传为数据，这是因为不同亲属关系的亲缘系数不同，在林木群体中可以用多个全同胞关系或半同胞关系分析。

Haseman-Elston 的方法也可应用筛选与质量性状关联的分子标记，例如，考虑感染病与否（或其他质量性状存在与否），成对亲属（林木中的全同胞家系）感病关系可以分为双方都感染、一个感染另一个没有感染、都没有感染 3 种情况。假设一个标记与感染性状 QTL 连锁，理论上 3 种感染程度类型组合应该有不同数量的标记 IBD 等位基因分布，根据这种关系可以设计方法来测验标记与质量性状的相关性。

例如，假设 $n_i$ 亲属对具有 $i$ 个感染（$i = 0，1，2$），定义 $p_{ij}$ 为有 $i$ 个感染亲属对且有 $j$ 个 IBD 标记等位基因（$j = 0，1，2$），可以从调查样本中估计出 $\hat{P}_{ij}$ 即方差 $\hat{P}_{ij}(1 - \hat{P}_{ij})/n_i$，假设 QTL 与标记之间无连锁关系，$\hat{P}_{22} = 1/4$，因此可以设计 $t$ 测验 $t = (\hat{P}_{22} - 1/4) / \sqrt{3/(16n_2)}$，这是一尾测验（存在连锁时 $p_{22} > 1/4$）。类似的，可以设计出其他类型的测验，详见 Lynch 和 Walsh（1998）。

## 6.2 亲属间的相似性

亲属个体表型上彼此间要比非亲属个体间更相似，这是由于亲属间有相似的基因型或生长在相似的环境下，或两者都有。假设将群体材料随机种植在不同的环境下，消除环境影响，亲属个体间比非亲属个体间生长更相似或更接近，这本质上反映了它们间的遗传相似性，基于这种基本观点，针对特定的遗传材料和试验环境，用统计方法估计表型变异中有多大遗传方差和有多大环境方差，亲属间表型相似部分地反映它们的遗传组成相似，不同亲属间的差异是估计遗传方差的基础。

### 6.2.1 亲属间相关性

#### （1）亲缘系数

遗传亲缘相关性（genetic relatedness）用于描述群体内亲属间的遗传相似性，度量相关程度主要是基于两个相关但意义不同的指标（图 6-7）：一个是等位基因状态相同（identity in state），即基因序列相同，但来源于不同基因拷贝；另一个是亲缘相同（identity by descent，IBD）指两个等位基因序列相同且来源于同一祖先拷贝。定义 $\Theta_{xy}$ 为从 $x$ 植株随机抽取 1 个基因，从 $y$ 植株随机抽取 1 个等位基因，两等位基因亲缘相同的概率。当 $x$ 和 $y$ 为同一植株时，假设其基因型为 $A_1A_2$，随机抽取两基因的组合有：$A_1/A_1$、$A_1/A_2$、$A_2/A_1$ 及 $A_2/A_2$，各占 $1/4$ 概率，若 $A_1$ 和 $A_2$ 的近交系数为 $f_x$，于是得到 $\Theta_{xx} = \frac{1}{4}(1 + f_x + f_x + 1) = \frac{1}{2}(1 + f_x)$。采用类似的方法，可以推测林木群体常见的几种亲属关系的两基因遗传相关系数（表 6-1）。

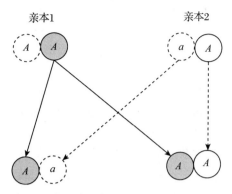

**图 6-7　等位基因亲缘相同与状态相同区别**

注：所有 $A$ 基因为状态相同（相同序列），但只有阴影圈内的子代等位基因 A 为
亲缘相同（都来自亲本 1 的基因 $A$ 拷贝）

**表 6-1　随机交配条件下两亲属基因的亲缘相关系数**

| 项　　目 | 亲属间关系 | |
|---|---|---|
| | $\Theta_{xy}$ | $\Delta_{xy}$ |
| 亲本—子代 | 1/4 | 0 |
| 半同胞家系间 | 1/8 | 0 |
| 全同胞家系间 | 1/4 | 1/4 |

类似的，定义 $\Delta_{xy}$ 为从 $x$ 植株抽取一个位点的基因型，从 $y$ 植株抽取一个位点的基因型，两植株基因型都为亲缘相同的概率（coefficient of fraternity），计算方法如下：

$$\Delta_{xy} = \Theta_{mxmy}\Theta_{fxfy} + \Theta_{mxfy}\Theta_{fxmy} \tag{6.32}$$

式中，$\Theta_{mxmy}$ 为 $x$ 和 $y$ 株都来自母本等位基因亲缘相同概率；$\Theta_{fxfy}$ 为 $x$ 和 $y$ 株都来自父本等位基因亲缘相同概率；$\Theta_{mxfy}$ 为 $x$ 株的基因来自母本，$y$ 株基因来自父本的亲缘相同概率；$\Theta_{fxmy}$ 为 $x$ 株的基因来自父本，$y$ 株基因来自母本的亲缘相同概率。例如，$x$ 和 $y$ 为全同胞家系，$mx = my$，$fx = fy$，若亲本不相关，$\Theta_{mxfy} = \Theta_{fxmy} = 0$，$\Theta_{mxmy} = \Theta_{fxfy} = 1/2$，因此 $\Delta_{xy} = 1/4$，只有当与双亲本基因型亲缘相同的拷贝传递到子代时，$\Delta_{xy}$ 才可能不等于零（表 6-1）。

利用上面两个定义来表示两植株的遗传协方差的分解式，理论上证明（Lynch and Walsh，1998，p144）

$$Cov_G(x, y) = \sum (2\Theta_{xy})^n \Delta_{xy}^m \sigma_{A^nD^m}^2$$
$$= 2\Theta_{xy}\sigma_A^2 + \Delta_{xy}\sigma_D^2 + (2\Theta_{xy})^2\sigma_{AA}^2 + 2\Theta_{xy}\Delta_{xy}\sigma_{AD}^2 + (\Delta_{xy})^2\sigma_{DD}^2 + \cdots \tag{6.33}$$

该公式在连接亲属相似性与形成的遗传原因关系上有重要意义。当位点间存在连锁不平衡时，加性和显性方差不受影响，但上位性效应方差会增加。

（2）亲属间的协方差

已知表示亲属间关系的一种途径就是两亲属个体的协方差，考虑亲属间一系列成对植株间的关系，测量所有表型值，考虑任一成对亲属 $x$ 和 $y$，根据基因型值的组成，$x$ 和 $y$ 的表型值作如下分解：

$$P_x = \mu_x + A_x + D_x + AA_x + AD_x + DD_x + \cdots + E_x \qquad (6.34)$$

$$P_y = \mu_y + A_y + D_y + AA_y + AD_y + DD_y + \cdots + E_y \qquad (6.35)$$

考虑加性、显性及上位性间的相互独立性，两表型值间的协方差可用一般式子表示为：

$$Cov(P_x, \ P_y) = Cov(A_x, \ A_y) + Cov(D_x, \ D_y) + Cov(AA_x, \ AA_y) +$$
$$Cov(AD_x, \ AD_y) + Cov(DD_x, \ DD_y) + \cdots + Cov(E_x, \ E_y)$$
$$(6.36)$$

对于林木群体，部分亲属关系的协方差按下列方法计算：

①单亲—子代关系：假设其中一亲本 $x$，其表型值的遗传组成如上面所述，子代表型遗传组成用下列数学模型表示：

$$O = \mu_O + \frac{1}{2}A_x + \frac{1}{2}A^* + D_O + \cdots \qquad (6.37)$$

假设环境相互独立，$Cov(E_x, \ E_O) = 0$，可得下式：

$$Cov(P_x, \ O) = Cov\left(\mu_x + A_x + D_x + AA_x + \cdots, \ \mu_O + \frac{1}{2}A_x + \frac{1}{2}A^* + D_O + \frac{1}{4}AA_x + \cdots\right)$$
$$= \frac{1}{2}V_A + \frac{1}{4}V_{AA} + \cdots \qquad (6.38)$$

在子代的加性×加性效应中，来自同一亲本两位点的二级加性效应互作的 1/4，三级加性效应互作 $AAA_x$ 的 1/8，$\cdots$，与单亲本相同，单亲—子代的协方差中包含部分可遗传的加性×加性上位性贡献。

②双亲—子代关系：考虑双亲均值，Galton 早期研究双亲均值与子代表现值的相关性，回归分析得斜率为狭义遗传力，与单亲—子代的协方差相同，两者的协方差可按下式计算：

$$Cov\left[\frac{1}{2}(P_x + P_y), \ O\right]$$
$$= Cov\left[\frac{1}{2}(\mu_x + \mu_y + A_x + A_y + D_x + D_y + \cdots), \ \mu_O + \frac{1}{2}A_x + \frac{1}{2}A_y + D_O + \cdots\right]$$
$$= Cov\left(\frac{1}{2}A_x, \ \frac{1}{2}A_x\right) + Cov\left(\frac{1}{2}A_y, \ \frac{1}{2}A_y\right) + Cov\left(\frac{1}{2}AA_x, \ \frac{1}{4}AA_x\right) + Cov\left(\frac{1}{2}AA_y, \ \frac{1}{4}AA_y\right) + \cdots$$
$$= \frac{1}{2}V_A + \frac{1}{4}V_{AA} + \cdots \qquad (6.39)$$

③半同胞家系间关系：考虑亲本 $x$ 与群体中其他母本随机交配产生后代，这些子代间为同父异母的半同胞家系，两子代个体的表现值分解为：

$$O_{x1} = \mu_O + \frac{1}{2}A_x + \frac{1}{2}A_{O1} + D_{O1} + \frac{1}{4}AA_x + \frac{1}{4}AA_{O1} + \frac{2}{4}AA_{xO1} + \cdots$$

$$O_{x2} = \mu_O + \frac{1}{2}A_x + \frac{1}{2}A_{O2} + D_{O2} + \frac{1}{4}AA_x + \frac{1}{4}AA_{O2} + \frac{2}{4}AA_{xO2} + \cdots$$

$$Cov(O_{x1}, \ O_{x2}) = \frac{1}{4}V_A + \frac{1}{16}V_{AA} + \cdots \qquad (6.40)$$

半同胞家系间的协方差只包含加性方差，加性×加性及更高阶的加性效应上位性方差。

④全同胞家系：假设两亲本为上述的 $x$ 和 $y$，杂交产生子代，这些子代共享父母本，为全同胞关系，任意一个子代的表型值中的遗传部分可作如下分解：

$$O_1 = \mu_o + \frac{1}{2}A_x + \frac{1}{2}A_y + \frac{1}{2}D_{xy} + \frac{1}{4}AA_x + \frac{1}{4}AA_y + \frac{2}{4}AA_{xy} +$$

$$\frac{1}{4}A_xD_{xy} + \frac{1}{4}A_yD_{xy} + \frac{1}{4}D_{xy}D_{x'y'} + \cdots \tag{6.41}$$

因此，考虑各效应以及环境效应间相互独立，表型协方差方法如下：

$$Cov(O_1, O_2) = V(O_1) = \frac{1}{2}V_A + \frac{1}{4}V_D + \frac{1}{4}V_{AA} + \frac{1}{8}V_{AD} + \frac{1}{16}V_{DD} + \cdots \tag{6.42}$$

与上面三种亲属关系不同，全同胞协方差包含加性和显性效应，如果要从全同胞家系方差中估计显性方差的话，需要借助其他亲属关系先估计加性方差。

上述分析中的一个重要的假设就是数量性状位点间相互独立，假设存在连锁不平衡时，加性效应方差和显性效应方差不受影响，同样单亲—子代或双亲—子代协方差不受影响，其他亲属关系的上位性效应方差都增加，因为重组影响同一世代配子分离和基因型频率。当高阶的上位性效应很小时，位点间连锁对加性和显性方差估计可以忽略不计。

（3）回归分析

除了用协方差表示亲属间关系外，也可用亲属间的回归分析来表示。已知 $y$ 变量对 $x$ 变量的线性回归系数或斜率为协方差与自变量的方差之比，即 $b_{yx} = \dfrac{Cov(x, y)}{V(x)}$，可以从最小二乘法推导出。当 $x$ 和 $y$ 之间存在不同的亲属关系时，可产生不同的回归斜率。

例如，单亲—子代关系，亲本表型的方差分解为：

$$V(P) = V_A + V_D + V_I + V_E \tag{6.43}$$

式中，$V_I$ 为总的上位性方差($= V_{AA} + V_{AD} + V_{DD} + \cdots$)，子代表型对单亲表型的回归斜率为：

$$b_{OP} = \frac{Cov(O, P)}{V(P)} = \frac{\frac{1}{2}V_A + \frac{1}{4}V_{AA} + \cdots}{V_A + V_D + V_I + V_E} \tag{6.44}$$

假设上位性效应可以忽略不计的话，回归斜率 $b_{OP} = \dfrac{1}{2}h_N^2$，为狭义遗传力的1/2。根据前面推出的亲属协方差的关系，容易推出其他亲属间表型回归斜率，表6-2例举了4种亲属关系回归斜率，从中看出虽然双亲中值—子代和单亲—子代关系的协方差的遗传组成相等，但两者的回归斜率不同，双亲中值与子代表型回归斜率等于狭义遗传力。全同胞家系间表型值回归斜率是半同胞家系间表型值回归系数的2倍以上。

表 6-2　亲属间表型值回归斜率

| 亲属关系 | 回归斜率 $\beta_{yx}$ | 亲属关系 | 回归斜率 $\beta_{yx}$ |
|---|---|---|---|
| 单亲—子代 | $\frac{1}{2}h_N^2$ | 全同胞家系 | $\frac{1}{2}h_N^2 + \frac{1}{4}V_D/(V_A + V_D + V_E)$ |
| 双亲中值—子代 | $h_N^2$ | 无亲缘关系植株 | 0 |
| 半同胞家系 | $\frac{1}{4}h_N^2$ | | |

### 6.2.2　方差成分和遗传力估计

亲属间的相似性为估计遗传方差成分提供了基础。例如，利用亲本—子代的回归分析估计狭义遗传力、半同胞家系间的关系估计加性方差和全同胞家系相似性估计显性方差等，这些不同类型的亲属间表型相关程度不同，在林木遗传育种试验设计中，需要作交配设计，利用不同亲属间的遗传关系估计遗传方差和遗传力（陈晓阳和沈熙环，2005），另外要分解遗传和环境效应，需要估计环境效应方差 $V_E$，这样就自然涉及田间试验设计技术和抽样技术等应用。田间试验的基本原则，即：随机、重复及局部控制、抽样数量等，也就被考虑在林木育种试验中，用以提高遗传方差和遗传力等参数的估计精度。以下简要介绍几种利用亲属关系的遗传设计和田间试验设计结合的估计方法。

（1）亲本—子代回归分析

亲子回归分析是一种常用的估计遗传力的方法，该方法具有试验数据容易获得（植物单株上的种子样本）、统计分析简单、亲子协方差不受基因连锁影响、回归斜率直接估计狭义遗传力等特点，其分析在林木群体遗传分析容易推广。先考虑单亲—单个子代的回归关系，假设在田间试验中，亲本与子代同时种植在同一地块，以便控制植株生长环境误差，每个单亲调查一个子代表型值，令第 $i$ 个家系子代的表型值为 $y_i$，其对应的亲本表型值 $x_i$，回归分析如下：

$$y_i = \mu + b_{OP}x_i + e_i \tag{6.45}$$

由 6.2.1 节知道，回归系数 $b_{OP} = Cov(y_i, x_i)/V(x_i) = \frac{1}{2}h_N^2$，而狭义遗传力等于 2 倍的回归系数（ $h_N^2 = 2\hat{b}_{OP}$ ）。依据回归系数的方差计算，估计方差近似为 $V(b_{OP}) = (1 - r_{OP}^2)V(y_i)/b$（式中，$N$ 为亲子成对数量）。如果每个家系子代调查 $n$ 株，用平均值与亲本回归分析，$b_{OP} = Cov\left(\frac{1}{n}\sum_l y_{il}, x_i\right)/V(x_i) = \frac{1}{2}h_N^2$，与每家系用单株子代分析一样。

考虑双亲中值—子代的回归关系，调查每个家系一株后代，令第 $i$ 对双亲本的表型值为 $x_{mi}$ 和 $x_{fi}$，回归线性模型如下：

$$y_i = \mu + b_{O\bar{p}}\left(\frac{x_{mi} + x_{fi}}{2}\right) + e_i \tag{6.46}$$

回归系数 $b_{OP} = Cov\left(y_i, \frac{x_{mi} + x_{fi}}{2}\right)/V(x_i) = h_N^2$，假设上位性方差可以忽略不计的话，狭义遗传力等于子代对双亲中值回归斜率，这也解释了早期 Galton 的亲子回归试验可用来估计遗传力的道理。

应用家系均值对亲本回归分析时，当不同家系调查样本数存在较大差异时，可以采用加权最小二乘法估计回归系数 $b_{OP}$ 或 $b_{O\bar{p}}$，假设第 $i$ 个家系的样本数为 $n_i$，Lynch 和 Walsh（1998）给出了权重 $w_i$ 计算为 $w_i = \dfrac{n_i}{n_i(t - B) + (1 - t)}$，对单亲—子代回归分析 $B = b_{OP}^2$，对双亲中值—子代回归分析 $B = 2b_{O\bar{p}}^2$。加权后亲子回归系数如下：

$$b = \frac{\sum\limits_{i=1}^{N} w_i (\bar{y}_i - \bar{y}) (x_i - \bar{x})}{\sum\limits_{i=1}^{N} w_i (x_i - \bar{x})^2} \qquad (6.47)$$

式中，$\bar{x} = \sum\limits_{i=1}^{N} w_i x_i / \sum\limits_{i=1}^{N} w_i$ 和 $\bar{y} = \sum\limits_{i=1}^{N} w_i y_i / \sum\limits_{i=1}^{N} w_i$。估计值的方差近似为：

$$V(b) = V(y_i) / \sum\limits_{i=1}^{N} w_i (x_i - \bar{x})^2$$

有关亲子回归试验设计的样本数讨论，可参见 Lynch 和 Walsh 一书（1998, pp. 537-552）。

组内相关（intraclass correlation）$t = Cov(S)/V(y)$，$Cov(S)$ 为不同半同胞或全同胞之间表型值协方差。组内相关系数 $t$ 表示家系间相似性导致的占总的表型方差的比例，$1-t$ 表示家系内成员间方差占总的表型方差的比例。

（2）半同胞分析

已知半同胞家系间的协方差可以估计四分之一的加性方差，因此 4 倍的半同胞协方差用于估计加性方差，即 $V_A = 4Cov(HF)$，与动物群体的父本效应模型（sire model）不同，在林木群体中，同母异父的半同胞家系的样本容易获得，如天然群体中单株母树结实种子，母本基因型容易分型，因此线性模型可写成式（6.48）：

$$x_{ij} = \mu + f_i + e_{ij} \qquad (6.48)$$

式中，$x_{ij}$ 为第 $i$ 个家系的第 $j$ 个株表型值；$f_i$ 为第 $i$ 个家系母株效应；$e_{ij}$ 为剩余误差，这里母株效应与误差相互独立，$V_P = V_f + V_e$。可以证明半同胞家系内的协方差等于半同胞家系间的方差（统计学上，组内协方差＝组间方差），$Cov(x_{ij}, x_{ij'}) = V_f = \frac{1}{4} V_A$。

假设有 $N$ 个家系，第 $i$ 个家系调查 $n_i$，采用单向方差分析，将表型方差分解成家系间和家系内成分，自由度（$df$）做相应地分解，方差分析见表 6-3：

表 6-3　半同胞家系方差分析

| 变异来源 | 自由度（$df$） | 平方和（$SS$） | 均方（$MS$） | 期望均方（$EMS$） |
|---|---|---|---|---|
| 家系间 | $df_f = N-1$ | $SS_f = \sum\limits_{i=1}^{N} n_i (\bar{x}_i - \bar{x})^2$ | $MS_f = SS_f/df_f$ | $\sigma_e^2 + n_0 \sigma_f^2$ |
| 家系内 | $df_e = T-N$ | $SS_e = \sum\limits_{i=1}^{N} \sum\limits_{j=1}^{n_i} (x_{ij} - \bar{x}_i)^2$ | $MS_e = SS_e/df_e$ | $\sigma_e^2$ |
| 总变异 | $df_T = T-1$ | $SS_T = \sum\limits_{i=1}^{N} \sum\limits_{j=1}^{n_i} (x_{ij} - \bar{x})^2$ | $MS_T = SS_T/df_T$ | $\sigma_P^2$ |

注：$T = \sum\limits_{i=1}^{N} n_i$，$n_0 = \left(T - \sum n_i^2/T\right)/(N-1)$。

利用 $F$ 分布 $F = MS_f/MS_e$ 测验半同胞家系间效应是否显著（$H_0: \sigma_f^2 = 0$），假若显著，应用矩法（method of moment，MM）估计加性方差 $\sigma_A^2 = 4\sigma_f^2 = 4(MS_f - MS_e)/n_0$，狭义遗传力为 $h_N^2 = 4(MS_f - MS_e)/n_0 MS_T$。注意：当样本数较小时，利用矩法估计遗传力有时会出现负

值，这时可以设置 $\sigma_f^2 = 0$ 处理，或直接报告负值。

利用 Fisher 的 Delta 方法求得估计值的方差，平衡设计时（ $n_i = n$，$i = 1$，$2$，$\cdots$，$N$），

$$V(\sigma_A^2) = 16V(\sigma_f^2) = V(MS_f - MS_e)/n = \frac{32}{n^2}\left[\frac{(MS_f)^2}{N+1} + \frac{(MS_e)^2}{T-N+2}\right] \tag{6.49}$$

不平衡设计时，$V(\sigma_f^2)$ 计算较为复杂（Lynch and Walsh，1998，p.567）。

组内相关系数 $t = \sigma_f^2/\sigma_P^2 = \dfrac{1}{4}h_N^2$，$t$ 的估计值方差为 $V(t) = \dfrac{2(1-t)^2(1+(n_0-1)t)^2}{Nn_0(n_0-1)}$，因此，狭义遗传力的估计值方差为 $V(h_N^2) = 16V(t)$，在平衡设计时，将 $n$ 替代 $n_0$ 来计算 $V(t)$。

（3）全同胞分析

已知全同胞家系间的协方差包含 1/2 的加性方差，1/4 的显性方差，因此需要将两部分区分开来。考虑雌雄异株植物（若雌雄同株，也可采用套袋控制杂交），随机选择 $N$ 株父本，每株与不同的母株交配，每个母株调查若干个子代表型，该遗传设计为巢式设计，每个母株的后代（父母本明确）为全同胞家系，而每个父本的后代为半同胞家系，线性模型如下：

$$x_{ijk} = \mu + m_i + f_{ij} + e_{ijk} \tag{6.50}$$

式中，$x_{ijk}$ 为第 $i$ 个父本、第 $j$ 个母本杂交后代中的第 $k$ 个子代的表型值；$m_i$ 为第 $i$ 个父本效应；$f_{ij}$ 为与第 $i$ 个父本杂交的第 $j$ 个母株效应；$e_{ijk}$ 为剩余误差。

假设各效应及误差相互独立，子代表型方差分解为 $V_P = V_m + V_{f(m)} + V_e$ [式中，$V_m$ 为不同父本效应之间方差；$V_{f(m)}$ 为不同父本内与之交配的母本效应之间方差；$V_e$ 为剩余残差方差（全同胞家系内子代个体间）]。

全同胞家系分析在林木试验中也是常见的，例如，在多世代育种中，需要对亲本杂交后代的遗传方差进行评价分析。假设有 $N$ 个父本家系，第 $i$ 个父本与 $M_i$ 个母本杂交（非平衡设计，与不同父本交配的母本数可以不等），其子代调查 $n_{ij}$ 株，采用巢式方差分析，将表型方差分解成父本间，父本内母本间和母本内全同胞家系间，自由度（$df$）做相应地分解，依据 Lynch 和 Walsh（1998，p574），方差分析见表6-4。

表6-4 全同胞家系方差分析

| 变异来源 | 自由度（$df$） | 平方和（$SS$） | 均方（$MS$） | 期望均方（$EMS$） |
|---|---|---|---|---|
| 父本间 | $df_m = N-1$ | $SS_m = \sum\limits_{i=1}^{N}\sum\limits_{j=1}^{M_{ij}} n_{ij}(\bar{x}_{i..} - \bar{x})^2$ | $MS_m = SS_m/df_m$ | $\sigma_e^2 + k_2\sigma_f^2 + k_3\sigma_m^2$ |
| 父本内母本间 | $df_f = N(\bar{M}-1)$ | $SS_f = \sum\limits_{i=1}^{N}\sum\limits_{j=1}^{M_i} n_{ij}(\bar{x}_{ij.} - \bar{x}_{i.})^2$ | $MS_f = SS_f/df_f$ | $\sigma_e^2 + k_1\sigma_f^2$ |
| 母本内家系间 | $df_e = T - N\bar{M}$ | $SS_e = \sum\limits_{i=1}^{N}\sum\limits_{j=1}^{M_i}\sum\limits_{k=1}^{n_{ij}}(x_{ijk} - \bar{x}_{ij.})^2$ | $MS_e = SS_e/df_e$ | $\sigma_e^2$ |
| 总变异 | $T-1$ | $SS_T = \sum\limits_{i=1}^{N}\sum\limits_{j=1}^{M_i}\sum\limits_{k=1}^{n_{ij}}(x_{ijk} - \bar{x})^2$ | | |

注：$k_1 = \dfrac{1}{N(\bar{M}-1)}\left(T - \sum\limits_{i=1}^{N}\dfrac{\sum\limits_{j=1}^{M_i}n_{ij}^2}{n_i}\right)$，$k_2 = \dfrac{1}{N-1}\left(\sum\limits_{i=1}^{N}\dfrac{\sum\limits_{j=1}^{M_i}n_{ij}^2}{n_i} - \dfrac{\sum\limits_{i=1}^{N}\sum\limits_{j=1}^{M_i}n_{ij}^2}{T}\right)$，$k_3 = \dfrac{1}{N-1}\left(T - \dfrac{\sum\limits_{i=1}^{N}n_i^2}{N}\right)$，$T = \sum\limits_{i=1}^{N}\sum\limits_{j=1}^{M_i}n_{ij}$，$n_i = \sum\limits_{j=1}^{M_i}n_{ij}$，$\bar{M} = \sum\limits_{i=1}^{N}M_i/N$。

利用 $F$ 分布 $F = MS_f / MS_e$ 测验母本效应是否显著(无效假设 $H_0 : \sigma_f^2 = 0$),在存在显著的情况下,应用矩法估计母本效应方差 $\sigma_f^2 = 4(MS_f - MS_e)/k_1$。在不平衡设计条件下,$k_1 \neq k_2$,可以构造下列 $F$ 测验父本效应是否显著(Satterthwaite,1946):

$$F = \frac{k_1 MS_m + (k_2 - k_1) MS_e}{k_2 MS_f} \qquad (6.51)$$

分子项的自由度计算为:

$$df_1 = \frac{\{(k_1/k_2) MS_m + [(k_2 - k_1)/k_2] MS_e\}^2}{\dfrac{[(k_1/k_2) MS_m]^2}{N - 1} + \dfrac{\{[(k_2 - k_1)/k_2] MS_e\}^2}{T - N\bar{M}}} \qquad (6.52)$$

$\sigma_m^2$ 的估计为:

$$\sigma_m^2 = \frac{1}{k_3} \left[ MS_m - MS_e - \frac{k_2}{k_1} (MS_f - MS_e) \right] \qquad (6.53)$$

已知 $\sigma_m^2$ 为父本效应方差,依据统计学上的组间方差等于组内协方差的关系,$\sigma_m^2$ 等于半同胞间协方差,因此 $\sigma_m^2 = Cov(HS) = \dfrac{1}{4}\sigma_A^2 + \dfrac{1}{16}\sigma_{AA}^2 + \cdots$,从表型观察值分解看,$\sigma_p^2 = \sigma_m^2 + \sigma_{f(s)}^2 + \sigma_e^2$,$\sigma_e^2$ 为全同胞家系内方差,等于总的表型方差减去全同胞家系间的方差,全同胞家系间方差等于全同胞家系内的协方差,$Cov(FS) = \dfrac{1}{2}\sigma_A^2 + \dfrac{1}{4}\sigma_D^2 + \dfrac{1}{4}\sigma_{AA}^2 + \cdots$,总表型方差等于组内和组间全同胞家系方差之和,$\sigma_e^2 = \sigma_P^2 - Cov(FS)$,于是 $\sigma_{f(m)}^2 = \sigma_p^2 - \sigma_m^2 - \sigma_e^2 = Cov(FS) - Cov(HS)$。当只考虑加性和显性效应,忽略上位性效应,同时将环境方差分解成因共同环境因素($\sigma_{ec}^2$)和单个环境因素($\sigma_{es}^2$),于是得到下式:

$$\sigma_m^2 = \frac{1}{4}\sigma_A^2$$

$$\sigma_{f(m)}^2 = \frac{1}{4}\sigma_A^2 + \frac{1}{4}\sigma_D^2 + \sigma_{ec}^2$$

$$\sigma_e^2 = \frac{1}{2}\sigma_A^2 + \frac{3}{4}\sigma_D^2 + \sigma_{es}^2$$

假设公共环境方差 $\sigma_{ec}^2$ 可以忽略不计,显性方差 $\sigma_D^2 = 4(\sigma_{f(m)}^2 - \sigma_m^2)$。

类似于半同胞家系分析,定义半同胞组内相关系数 $t(HS) = \sigma_m^2 / \sigma_P^2 = \dfrac{1}{4}h_N^2$,狭义遗传力等于 4 倍的 $t(HS)$。同样定义全同胞组内相关系数 $t(FS) = (\sigma_m^2 + \sigma_{f(m)}^2)/\sigma_P^2$,如果 $\sigma_{f(m)}^2$ 和 $\sigma_m^2$ 的估计值接近相等,即显性方差和公共环境方差很小,那么,$2t(FS)$ 为狭义遗传力的估计值。

要计算狭义遗传力估计方差,可以通过计算组内相关系数的方差实现,Dickerson (1969)给出了 $t(HS)$ 和 $t(FS)$ 的近似计算:

$$V(t(HS)) = \frac{V(MS_m) + (k_2/k_1^2) V(MS_{f(m)}) + (1 - k_2/k_1)^2 V(MS_e)}{(k_3 V_P)^2} \qquad (6.54)$$

$$V(t(FS)) = \frac{V(MS_m) + k_3^2[\delta^2 V(MS_{f(m)}) + (1+\delta)^2 V(MS_e)]}{(k_3 V_P)^2} \qquad (6.55)$$

式中，$V(MS_x) = \dfrac{2(MS_x)^2}{df_x + 2}$ 及 $\delta = \dfrac{1}{k_1}\left(\dfrac{k_2}{k_3} - 1\right)$。这些近似计算是应用 Fisher 的 Delta 方法推导出的，因而适合大样本条件下计算。实际计算时，也可采用自助抽样方法，对原生数据抽样，产生一系列样本（如 1000 个），每个样本分别估计参数，最后计算狭义遗传力及遗传方差的标准差。

(4) 北卡罗来纳 II 设计

前面介绍了涉及半同胞或全同胞家系的单向和巢式方差分析，这里介绍有交互作用的两因子遗传设计—多父本和多母本交配，所用亲本为近交系或从参考的随机交配群体抽取的父本和母本植株作为杂交亲本。当用作父本系列与用作母本系列的亲本材料不同时，该遗传交配设计称为北卡罗来纳 II 设计（North Carolina design II，NC II），例如，$P$ 个父本与 $Q$ 个母本杂交，产生 $P \times Q$ 个杂交组合（图 6-8），每个父本都与所有母本杂交，产生父本系列的半同胞家系，同样，每个母本与所有的父本杂交，产生母本系列的半同胞家系，对于特定的杂交组合子代产生全同胞家系，因此该遗传设计产生不同的亲属关系材料，用于估计遗传方差等参数。

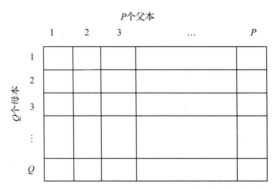

**图 6-8　北卡罗来纳 II 设计**

注：$P$ 个父本与 $Q$ 个母本杂交产生 $P \times Q$ 个杂交组合，$P$ 和 $Q$ 是两不同系列

由北卡罗来纳 II 遗传设计定义，子代表型值的线性模型表示为：

$$x_{ijk} = \mu + m_i + f_j + I_{ij} + e_{ijk} \qquad (6.56)$$

式中，$x_{ijk}$ 为第 $i$ 个父本（$i = 1, 2, \cdots, P$）与第 $j$ 个母本（$j = 1, 2, \cdots, Q$）杂交后代中的第 $k$ 株（$k = 1, 2, \cdots, n$）的表型值；$\mu$ 为整个杂交后代表型均值；$m_i$ 为第 $i$ 个父本加性效应；$f_j$ 为第 $j$ 个母本的加性效应；$I_{ij}$ 为第 $i$ 个父本与第 $j$ 个母本的互作效应（上位性）；$e_{ijk}$ 为剩余误差。假设亲本为从随机交配群体抽取的样本，线性模型分解的各效应相互独立，效应均值为零，方差依次为 $\sigma_m^2$、$\sigma_f^2$、$\sigma_I^2$ 及 $\sigma_e^2$，因此表型方差分解为：$\sigma_P^2 = \sigma_m^2 + \sigma_f^2 + \sigma_I^2 + \sigma_e^2$。

采用两因子方差分析，子代表型变异分解成父本间、母本间、父母本互作效应及误差，自由度做相应的分解，表 6-5 给出了平衡设计的方差分析表，用矩法估计各效应的方差，例如，$\sigma_e^2 = MS_e$，$\sigma_I^2 = \dfrac{1}{n}(MS_I - MS_e)$ 等，利用均方方差公式估计方差，所有效应方差及其标准差都可以估计。

$$V(MS_i) = \frac{2(MS_i)^2}{df_i + 2} \tag{6.57}$$

$$V(\sigma_e^2) = V(MS_e) = \frac{2(MS_e)^2}{PQ(n-1)+2} \tag{6.58}$$

$$V(\sigma_I^2) = V\left[\frac{1}{n}(MS_I - MS_e)\right] = \frac{2}{n^2}\left[\frac{(MS_I)^2}{df_I + 2} + \frac{(MS_e)^2}{df_e + 2}\right] \tag{6.59}$$

注意：式(6.57)是采用 Fisher 的 Delta 方法推导的近似估计式，该公式可以用于一般情况下计算均方的方差。

表 6-5　北卡罗来纳 II 设计方差分析

| 变异来源 | 自由度($df$) | 平方和($SS$) | 均方($MS$) | 期望均方($EMS$) |
|---|---|---|---|---|
| 父本间 | $df_m = P-1$ | $SS_m = nQ\sum_i (\bar{x}_{i.} - \bar{x})^2$ | $MS_m$ | $\sigma_e^2 + n\sigma_I^2 + nQ\sigma_m^2$ |
| 母本间 | $df_f = Q-1$ | $SS_f = nP\sum_j (\bar{x}_{.j} - \bar{x})^2$ | $MS_f$ | $\sigma_e^2 + n\sigma_I^2 + nP\sigma_f^2$ |
| 父本与母本互作 | $df_I = (P-1)(Q-1)$ | $SS_I = n\sum_{i,j} (\bar{x}_{ij.} - \bar{x}_{i.} - \bar{x}_{.j} + \bar{x})^2$ | $MS_I$ | $\sigma_e^2 + n\sigma_I^2$ |
| 误差 | $PQ(n-1)$ | $SS_T = \sum_{i,j,k} (x_{ijk} - \bar{x})^2$ | $MS_e$ | $\sigma_e^2$ |

连接各效应方差与加性、显性及上位性方差的关系，$\sigma_m^2$ 为同父异母的半同胞家系间方差，等于半同胞家系内植株间的协方差，即 $\sigma_m^2 = Cov(PHS) = \frac{1}{4}\sigma_A^2 + \frac{1}{16}\sigma_{AA}^2 + \cdots$；$\sigma_f^2$ 为同母异父的半同胞家系间方差，考虑可能的母系遗传影响(maternal effect)及共同环境差异，$\sigma_f^2 = Cov(MHS) = \frac{1}{4}\sigma_A^2 + \frac{1}{16}\sigma_{AA}^2 + \cdots + \sigma_{maternal}^2 + \sigma_{ec}^2$，$\sigma_f^2 - \sigma_m^2$ 之差可以用来估计母本效应，当母本遗传及公共环境效应很小时，以父本和以母本两方向的半同胞家系协方差相等，$\sigma_f^2 = \sigma_m^2$；交互作用的遗传原因可以从全同胞的协方差组成中求得，

$$\begin{aligned}
Cov(FS) &= Cov(x_{ijk}, x_{ijk'}) \\
&= Cov(\mu + m_i + f_j + I_{ij} + e_{ijk}, \ \mu + m_i + f_j + I_{ij} + e_{ijk'}) \\
&= \sigma_m^2 + \sigma_f^2 + \sigma_I^2
\end{aligned} \tag{6.60}$$

$$\begin{aligned}
\sigma_I^2 &= Cov(FS) - \sigma_m^2 - \sigma_f^2 \\
&= \frac{1}{4}\sigma_D^2 + \frac{1}{8}\sigma_{AA}^2 + \frac{1}{8}\sigma_{AD}^2 + \frac{1}{16}\sigma_{DD}^2 + \cdots
\end{aligned} \tag{6.61}$$

因此，从 $\sigma_m^2$，$\sigma_f^2$ 及 $\sigma_I^2$ 的估计值中计算出加性、显性及母本效应的方差，也可进一步计算狭义遗传力等参数。

Cockerham 和 Weir (1977)对北卡罗来纳 II 设计做了修改，引入母本和父本效应，考虑核基因遗传和非核基因遗传(如细胞器基因)效应，子代表型值分解模型如下：

$$x_{ijk} = \mu + n_i + n_j + t_{ij} + p_i + o_j + k_{ij} + e_{ijk} \tag{6.62}$$

式中，$n_i$ 和 $n_j$ 为亲本 $i$ 和亲本 $j$ 的核基因加性效应；$t_{ij}$ 为核基因间的非加性互作效应；$p_i$ 和 $o_j$ 为父本和母本非核基因的加性效应；$k_{ij}$ 为非核基因的非加性效应，$e_{ijk}$ 为剩余残差。因此，子代表型方差表示为：$\sigma_P^2 = 2\sigma_n^2 + \sigma_t^2 + \sigma_p^2 + \sigma_o^2 + \sigma_k^2 + \sigma_e^2$。与原北卡罗来纳 II 设计（Comstock and Robinson，1948）比较，两种模型的效应关系为 $m_i = n_i + p_i$，$f_j = n_j + o_j$ 及 $I_{ij} = t_{ij} + k_{ij}$，遗传方差关系为 $\sigma_m^2 = \sigma_n^2 + \sigma_p^2$，$\sigma_f^2 = \sigma_n^2 + \sigma_o^2$ 及 $\sigma_I^2 = \sigma_t^2 + \sigma_k^2$。

实际估计这些方差成分时，可以结合原先的北卡罗来纳 II 方差分析以及协方差分析，根据两模型间的关系可以推出这些方差与半同胞、全同胞家系间的关系，建立与加性、显性及上位性方差个关系，由于分析相对较复杂，有兴趣的读者请进一步参阅 Cockerham 和 Weir（1977）一文。

（5）双列杂交

当用做父本和母本亲本系列为同一套材料时，北卡罗来纳 II 就成为双列杂交（diallels）设计。双列杂交在林木育种方案中应用较多，遗传交配设计可包含全同胞家系、半同胞家系、正反交系等亲属间关系材料。依据杂交组合类型和试验目的，双列杂交可以生成 8 种遗传设计（表 6-6）。这里侧重分析亲本为从随机交配的参考群体抽取的植株，目的是通过样本分析推测参考群体数量性状的遗传变异。

表 6-6　不同类型的双列遗传交配设计

| 设计 | 正交 | 反交 | 亲本自交 | 亲本随机（R）/固定（F） | 目的 |
|---|---|---|---|---|---|
| 1 | 1 | 1 | 1 | R | 估计遗传方差成分 |
| 2 | 1 | 0 | 0 | R | |
| 3 | 0 | 1 | 0 | R | |
| | 1 | 0 | 1 | R | |
| | 0 | 1 | 1 | R | |
| 4 | 1 | 1 | 0 | R | |
| 5 | 1 | 1 | 1 | F | 估计一般/特殊配合力 |
| 6 | 1 | 0 | 0 | F | |
| 7 | 0 | 1 | 0 | F | |
| | 1 | 0 | 1 | F | |
| | 0 | 1 | 1 | F | |
| 8 | 1 | 1 | 0 | F | |

在此引入两个概念：一是一般配合力（general combining ability，GCA），是指在一个交配群体中，某亲本的若干交配组合子代平均值与子代总平均值的离差；二是特殊配合力（special combining ability，SCA），是指在一个交配群体中，某个特定交配组合子代平均值与双亲一般配合力的离差（Griffing，1956）。GCA 反映了亲本基因的加性效应，是可以传递到子代的，在林木育种中，用于种子园营建、杂交育种中的亲本组合选配等。SCA 反映了亲本交配组合基因间的非加性效应，即显性和上位性效应，在有性繁殖过程中，基因随

机分离与重组会产生不同基因型组合，原有非加性效应不能固定遗传，在林木育种中 SCA 主要应用于无性系选育和无性繁殖，特殊亲本组合的杂交种子园建设等。下面介绍三种双列设计方差分析。

①自交和无正反交［图 6-9（A）］：杂交组合数为 $N(N-1)/2$，子代表型的线性模型如下：

$$x_{ijk} = \mu + g_i + g_j + s_{ij} + e_{ijk} \tag{6.63}$$

式中，$\mu$ 为子代表型均值；$g_i$ 和 $g_j$ 为 $i$ 和 $j$ 亲本的一般配合力；$s_{ij}$ 为 $i$ 和 $j$ 亲本的特殊配合力；$e_{ijk}$ 为剩余误差。

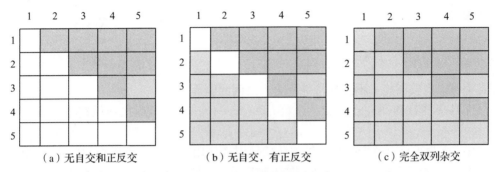

图 6-9　三种双列杂交设计

要估计遗传方差成分，需要连接一般配合力和特殊配合力与遗传原因（加性方差、显性方差及上位性方差）关系，推导它们与全同胞家系间和半同胞家系间的协方差关系。已知表型方差分解为 $\sigma_p^2 = 2\sigma_{gca}^2 + \sigma_{sca}^2 + \sigma_e^2$，$\sigma_{gca}^2$ 相当于半同胞家系间协方差，

$$Cov(HS) = Cov(x_{ijk}, x_{ij'k'}) = V(g_i) = \sigma_{gca}^2 \tag{6.64}$$

$$\sigma_{gca}^2 = \frac{1}{4}\sigma_A^2 + \frac{1}{16}\sigma_{AA}^2 + \cdots \tag{6.65}$$

而全同胞家系间的协方差计算方法如下：

$$
\begin{aligned}
Cov(x_{ijk}, x_{ijk'}) &= Cov(\mu + g_i + g_j + s_{ij} + e_{ijk}, \mu + g_i + g_j + s_{ij} + e_{ijk'}) \\
&= 2\sigma_{gca}^2 + \sigma_{sca}^2
\end{aligned} \tag{6.66}
$$

$$
\begin{aligned}
\sigma_{csa}^2 &= Cov(FS) - 2Cov(HS) \\
&= \frac{1}{4}\sigma_D^2 + \frac{1}{8}\sigma_{AA}^2 + \frac{1}{8}\sigma_{AD}^2 + \frac{1}{16}\sigma_{DD}^2 + \cdots
\end{aligned} \tag{6.67}
$$

当上位性效应可以忽略时，利用一般配合力方差估计加性方差，利用特殊配合力方差估计显性方差。

假设每个杂交组合调查 $n$ 株，依据线性模型作方差分析（表 6-7），采用矩法估计配合力方差，即 $\sigma_{sca}^2 = \frac{1}{n}\left(\dfrac{SS_{sca}}{df_{sca}} - \dfrac{SS_e}{df_e}\right)$ 及 $\sigma_{gca}^2 = \dfrac{1}{n(N-2)}\left(\dfrac{SS_{gca}}{df_{gca}} - \dfrac{SS_{sca}}{df_{sca}}\right)$。利用均方的方差公式 $V(MS_i) = \dfrac{2(MS_i)^2}{df_i + 2}$ 计算各效应方差的标准差。

表 6-7　双列杂交方差分析

| 变异来源 | 自由度($df$) | 平方和($SS$) | 期望均方($EMS$) |
|---|---|---|---|
| GCA | $df_{gca} = N-1$ | $SS_{gca} = \dfrac{n(N-1)}{N-2}\sum\limits_{i=1}^{N}(\bar{x}_{i.} - \bar{x})^2$ | $\sigma_e^2 + n\sigma_{sca}^2 + n(N-2)\sigma_{gca}^2$ |
| SCA | $df_{sca} = N(N-3)/2$ | $SS_{sca} = n\sum\limits_{i<j}(x_{ij} - \bar{x})^2 - SS_{gca}$ | $\sigma_e^2 + n\sigma_{sca}^2$ |
| 误差 | $df_e = (n-1)[N(N-1)/2 - 1]$ | $SS_e = \sum\limits_{i<j}^{N}\sum\limits_{k=1}^{N}(x_{ijk} - \bar{x}_{ij})^2$ | $\sigma_e^2$ |

在固定模型下，Griffing（1956）给出了最小二乘法的参数解：$g_i = \dfrac{N-1}{N-2}(\bar{x}_{i.} - \bar{x})$，$s_{ij} = \bar{x}_{ij} - g_i - g_j - \bar{x}$，估计方差为 $V(g_i) = \dfrac{(N-1)V_e}{nN(N-2)}$，$V(s_{ij}) = \dfrac{(N-3)V_e}{n(N-1)}$，因此，对成对亲本一般配合力可以比较测验，不同的特殊配合力之间测验等。

②无自交[图 6-9（b）]：杂交组合数为 $N(N-1)$，子代表型的线性模型如下：

$$x_{ijk} = \mu + g_i + g_j + s_{ij} + r_{ij} + e_{ijk} \tag{6.68}$$

式中，$r_{ij}$ 为正反交效应，来自细胞质遗传因素作用。注意：正反交效应在研究胚乳性状（三倍体）的遗传方式有一定意义，与细胞质效应不同，胚乳性状正反交效应反映核基因贡献（胡新生和孔繁玲，1992）。Griffing（1956）给出了不同环境设计下的随机模型和固定模型的方差分析，应用最小二乘法得到的效应估计为（Lynch and Walsh，1998）：

$$g_i = \frac{1}{2N(N-2)}\left[N\sum_{j\neq i}(\bar{x}_{ij} + \bar{x}_{ji}) - 2\sum_{j\neq k}\bar{x}_{jk}\right], \quad V(g_i) = \frac{N-1}{2Nn(N-2)}V_e$$

$$s_{ij} = \frac{\bar{x}_{ij} + \bar{x}_{ji}}{2} - g_i - g_j - \frac{1}{N(N-1)}\sum_{k\neq l}\bar{x}_{kl}, \qquad V(s_{ij}) = \frac{N-3}{2n(N-1)}V_e$$

$$r_{ij} = \frac{\bar{x}_{ij} + \bar{x}_{ji}}{2}, \quad V(r_{ij}) = \frac{1}{2n}V_e$$

一般配合力方差 $\sigma_{gca}^2 = \sum\limits_i g_i^2$ 和特殊配合力方差 $\sigma_{sca}^2 = \sum\limits_{i,j} s_{ij}^2$ 用于估计加性和显性方差。Cockerham 和 Weir（1977）对模型作了如下修改：

$$x_{ijk} = \mu + n_i + n_j + t_{ij} + p_i + o_j + k_{ij} + e_{ijk} \tag{6.69}$$

根据 Griffing（1956）的模型，$r_{ij} = p_i + o_j + k_{ij}$ 非细胞核效应，$r_{ij} = -r_{ji}$，将表型方差分解为 5 个遗传组成因素：GCA、SCA、RGCA（正反一般配合力）及 RSCA（正反特殊配合力），GCA 和 RGCA 期望均值中 $\sigma_p^2 + \sigma_o^2$ 混杂在一起，需要设计不同的统计量来区分。

③完全双列杂交[图 6-9（c）]：杂交组合数为 $N^2$，与上述部分双列杂交不同，完全双列杂交包含自交或近交，近交的存在使得子代群体纯合子频率升高，偏离随机交配群体假设，群体加性方差增加，显性方差减少。因此，近交部分尽量回避，但其优点是估计平均显性度（Hayman，1954；Jinks，1954），这里不再展开。

围绕双列杂交设计，还有其他不完全/部分双列设计。另外，可以设计不同的交配模式，如三重测验（triple test cross）（Kearsey and Jinks，1968），通过子代亲属间关系估计遗传方差。

（6）天然群体遗传方差估计

前面介绍的几种方法主要是针对人工杂交方法产生亲属间关系，不适合估计天然林木群体数量性状的遗传方差，由于应用分子标记可以估计群体内两植株的"亲属间"遗传相关性，再利用数量性状表型相似性与加性和显性方差的线性关系模型，可以估计天然群体加性方差（Ritland，1996a）。

观测群体样本的数量性状，第 $i$ 株和第 $j$ 株的表型相似性可用协方差反映，即：$y_{ij} = (x_i - \bar{x})(x_j - \bar{x})$（式中，$\bar{x}$ 为群体性状的平均值）。假设群体处于 Hardy-Weinberg 平衡条件下，表型相似性与环境效应无关，若数量性状为加性遗传方式，已知两植株亲属间表型协方差等于 $2\Theta_{ij}\sigma_A^2$。因此，可以利用分子标记估计两植株间的遗传亲缘系数 $\Theta_{xy}$，再利用回归分析估计 $\sigma_A^2$，

$$y_{ij} = 2\Theta_{ij}\sigma_A^2 + e_{ij} \tag{6.70}$$

式中，$e_{ij}$ 为剩余残差。一个重要假设就是分子标记与数量性状存在配子连锁平衡（LD = 0），使得上述回归系数与表型值独立。

一旦获得 $\sigma_A^2$ 的估值，性状狭义遗传力 $h_N^2 = \sigma_A^2/\sigma_y^2$，上述加性方差估计受 $\Theta_{ij}$ 估计影响，从而影响遗传力估计，Ritland（1996b）提出应用表型相似性 $y_{ij}$ 与 $\Theta_{ij}$ 的相关系数估计遗传力，即

$$h_N^2 = Cov(y_{ij}, \Theta_{ij})/[V(\Theta_{ij})V(y_{ij})] \tag{6.71}$$

有关这方面的应用研究相对较少，该理论类似于林木估计育种值估计时，利用基因组或多分子标记估计成对植株间的亲缘关系（A 矩阵）方法。

# 6.3　遗传增益与分子标记应用

## 6.3.1　遗传增益

（1）育种者方程

早期 Galton 用回归分析的方法预测子代人生长高度，由于双亲平均高度 $\mu_P$ 和子代平均高度 $\mu_O$ 存在着直线回归关系，若调查一部分双亲均值比较高的家庭，相应子代平均高度也高，假设选择亲本的子代平均高度与所有子代均值 $\mu$ 之差为：$\Delta\mu_O = \mu_O - \mu$，被选家庭的双亲本均值与所有亲本均值 $\mu$ 之差为：$\Delta\mu_P = \mu_P - \mu$，$\Delta\mu_O$ 与 $\Delta\mu_P$ 的回归关系为：$\Delta\mu_O = \beta\Delta\mu_P$，$\beta$ 为回归系数或回归斜率。Galton 的回归分析说明两个问题：一是数量性状的遗传基础可以从亲属间表型相似性推测；二是子代均值表型对双亲中值回归系数 $\beta$ 等于狭义遗传力 $h_N^2$，即有：

$$\Delta\mu_O = h_N^2(\mu_P - \mu) \tag{6.72}$$

在动植物育种中，$\Delta\mu_O$ 称为选择响应（图 6-3），即选择前后群体遗传均值之差 $\Delta G$，$\Delta\mu_O$ 为选择差 $S$，即为入选部分群体均值与入选前群体均值之差，于是可用 $\Delta\mu_O = h_N^2(\mu_P - \mu)$ 代替林木育种学常用的公式：

$$\Delta G = h_N^2 S \tag{6.73}$$

后者称为育种者方程（breeder's equation）。注意：在动物遗传改良中，遗传增益的公式等

于 $h_N^2 S$ 除以世代长度 $L$，即 $\Delta G = h_N^2 S/L$（Falconer and MacKay，1996），式(6.73)指单位世代的遗传增益（$L=1$）。

遗传增益的另一种表达式为：$\Delta G = h^2 S = ih^2 \sigma_P = ih\sigma_A$［式中，$i = S/\sigma_P$ 为选择强度（selection intensity）；$\sigma_A$ 为加性方差的开方］。如果对雌雄株分别选择的话，选择差 $S = (S_{male} + S_{female})/2$ 或 $i = (i_{male} + i_{female})/2$，遗传增益也可分别计算。在表型值标准正态分布下（$\sigma_P = 1$，$\mu = 0$），$i = Z/P$，$P$ 为亲本入选百分率，$Z$ 为入选率面积截点的纵轴高度（图6-10）。实际计算时，根据标准正态分布，对于任意给定入选率，用 R 语言计算所对应的单尾横坐标 $x$ 的分位数，再根据正态分布函数计算对应分位数 $x$ 的函数值，即 $Z$ 值，然后计算入选强度，估计遗传增益。

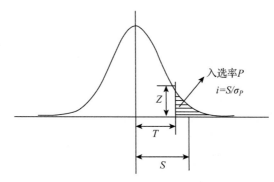

**图6-10　标准正态分布下入选率、选择差及选择强度关系**

在大群体条件下，可以近似估计选择强度。例如，入选率为 $P = 3.5\%$，由标准正态分布计算对应的分位数 $q$，$q = \text{qnorm}(0.035, \text{mean} = 0, \text{sd} = 1, \text{lower.tail} = F) = 1.811\,911$，由正态函数计算 $Z$ 值，$Z = \text{dnorm}(1.811\,911, \text{mean} = 0, \text{sd} = 1) = 0.077\,27$，选择强度 $i = Z/P = 0.077\,27/0.035 = 2.2077$。在同一亲本群体中，入选率小，选择差或强度大。

由育种者方程组成可以看出（图6-11），可从三个方面因素提高遗传增益：一是降低入选率（$i$），加大选择差（$S = i\sigma_P$）；二是通过试验环境设计，减少环境差异（$\sigma_e^2$），从而间接提高遗传力（$h_N^2$）；三是扩大选择面，如增加亲本群体规模，增加遗传变异幅度（$\sigma_A$）。

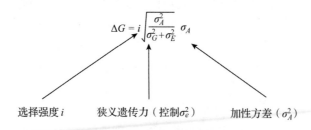

**图6-11　遗传增益改良三途径**

（2）不同层次选择的遗传增益

在林木育种中，有时需要评价不同层次选择响应，如家系内选择与家系间选择，需要计算不同层次选择单位所对应的遗传力，遗传力表达式中的分子部分可根据选择单位直接计算遗传组分，如以半同胞均值为选择单位，遗传力的分子为 $V(HS) = \frac{1}{4}\sigma_A^2$，以全同胞均值为选择单位的，遗传力分子为 $V(FS) = \frac{1}{2}\sigma_A^2$，以个体为选择单位的，遗传力的分子为 $\sigma_G^2$，关键需要理解和计算遗传力表达式的分母部分。

遗传力表达式中的分母计算分以下两步：第一步，写出单个观测值的线性模型，如在一个试验点进行种源或半同胞家系和区组两因素试验，有 $b$ 个区组，$f$ 个家系，线性模型的结构如下：

$$y_{ijk} = \mu + b_i + f_j + bf_{ij} + e_{ijk} \tag{6.74}$$

式中，$y_{ijk}$ 为第 $i$ 个区组第 $j$ 个家系中的第 $k$ 个观测值（$i = 1, 2, \cdots, b$; $j = 1, 2, \cdots f$; $k = 1, 2, \cdots, n$）；$e_{ijk}$ 为残差。

如果是随机模型，这些效应均值为零，$\sum_i b_i = 0$，$\sum_j f_j = 0$，$\sum_i bf_{ij} = \sum_j bf_{ij} = 0$ 及 $\sum_{i,j,k} e_{ijk} = 0$，方差依次为 $\sigma_b^2$、$\sigma_f^2$、$\sigma_{bf}^2$ 及 $\sigma_e^2$，服从正态分布。

第二步，根据要计算对应层次遗传力，写出相应的表型方差组成：若要计算单株遗传力，遗传力表达式中的分母为 $\sigma_P^2 = \sigma_b^2 + \sigma_f^2 + \sigma_{bf}^2 + \sigma_e^2$，如果家系为半同胞家系的话，单株遗传力 $h^2 = 4\sigma_f^2/\sigma_P^2$；若要计算种源/家系遗传力，需要进行以下过程的计算：

$$\frac{\sum_i \sum_k y_{ijk}}{bn} = bn\mu + \frac{n\sum_i b_i}{bn} + \frac{bnf_j}{bn} + \frac{n\sum_i bf_{ij}}{bn} + \frac{\sum_i \sum_k e_{ijk}}{bn},$$

$$\bar{y}_{.j.} = \mu + 0 + f_j + \frac{\sum_i bf_{ij}}{b} + \frac{\sum_i \sum_k e_{ijk}}{bn}$$

家系遗传力的分母为：$V(\bar{y}_{.j.}) = \sigma_f^2 + \frac{\sigma_{bf}^2}{b} + \frac{\sigma_e^2}{nb}$，家系遗传力为：$h_f^2 = \sigma_f^2 / \left( \sigma_f^2 + \frac{\sigma_{bf}^2}{b} + \frac{\sigma_e^2}{nb} \right)$，相应的家系间选择遗传增益为：$\Delta G = Sh_f^2$。

采用上述方法，根据不同的遗传和环境设计线性模型，可以求得相应层次的遗传力公式中分母表达式。

（3）遗传增益的遗传基础

一个数量性状的群体遗传均值是基因效应和基因频率的函数，均值变化来源于基因效应的改变或基因频率的改变，或两者都改变。例如，在 Hardy-Weinberg 平衡条件下，假如只考虑加性和显性的话，群体遗传均值表示为：$\mu_G = \sum_i a_i(p_i - q_i) + 2\sum_i d_i p_i q_i$，于是得到下式：

$$\frac{\partial \mu_G}{\partial t} = \sum_i (p_i - q_i) \frac{\partial a_i}{\partial t} + 2\sum_i p_i q_i \frac{\partial d_i}{\partial t} + 2\sum_i [a_i + (p_i - q_i)d_i] \frac{\partial p_i}{\partial t} \tag{6.75}$$

群体遗传均值的改变涉及 $\frac{\partial a_i}{\partial t}$、$\frac{\partial d_i}{\partial t}$ 及 $\frac{\partial p_i}{\partial t}$。根据微效多基因假说，每个基因作用微小，在

相对稳定的环境下，$\frac{\partial a_i}{\partial t} = 0$ 和 $\frac{\partial d_i}{\partial t} = 0$，因此，遗传增益产生的机理主要是改变控制性状的基因频率（$\frac{\partial p_i}{\partial t}$），若存在主效基因的话，在定向选择条件下，选择系数/强度与基因效应呈正相关，因而优势主效等位基因频率趋于快速固定，对进一步的增益改变贡献作用减小，但微效基因固定或改变缓慢。

考虑突变输入，主效基因突变往往有害或致死，微效基因的突变有害影响效应，因而仍保持着较高的遗传变异，世代改良并不会快速降低微效基因的多样性，微效基因成为遗传增益主要因素。

数量性状选择也会同时对细胞质基因起作用，对于单倍体的细胞质基因，群体遗传均值表示为 $\mu_G = \sum_i p_i a_i$，于是得到 $\frac{\partial \mu_G}{\partial t} = \sum_i a_i \frac{\partial p_i}{\partial t} + \sum_i p_i \frac{\partial a_i}{\partial t}$，在遗传改良过程中，由于是单倍体，在相同的选择强度下，细胞质基因频率改变（$\frac{\partial p_i}{\partial t}$）要比二倍体核基因频率改变的快，最终细胞质基因遗传变异快速减小，优势等位基因快速固定，对选择响应贡献小，因此，群体遗传增益的改变主要是源于核基因组的改变。

### 6.3.2 分子标记辅助选择

（1）应用分子标记必要性和可能性

群体遗传改良需要应用分子标记，主要理由如下：

①重要经济性状改良除了源于传统遗传改良外，还有环境影响（栽培方法），比如栽培技术等，新品种在人工林中只是起一定作用。如果环境差异大，性状遗传力低，表型选择效果不理想，遗传改良需要借助分子遗传和生物技术技术整合才有可能得到显著提高。

②许多重要经济性状为数量性状，由微效多基因控制，不易定位和基因工程改造。

③可用基因工程改造的主效基因（major gene）通常都是有害性的，尽管有害效应可以部分地或全部地进行基因工程改造。一般情况下，基因效应越大，突变有害性越大，优势等位基因固定速率快，遗传改良的潜力越小。

④群体内微效基因控制的数量性状具有高度的突变率，每个世代当中可以产生相当程度的遗传突变方差，确保持续的遗传变异，例如，线虫（*Caenorhabditis elegans*）的体格大小，在每个世代产生突变遗传方差达到 0.004，拟南芥（*Arabidopsis thaliana*）生活史性状突变遗传力（突变带来的遗传方差与环境方差之比，$h_M^2 = V_M / V_E$）达 0.0039/每世代，玉米植株大小、生殖性状等突变遗传力更高（Lynch and Walsh, 1998）。一般情况下，突变导致的突变方差是可以达到很大的，这就决定了数量性状遗传改良以微效基因为主体进行（Hu and Li, 2002a）。

目前已有多种类型分子标记（见表 2-2），可以是蛋白质水平上的，如同工酶，也可以是 DNA 水平上的，可以是显性、共显性，也可以是核基因或细胞质基因。不同分子标记多态性水平差异较大，应用全基因组序列 SNP 标记可能提供了无限的变异来源。需要注意两点：一是主效基因与标记的关系，对于单个标记的选择可以相应地改变主效基因的遗传变异；二是数量性状由微效多基因控制，用共显性标记有助于估计各等位基因的加性效应，类似于估计标记的育种值，但是如果用显性标记的话，只能估计标记的基因型效应值，标记的类型在性状—标记关联分析上提供了不同的性状遗传信息。

已知的分子标记技术有基于聚合酶链反应（PCR）的标记技术，它涉及 DNA 变性、复性和延伸，再通过循环整个过程来扩展所需的 DNA 片段，增加它的浓度，然后用凝胶电泳来区分，以确定不同的个体的基因型分型，也可以进一步进行测序分析，更为直接的是 DNA 测序，目前已经进入到三代测序技术为主的时代，群体重测序以及基因型分型等更加容易，许多非模式植物也容易通过测序获得大量的群体基因组数据，这为筛选合适分子标记选择提供了基础。

（2）MAS 的遗传基础

分子标记辅助选择（marker-assisted selection，MAS）的基础主要就是标记与数量性状位点间存在配子连锁不平衡（LD ≠ 0），也是性状与标记关联的遗传学基础。位点间配子连锁不平衡可以通过多种途径产生，已知通过人工杂交产生的群体 $F_1$、$F_2$、BC 等可以产生 LD。对于天然群体，遗传漂变、迁移以及基因间选择等作用也可以产生 LD，但是这些 LD 性质不一样。漂变是降低整个基因组位点间 LD，而迁移提升整个基因组位点间的 LD，两种类型均属于统计意义上的 LD，基因选择效应通过选择清除（selective sweep），标记与性状 QTL 位点在染色体上紧密连锁时或上位性作用建立标记与功能基因间的 LD，这类 LD 有功能作用。但无论哪种类型 LD，只有重组过程会减弱 LD，所以，每一次进行分子标记辅助选择后，群体标记与性状 QTL 位点 LD 会发生改变，需要重新评价所选用的分子标记的贡献。

（3）选择指数与相对选择效率

选择指数（selection index）就是将单个或多个数量性状与其相应的经济权重建立线性模型，权重就是根据选择目标育种值对性状表型的回归系数。一种直接方法就是将分子标记得分纳入到单株选择指数当中，分子标记作为辅助因子建立选择指数，与纯表型选择相比，分子标记得分作为额外组分加入到选择指数中，表达式如下 ：

$$I = b_x x + b_m m \tag{6.76}$$

式中，$x$ 为表型值；$m$ 为所有与这个数量性状关联的标记的加性效应之和；$b_x$ 和 $b_m$ 就是一种权重，是通过极大化群体改良速率估计得到的。要判断选择效率情况，可以用遗传增益在有标记的情况下和没有标记的情况下的数值比率，即相对效率 $R = \Delta G(m \neq 0)/\Delta G(m = 0)$，$R$ 的表达式为：

$$R = \sqrt{\frac{p}{h_N^2} + \frac{(1-p)^2}{1 - h_N^2 p}} \tag{6.77}$$

式中，$p$ 为表型变异被分子标记能解释的部分（Lande and Thompson，1990）。相对选择效率 $R$ 含两个参数：一个是狭义遗传力 $h_N^2$；另一个是以分子标记所能解释的加性方差的比例 $p$。

由图 6-12 可以看出，相对选择效率随着分子标记解释的表型方差比率 $p$ 升高而升高，遗传力越低的性状相对选择效率越高，这是由于遗传力低的性状，表型选择增益小，加入标记后，相对选择效率提高的多；而遗传力高的性状，表型选择增益较高，增加额外的分

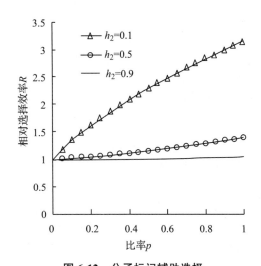

**图 6-12　分子标记辅助选择**

注：性状遗传力和标记解释表型变异比率 $p$ 对相对选择效率影响

子标记辅助因素，遗传增益增加幅度相对小，因此，相对选择效率提高幅度小。

在构建选择指数时，可以利用亲属间相互关系，将这种信息纳入到选择指数构建，这里的亲属关系可以是半同胞家系或全同胞家系，估计相应的权重和分子标记的得分，表达式如下：

$$I = b_{xf}x_f + b_{xw}x_w + b_{mf}m_f + b_{mw}m_w \tag{6.78}$$

式中，$x_f$ 为家系表型均值；$m_f$ 为家系分子标记得分的平均值；$x_w$ 为单株表型与家系表型均值离差；$m_w$ 为单株分子标记得分与其家系分子标记得分平均值之差；$b_i(i = xf, xw, mf, mw)$ 为对应的家系表型或标记权重，Lande 和 Thompson（1990）给出了相对选择效率：

$$R = \sqrt{\dfrac{\dfrac{p}{h_N^2} + (1-p)^2 \left( \dfrac{r_n^2}{D_f} + \dfrac{(n-1)(1-r)^2}{nD_w} \right)}{\dfrac{r_n^2}{t_n} + \dfrac{(n-1)(1-r)^2}{n(1-t)}}} \tag{6.79}$$

式中，$r$ 为家系内单株间的亲缘系数（半同胞，$r = 1/4$；全同胞，$r = 1/2$），家系内单株间表型相关系数 $t = rh_N^2 + c^2$；$c$ 表型方差源于显性遗传和公共家系环境的部分比率（通常 $c = 0$）；$n$ 为半同胞家系或全同胞家系大小；$r_n = r + (1-r)/n$，$t_n = t + (1-t)/n$；$D_f = t_n - r_n h_N^2 p$；$D_w = 1 - t - (1-r)h_N^2 p$。

由图 6-13 所示，利用亲属关系信息加入指数选择结果，利用半同胞家系要比利用全同胞家系的相对选择效率高，这是由于利用全同胞家系的纯表型选择要比利用半同胞家系的高，亲属间关系信息利用越充分，相对选择效率就越低，与图 6-13 相比，无亲属信息利用的指数选择相对效率更高。

数值模拟显示随着家系样本数 $n$ 增大（Lande and Thompson，1990），相对选择效率减小。这是由于大样本有利于提升纯表型选择效率，额外的分子标记得分加入选择指数的影响减小，导致相对选择效率下降。

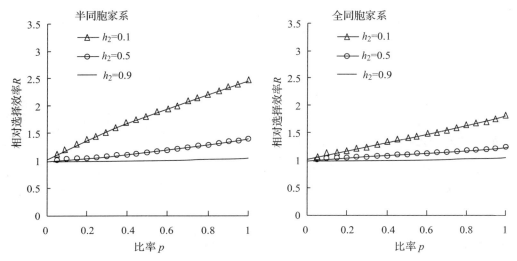

**图 6-13** 不同亲属间关系对相对选择效率影响

注：所用家系大小 $n = 20$ 及 $c = 0$

针对不同的选择方案，可以将分子标记得分引入选择指数，如标记指数对雌性性状、分别对幼期性状与成熟期性状、单株与家系结合选择等，构建不同的选择指数。不管哪种选择方案，若相对选择效率与狭义遗传力呈反向关系，遗传力越低，相对选择效率就越高；其次是利用亲属间的信息越多，相对选择效率下降。

当考虑多个性状选择时，选择指数同样可以包含两部分：一个是表型选择的成分$(x)$，另一个是分子标记得分$(m)$。与单个性状不同，多个性状选择考虑了表型方差和协方差之间的关系，同时也考虑了标记得分之间的协方差关系，可同时改良多个性状。

（4）一般理论框架

前面介绍的选择指数仅包含加性效应，已知同一条染色体上紧密连锁的位点间加性×加性效应是可以部分传递到子代的（重组影响很小时），当群体存在部分自交时（如混合交配系统），相同的基因型也会部分地在子代中保持。因此，显性效应、显性×加性及显性×显性也会部分地传递到子代，尤其是在短时间选择，但在长时间（多世代）后，上位性效应会逐渐减弱，这是由于重组过程打破了原有的基因连锁构相。Liu 等（2003）应用计算机模拟方法演示加入加性×加性到选择指数后，其比没有加入上位性的选择指数（加性和显性）会持续更长时间的选择响应。已知现代转录和代谢通路分析证明基因间相互作用及多层次网络互作在解释数量性状变异上有一定的普遍性，上位性作用在数量性状形成的分子机制值得关注，与通常认为数量性状以加性方式遗传为主的观点形成一定互补，因此，在分子标记辅助选择中，将上位性效应纳入选择指数对短时间内群体改良有一定意义。

Hu（2007）给出了含有两个位点间上位性的单株选择指数的一般式，其表达形式仍为 $I = b_x x + b_m m$，标记得分组成如下：

$$m = m_A + m_D + m_{AA} + m_{AD} + m_{DD} \tag{6.80}$$

$$m_A = \sum_i \sum_j a_j m_i^j$$

$$m_D = \sum_i \sum_{j,\, j'} d_{jj'} m_i^j m_i^{j'}$$

$$m_{AA} = \sum_{u,\, v} [(aa)_{kk'} m_u^k m_v^{k'} + (aa)_{kl'} m_u^k m_v^{l'} + (aa)_{lk} m_u^l m_v^{k'} + (aa)_{ll'} m_u^l m_v^{l'}]$$

$$m_{AD} = \sum_{u,\, v} \Big[ \sum_{k,\, k',\, l'} (ad)_{kk'l'} m_u^k m_v^{k'} m_v^{l'} + \sum_{k,\, l,\, k'} (da)_{klk'} m_u^k m_v^l m_v^{k'} \Big]$$

$$m_{DD} = \sum_{u,\, v\, k,\, l,\, k',\, l'} (dd)_{klk'l'} m_u^k m_u^l m_v^{k'} m_v^{l'}$$

式中，$m_i^j$ 为指示标记变量，当第 $i$ 个标记的第 $j$ 个等位基因出现时，$m_i^j = 1$，否则 $m_i^j = 0$；$a_j$ 为第 $i$ 标记第 $j$ 等位基因的加性效应；$d_{jj'}$ 为第 $i$ 标记内第 $j$ 和 $j'$ 等位基因显性效应；$(aa)_{kk'}$ 为第 $u$ 个标记第 $k$ 个等位基因与第 $v$ 标记 $k'$ 等位基因的加性×加性效应；其他位点间加性×加性效应的定义类似 $[(aa)_{kl'},\ (aa)_{lk},\ (aa)_{ll'}]$，$(ad)_{kk'l'}$ 为第 $u$ 标记 $k$ 等位基因的加性效应与第 $v$ 标记内 $k'$ 和 $l$ 等位基因的显性效应互作的加性×显性效应；类似的，可定义 $(da)_{klk'}$ 显性效应×加性，$(da)_{klk}$ 为两位点的显性×显性效应的得分。

定义 $\rho_i = V(m_i)/\sigma_g^2$，$(i = A,\ D,\ AA,\ AD,\ DD)$ 为总遗传方差被标记得分各组分解释的比例，$\rho_{NA} = \rho_D + \rho_{AA} + \rho_{AD} + \rho_{DD}$ 为总标记解释的非加性方差比例，以及 $\rho = \rho_A + \rho_{NA}$ 为标记总解释的比例。采用最小二乘法估计权重使得选择指数遗传值与选择指数差异达到极小，

$$b_x = (1 - \rho) / (1/h_B^2 - \rho) \tag{6.81}$$

$$b_m / b_x = (1/h_B^2 - 1) / (1 - \rho) \tag{6.82}$$

在两位点存在上位性效应条件下，遗传增益一般表达式如下：

$$\Delta G = \frac{S_I}{\sigma_I^2} [Cov(A,\ A_I) + Cov(D,\ D_I) + f_{AA} Cov(AA,\ AA_I)$$

$$+ f_{AD} Cov(AD,\ AD_I) + f_{DD} Cov(DD,\ DD_I)] \tag{6.83}$$

式中，$S_I$ 为以选择指数为单位的选择差；$\sigma_I^2$ 为选择指数方差；$f$ 系数反映分离与重组影响。在完全随机交配系统下，

$$\Delta G = i(b_x + b_m)^{1/2} \sigma_g \tag{6.84}$$

在自交系统下，

$$\Delta G = i[b_x + b_m(\rho_A + \rho_{NA})]^{1/2} \sigma_g \tag{6.85}$$

单株指数选择与表型选择的相对选择效率如下：

$$R = (1 - c_1) h_B [b_z + b_m(\rho_A + \rho_{NA})]^{\frac{1}{2}} / h_N^2 \tag{6.86}$$

式中，$c_1 = (1 - f_{AA}) \dfrac{Cov(AA,\ AA_I)}{\sigma_I^2} + (1 - f_{AD}) \dfrac{Cov(AD,\ AD_I)}{\sigma_I^2} + (1 - f_{DD}) \dfrac{Cov(DD,\ DD_I)}{\sigma_I^2}$；

$AA_I$、$AD_I$ 及 $DD_I$ 为指数包含的上位性效应。当两位点紧密连锁时，$f$ 系数接近 $1$（$c_1 \approx 0$），主要上位性效应部分在子代中得到维持，例如无性繁殖方式。图 6-14 示随着非加性方差解释的比例升高，相对选择效率升高，标记权重与表型性状权重的比率也升高，纳入非加性方差分子标记得分可以提高相对选择效率。

类似的，可以利用与 GCA、SCA 及正反交效应关联的分子标记得分，包含加性和上位性效应得分，建立选择指数，理论上证明纳入上位性标记得分后，指数选择效率进一步提高，提高的程度取决于非加性方差所占的比例以及标记能解释的比率，与 GCA 关联的标

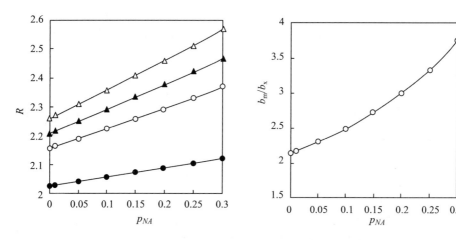

**图 6-14　非加性效应关联标记对相对选择效率影响**

注：所用参数 $\sigma_P^2 = 1.0$，$\sigma_A^2 = 0.2$，$\sigma_{NA}^2 = 0.2$，$\rho_A = 0.3$，$\rho_{AA} = \rho_{AD} = \rho_{DD} = \rho_D$，$\sigma_{AA}^2 = \sigma_{AD}^2 = \sigma_{DD}^2 = \sigma_D^2 = 0.05$，

$f_{AA} = f_{AD} = f_{DD} = f$，左图中黑色圆圈代表 $f = 0.95$，开口圆圈代表 $f = 0.85$，黑色三角代表 $f = 0.75$，

开口三角代表 $f = 0.5$

记得分利用加性及加性 × 加性效应，与 SCA 和正反交效应关联的标记得分利用显性及显性 × 显性效应。此外，理论上证明指数选择包含细胞质基因组标记得分也可进一步提高选择效率（Hu，2007）。

目前，应用分子标记辅助选择的实例还是比较少的。在林木群体当中也很少报道，在火炬松和桉树有关于木材性状改良的研究报道，在农作物上相对多一些，研究涉及棉花纤维强度的选择，小麦抗白粉病的选择，玉米等一些抗病基因的选择等。在动物育种，报道也较多，涉及牛、猪、鸡肉的品质改良，奶牛的产奶量的选育，已有一些用基因组选择和分子标记辅助选择的报道。

实际应用时，应考虑三个问题：一是与数量性状 QTL 显著相关的标记数量，每次轮回选择时，标记数量是动态的，需要重新评估每一个标记的相对的贡献；二是样本数，要检测遗传力低的数量性状，需要大的样本；三是需要正确地估计选择指数的权重，如果权重估计有偏差，选择指数计算有偏差，选择就会有偏差。

### 6.3.3　基因组选择

（1）问题的提出

除了标记作为辅助因子加入到表型选择外，分子标记也可直接与表型关联，作为选择因素进行单株选择，一种极端情况是全基因组范围的 SNP 作为标记与性状关联分析，即全基因组关联分析（genome-wide association study，GWAS），用以筛选与性状关联的 SNP 标记位置和鉴别其所处的基因功能等，GWAS 分析主要基于单个 SNP 标记的基因型值（加性和显性效应）或等位基因加性效应值与性状的回归分析，并沿着染色体全范围筛选相关位点；随后就是同时应用全基因组 SNP 标记预测性状的育种值，再根据预测的个体育种值选择，即基因组选择（genomic selection，GS）。

GS 选择的线性模型的表达式如下：

$$Y = \mu + Ma + e \tag{6.87}$$

式中，$\boldsymbol{Y}$ 为性状观测值向量（$n \times 1$，$n$ 株观测值）；$\boldsymbol{\mu}$ 为均值向量；$\boldsymbol{M}$ 为 SNP 基因型或等位基因发生矩阵（$n \times p$，$p$ 个位点或标记）；$\boldsymbol{a}$ 为标记的等位基因效应向量（$p \times 1$）；$\boldsymbol{e}$ 为残差向量（$n \times 1$）。每个标记位点效应可以是基因型、等位基因数（加性效应）或基因替换效应 $\alpha$（allele substitution effect）。例如，观测值在一个标记位点的三个基因型观测值

$y_{AA}$，$y_{Aa}$，$y_{aa}$，对应的 $\boldsymbol{M} = \begin{pmatrix} 0 & 2 \\ 1 & 1 \\ 2 & 0 \end{pmatrix}$，$\boldsymbol{a} = \begin{pmatrix} a_A \\ a_a \end{pmatrix}$ ；若用基因型表示的话，$\boldsymbol{M} = \begin{pmatrix} 1 & 0 & 0 \\ 0 & 1 & 0 \\ 0 & 0 & 1 \end{pmatrix}$，$\boldsymbol{a}$

$= \begin{pmatrix} a \\ d \\ -a \end{pmatrix}$ 等。用单位点的等位基因替换效应 $\alpha_j$ 表示，则单株观测值 $y_i$ 记为：$y_i = \mu + \sum_j x_{ij}\alpha_j$ $+e_i$，$x_{ij}$ 记录某位点基因型，如 $x = 2$（$AA$）、$1$（$Aa$）或 $0$（$aa$）。由于同时考虑 $p$ 个位点的基因效应，当 $p \gg n$，常用的最小二乘法难以同时估计多于 $n$ 的位点效应值，不可能用所有的标记来预测基因组值，因此需要一些特殊的方法来处理多位点效应，如岭回归（ridge regression）或最小绝对收缩与选择算子（least absolute shrinkage and selection operator，LASSO；Tibshirani，1996；Buhlmann and Geer，2011）方法对最小二乘估计压缩（shrinkage），以下简要介绍采用 Bayes 方法估计单株育种值问题（Meuwissen *et al.*，2001；Gianola *et al.*，2006；Fernando，2009）。

（2）育种值预测

考虑应用基因替换效应来表示单个标记位点的遗传效应，单个观测值表示如下：

$$y_i = \mu + \sum_j x_{ij}\alpha_j + e_i \tag{6.88}$$

式中，$\mu$ 为均值，服从正态分布 $(\mu \mid \boldsymbol{y},\ \boldsymbol{\alpha},\ \sigma_e^2) \sim N\left(\dfrac{\boldsymbol{1}'(\boldsymbol{y} - \boldsymbol{X\alpha})}{n},\ \dfrac{\sigma_e^2}{n}\right)$，黑色粗体字母表示矩阵或向量；$e_i$ 为残差，服从正态分布 $N(0,\ \sigma_e^2)$，$\alpha_j$（$j = 1,\ 2,\ \cdots,\ p$）为随机效应，期望大部分 $\alpha_j$ 均值为零。根据 $\alpha_j$ 的先验分布假设，可以将育种值的预测分为以下 4 种方法：

①Bayes-A 模型：先验分布 $\alpha_j \mid \sigma_j^2 \sim N(0,\ \sigma_j^2)$，$\sigma_j^2 \sim v_\alpha S_{v_\alpha}^2 \chi_{v_\alpha}^{-2}$，参数估计采用 MCMC 数值分布，各参数的后验分布为：

$$f(\alpha_j \mid \boldsymbol{y},\ \mu,\ \boldsymbol{\alpha}_{j_-},\ \sigma_e^2) = \frac{f(\alpha_j,\ \boldsymbol{y},\ \mu,\ \boldsymbol{\alpha}_{j_-},\ \sigma_e^2)}{f(\boldsymbol{y},\ \mu,\ \boldsymbol{\alpha}_{j_-},\ \sigma_e^2)}$$

$$\propto f(\boldsymbol{y} \mid \alpha_j,\ \mu,\ \boldsymbol{\alpha}_{j_-},\ \sigma_e^2)f(\alpha_j)f(\mu,\ \boldsymbol{\alpha}_{j_-},\ \sigma_e^2)$$

$$\propto (\sigma_e^2)^{-\frac{n}{2}}\exp\left(-\frac{(\boldsymbol{y} - \boldsymbol{1}\mu - \sum_{j \neq j'}\boldsymbol{X}_j\alpha_{j'} - \boldsymbol{X}_j\alpha_j)'(\boldsymbol{y} - \boldsymbol{1}\mu - \sum_{j \neq j'}\boldsymbol{X}_j\alpha_{j'} - \boldsymbol{X}_j\alpha_j)}{2\sigma_e^2}\right)$$

$$(\sigma_\alpha^2)^{-1/2}\exp\left(-\frac{\alpha_j^2}{2\sigma_\alpha^2}\right)$$

$$\propto \exp\left(-\frac{(\alpha_j - \hat{\alpha}_j)^2}{2\sigma_e^2/c_j}\right) \tag{6.89}$$

式中：$c_j = \left(X'_j X_i + \dfrac{\sigma_e^2}{\sigma_\alpha^2}\right)$，$\hat{\alpha}_j = \dfrac{X'_j\left[y - \mathbf{1}\mu - \sum\limits_{j \neq j'} X_{j'}\alpha_{j'}\right]}{c_j}$，

$$f(\sigma_e^2 \mid y,\ \mu,\ \boldsymbol{\alpha}) = \frac{f(\sigma_e^2,\ y,\ \mu,\ \boldsymbol{\alpha})}{f(y,\ \mu,\ \boldsymbol{\alpha})} \propto f(y \mid \sigma_e^2,\ \mu,\ \boldsymbol{\alpha})f(\sigma_e^2)f(\mu,\ \boldsymbol{\alpha}), \qquad (6.90)$$

式中：$f(y \mid \sigma_e^2,\ \mu,\ \boldsymbol{\alpha}) \propto (\sigma_e^2)^{-\frac{n}{2}} \exp\left(-\dfrac{(y - \mathbf{1}\mu - \sum\limits_{j \neq j'} X_j\alpha_{j'} - X_j\alpha_j)'(y - \mathbf{1}\mu - \sum\limits_{j \neq j'} X_{j'}\alpha_{j'} - X_j\alpha_j)}{2\sigma_e^2}\right)$，

$$f(\sigma_e^2) = \frac{(S_e^2 v_e/2)^{v_e/2}}{\Gamma(v_e/2)}(\sigma_e^2)^{-(2+v_e)/2}\exp\left(-\frac{v_e S_e^2}{2\sigma_e^2}\right),$$

$\boldsymbol{\alpha}_{j-}$ 表示除了 $\alpha_j$ 外的其他所有的基因替换效应，

$$f(\sigma_e^2 \mid y,\ \mu,\ \boldsymbol{\alpha}) \propto (\sigma_e^2)^{-(2+n+v_e)/2}$$

$$\exp\left(-\frac{(y - \mathbf{1}\mu - \sum\limits_{j \neq j'} X_{j'}\alpha_{j'} - X_j\alpha_j)'(y - \mathbf{1}\mu - \sum\limits_{j \neq j'} X_{j'}\alpha_{j'} - X_j\alpha_j)}{2\sigma_e^2}\right) \qquad (6.91)$$

定义 $\boldsymbol{\zeta} = (\sigma_1^2,\ \sigma_2^2,\ \cdots,\ \sigma_p^2)$ 为各位点的方差组成的向量，则有：

$$f(\sigma_j^2 \mid y,\ \mu,\ \boldsymbol{\alpha},\ \boldsymbol{\zeta}_{j-},\ \sigma_e^2) \propto f(y,\ \mu,\ \boldsymbol{\alpha},\ \boldsymbol{\zeta},\ \sigma_e^2)$$

$$\propto f(y \mid \mu,\ \boldsymbol{\alpha},\ \boldsymbol{\zeta},\ \sigma_e^2)f(\alpha_j \mid \sigma_j^2)f(\sigma_j^2)f(\mu,\ \boldsymbol{\alpha}_{j-},\ \boldsymbol{\zeta}_{j-},\ \sigma_e^2)$$

$$\propto (\sigma_j^2)^{-1/2}\exp\left(-\frac{\alpha_j^2}{2\sigma_j^2}\right)(\sigma_j^2)^{-(2+v_\alpha)/2}\exp\left(\frac{v_\alpha S_\alpha^2}{2\sigma_j^2}\right)$$

$$\propto (\sigma_j^2)^{-(2+v_\alpha+1)/2}\exp\left(\frac{\alpha_j^2 + v_\alpha S_\alpha^2}{2\sigma_j^2}\right) \qquad (6.92)$$

有了各参数的条件分布解析式后，采用吉布斯抽样（Gibbs sampling）分析，求各参数后验分布 $f(\alpha_j;\ \sigma_j^2,\ \sigma_e^2;\ (j = 1,\ 2,\ \cdots,\ p))$，定义 $\boldsymbol{\theta} = (\alpha_j;\ \sigma_j^2,\ \sigma_e^2;\ (j = 1,\ 2,\ \cdots,\ p))$，其他参数估计具体步骤如下：

第一步：依据生物学意义，设置各参数的起始数据 $\boldsymbol{\theta}^{(0)}$；

第二步：分别依次从各参数的条件分布中随机抽取各参数值 $\boldsymbol{\theta}^{(t)}$：

$\alpha_1^{(t)}$ 从 $f(\alpha_1^{(t)} \mid y,\ \mu,\ \boldsymbol{\alpha}_{j-}^{(t-1)},\ \sigma_l^{2(t-1)},\ \sigma_e^{2(t-1)};\ j=2,\ 3,\ \cdots,\ p;\ j \neq 1;\ l=1,\ 2,\ \cdots,\ p)$ 抽取；

$\alpha_2^{(t)}$ 从 $f(\alpha_2^{(t)} \mid y,\ \mu,\ \boldsymbol{\alpha}_1^{(t)},\ \alpha_{j-}^{(t-1)},\ \sigma_l^{2(t-1)},\ \sigma_e^{2(t-1)};\ j=3,\ 4,\ \cdots,\ p;\ j \neq 1,\ 2;\ l=1,\ 2,\ \cdots,\ p)$ 抽取；

$\quad\cdots$

$\sigma_1^{2(t)}$ 从 $f(\sigma_1^{2(t)} \mid y,\ \mu,\alpha_j^{(t)},\sigma_l^{2(t-1)},\ \sigma_e^{2(t-1)};\ j=1,\ 2,\ \cdots,\ p;\ l=2,\ \cdots,\ p;\ l \neq 1)$ 抽取；

$\quad\cdots$

$\sigma_e^{(t)}$ 从 $f(\sigma_e^{(t)} \mid y,\ \mu,\alpha_j^{(t)},\sigma_l^{2(t)};\ j=1,\ \cdots,\ p;\ l=1,\ \cdots,\ p)$ 抽取；

第三步：循环第二步，经过若干次循环后，比如 50 000 循环后，每间隔一定的循环次数，保留抽样值，这样产生一系列样本 $\theta^k$，$\theta^{k+1}$，$\cdots$，这些保留的抽样值趋于 $\boldsymbol{\theta}$ 的密度分布，从抽取的各参数边缘数值分布中计算各单株的育种值。

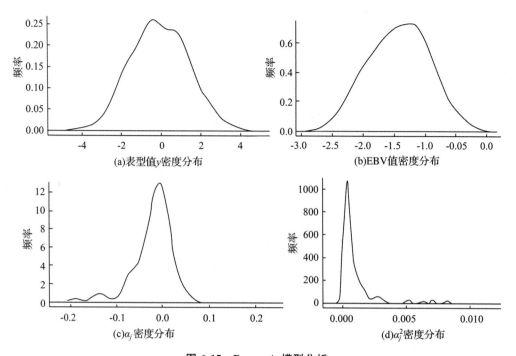

**图 6-15　Bayes-A 模型分析**

注：一个模拟例子，下两图为第 1000 次循环的后验密度分布

图 6-15 给出了 Bayes-A 模型分析的一个模拟例子，采用 250 单株，100 个 SNP 连锁平衡标记，表型值为 10 个 QTL 位点效应加上标准正态生成的，$\sigma_j^2 \sim (0.002 + \alpha_j^2) \mathcal{X}_{v_\alpha = 4.012 + 1}^{-2}$ 为假设的先验分布（Meuwissen *et al.*，2001），在第 1000 次循环后，各位点间的效应均值接近零，$E(\alpha_j) = -0.0143 \pm 0.0629$，单株 EBV 均值（$\sum_j x_{ij}\alpha_j$）$= -1.4205 \pm 0.779$（注意没有加入均值部分），表型值与 EBV 值得相关系数 $= 0.5312$。

②Bayes-B 模型：将 $p$ 位点等位基因替换效应 $\alpha_j$ 分成两部分，一部分先验分布 $\alpha_j \mid \sigma_j^2$，$\pi \sim N(0, \sigma_j^2)$，发生概率为 $1 - \pi$，另一部分先验分布 $\alpha_j \mid \sigma_j^2$，$\pi = 0$，其发生概率为 $\pi$，各位点替换效应的方差先验分布 $\sigma_j^2 \sim v_\alpha S_{v_\alpha}^2 \mathcal{X}_{v_\alpha}^{-2}$，与 Bayes-A 模型相同，因此替换效应在 $\pi$ 条件下的分布为 $\alpha_j \mid \pi \sim t(0, S_\alpha^2, v_\alpha)$（$t$ 分布），发生概率为 $1 - \pi$，另一部分 $\alpha_j \mid \pi = 0$，发生概率为 $\pi$。

线性模型中用 $\delta_j$ 来指示两种类型的位点，即 $y_i = \mu + \sum_j x_{ij}\alpha_j \delta_j + e_i$，$\delta_j = 1$ 表示 $\alpha_j \mid \sigma_j^2 \sim N(0, \sigma_j^2)$，而 $\delta_j = 0$ 表示 $\alpha_j \mid \sigma_j^2 = 0$。

MCMC 参数估计具体步骤如下：抽样 $\sigma_e^2$ 和 $\mu$ 类似于 Bayes-A 模型下条件分布进行；Meuwissen 等（2001）建议采用 Metropolis-Hastings（MH）抽样方法来同时抽取 $\alpha_j$ 和 $\sigma_j^2$ 样本，$\alpha_j$ 从类似于 Bayes-A 模型下的条件分布抽样，$\sigma_j^2$ 从 $f(\sigma_j^2 \mid \boldsymbol{y}, \mu, \boldsymbol{\alpha}_{j-}, \sigma_e^2)$ 抽样。利用 $\sigma_j^2$ 先验分布作为新样本发生函数（proposal），MH 对新样本的接受概率为：

$$\alpha = \min\left(1, \frac{f(\boldsymbol{y} \mid \sigma_{\text{candidate}}^2, \boldsymbol{\theta}_{j-})}{f(\boldsymbol{y} \mid \sigma_j^2, \boldsymbol{\theta}_{j-})}\right) \tag{6.93}$$

式 (6.93) 涉及 $f(\boldsymbol{y}\mid\sigma_j^2,\ \boldsymbol{\theta}_{j-})$ 的计算，理论上证明 $f(\boldsymbol{y}\mid\sigma_j^2,\ \boldsymbol{\theta}_{j-})\propto f(r_j\mid\sigma_j^2,\ \boldsymbol{\theta}_{j-})$，$r_j=$ $\boldsymbol{X}_j'\boldsymbol{W}$，$\boldsymbol{W}=\boldsymbol{y}-\boldsymbol{1}\mu-\sum_{j\neq j'}x_j\alpha_{j'}=\boldsymbol{X}_j\boldsymbol{\alpha}_j+e$，进一步简化为 $f(r_j\mid\sigma_j^2,\ \boldsymbol{\theta}_{j-})=f(r_j\mid\delta_j,\ \sigma_j^2,\ \boldsymbol{\theta}_{j-})\propto$ $(V_\delta)^{-\frac{1}{2}}\exp\left(-\dfrac{r_j^2}{2V_\delta}\right)$，$V_1=(\boldsymbol{X}_j'\boldsymbol{X}_j)^2\sigma_j^2+\boldsymbol{X}_j'\boldsymbol{X}_j\sigma_e^2$，$V_0=\boldsymbol{X}_j'\boldsymbol{X}_j\sigma_e^2$，这样就用 $f(r_j\mid\sigma_j^2,\ \boldsymbol{\theta}_{j-})$ 计算接受概率，概率 $\pi$ 值为人为给定的，因此，除了抽样 MH 法则更新生成的参数样本外，其他过程产生参数样本类似 Gibbs 抽样程序，获得各参数的后验数值分布。

③Bayes-C 模型：对 Bayes-B 模型进行修改，将 $p$ 位点等位基因替换效应 $\alpha_j$ 分成两部分，一部分先验分布 $\alpha_j\mid\pi,\ \sigma_\alpha^2\sim N(0,\ \sigma_\alpha^2)$，发生概率为 $1-\pi$，另一部分先验分布 $\alpha_j\mid\pi,\ \sigma_\alpha^2=0$，其发生概率为 $\pi$，$\sigma_\alpha^2$ 的先验分布为 $\sigma_\alpha^2\sim v_\alpha S_\alpha^2\chi_{v_\alpha}^{-2}$，各位点的基因替换效应服从相同的正态分布，线性模型中用 $\delta_j$ 来指示两种类型的位点，即

$$y_i=\mu+\sum_j x_{ij}\alpha_j\delta_j+e_i \tag{6.94}$$

式中，$\delta_j=1$ 表示 $\alpha_j\mid\pi,\ \sigma_\alpha^2\sim N(0,\ \sigma_\alpha^2)$，而 $\delta_j=0$ 表示 $\alpha_j\mid\pi,\ \sigma_\alpha^2=0$。

参数估计仍然采用 Gibbs 或 HM 方法，概率 $\pi$ 为给定的参数，模拟时需要试验不同的概率，看预测效果变化，替换效应在 $\pi$ 条件下的分布为 $\alpha_j\mid\pi\sim t(0,\ S_\alpha^2,\ v_\alpha)$（$t$ 分布），发生概率为 $1-\pi$，另一部分 $\alpha_j\mid\pi=0$，发生概率为 $\pi$。Fernando（2009）给出了 $\sigma_\alpha^2$ 的条件分布，即 $f(\sigma_\alpha^2\mid\boldsymbol{y},\ \mu,\ \boldsymbol{\alpha},\ \boldsymbol{\delta},\ \sigma_e^2)\propto(\sigma_\alpha^2)^{-(p+v_\alpha+2)/2}\exp\left(\dfrac{\boldsymbol{\alpha}'\boldsymbol{\alpha}+v_\alpha S_\alpha^2}{2\sigma_\alpha^2}\right)$，可以从此条件分布中抽样，其他参数 $\mu$ 和 $\sigma_e^2$ 的条件分布 Bayes-A 模型相同，余下的 MCMC 算法类似于上述的介绍。

④Bayes-C$\pi$ 模型：对 Bayes-C 模型进行修改，将 $\pi$ 作为一参数进行估计，假设 $\pi$ 先验分布为 $(0,\ 1)$ 均匀分布，$\pi\sim uniform(0,\ 1)$。先验分布 $\alpha_j\mid\pi,\ \sigma_\alpha^2\sim N(0,\ \sigma_\alpha^2)$ 及 $\sigma_\alpha^2\sim v_\alpha S_\alpha^2\chi_{v_\alpha}^{-2}$，得到在 $\delta_j=1$ 条件分布 $\boldsymbol{\alpha}\sim t(0,\ \boldsymbol{IS}_{v_\alpha}^2,\ v_\alpha)$ 多变量 $t$ 分布，将 $p$ 位点等位基因替换效应 $\alpha_j$ 分成两部分，一部分先验分布 $\alpha_j\mid\pi,\ \sigma_\alpha^2\sim N(0,\ \sigma_\alpha^2)$，发生概率为 $1-\pi$，另一部分先验分布 $\alpha_j\mid\pi,\ \sigma_\alpha^2=0$，其发生概率为 $\pi$，$\sigma_\alpha^2$ 的先验分布为 $(\sigma_\alpha^2\mid v_\alpha,\ S_\alpha^2)\sim v_\alpha S_\alpha^2\chi_{v_\alpha}^{-2}$，各位点的基因替换效应服从相同的正态分布，线性模型中用 $\delta_j$ 来指示两种类型的位点，即：

$$y_i=\mu+\sum_j x_{ij}\alpha_j\delta_j+e_i \tag{6.95}$$

式中，$\delta_j=1$ 表示 $\alpha_j\mid\pi,\ \sigma_\alpha^2\sim N(0,\ \sigma_\alpha^2)$，而 $\delta_j=0$ 表示 $\alpha_j\mid\pi,\ \sigma_\alpha^2=0$。$\sigma_\alpha^2$ 的条件分布 $f(\sigma_\alpha^2\mid\boldsymbol{y},\ \mu,\ \boldsymbol{\alpha},\ \boldsymbol{\delta},\ \sigma_e^2)\propto(\sigma_\alpha^2)^{-(p+v_\alpha+2)/2}\exp\left(\dfrac{\boldsymbol{\alpha}'\boldsymbol{\alpha}+v_\alpha S_\alpha^2}{2\sigma_\alpha^2}\right)$。与 $\pi$ 相关的变量是 $\boldsymbol{\delta}$，$\boldsymbol{\delta}$ 服从 Bernoulli 分布，于是得到 $\pi$ 的条件分布 $f(\pi\mid\boldsymbol{\delta},\ \mu,\ \boldsymbol{\alpha},\ \sigma_\alpha^2,\ \sigma_e^2,\ \boldsymbol{y})=\pi^{p-\delta'\delta}(1-\pi)^{\delta'\delta}$，服从 Beta 分布 $B(a,\ b)$，$a=p-m+1$，$b=m+1$ 及 $m=\boldsymbol{\delta}'\boldsymbol{\delta}$。除了增加估计 $\pi$ 参数，其他参数估计与 Bayes-C 模型相同。

表 6-8 对上述四种方法作了比较，从中容易看到它们的差异，计算的最终目的就是估计单株育种值。从等位基因的亲本来源分的话，单株育种值（estimate of breeding value）$EBV_i=\sum_i(g_{iA1}^{\text{paternal}}+g_{iA2}^{\text{maternal}})$，实际预测时可以直接计算 $EBV_i=\sum_j x_{ij}\hat{\alpha}_j$，$\hat{\alpha}$ 为分布中的一组

表 6-8　四种方法异同比较

| SNP 效应分布 | p 位点 SNP 分类 ($\pi$) | 方法 |
|---|---|---|
| 1. 随机，单位点基因替换效应 $\alpha_j \sim N(0, \sigma_j^2)$ ($i = 1, 2, \cdots, p$) | 不分类 ($\pi = 0$) | Bayes-A |
| 2. 随机，单位点基因替换效应 $(\alpha_j \mid \delta = 1) \sim N(0, \sigma_j^2)$ ($i = 1, 2, \cdots, p$)；$(\alpha_j \mid \delta = 0) = 0$ | 分类：$\pi(\neq 0)$ 效应为 0；$1 - \pi(\neq 0)$ 部分，随机效应分析时，$\pi$ 给定 | Bayes-B |
| 3. 随机，单位点基因替换效应分布同质 $\alpha_j \sim N(0, \sigma_\alpha^2)$ | 不分类 ($\pi = 0$) | Bayes-C |
| 4. 随机，单位点基因替换效应分布同质 $\alpha_j \sim N(0, \sigma_\alpha^2)$ | 分类：$\pi$ 值由分析估计 | Bayes-C $\pi$ |

抽样样本，对于每个位点期望值为零 $E(\alpha_j) = 0$。应用全基因组预测育种值需注意两种因素影响预测：一是至少有部分 SNP 与数量性状 QTL 存在连锁不平衡（LD $\neq 0$），这是基因组选择的遗传基础；二是 SNP 在染色体分布的密度，SNP 密度高且分布均匀，容易找到与 QTL 关联的 SNP，有助于提高 EBV 预测准确度。

（3）应用决策

一般情况下，要建立单株基因组选择指数需要训练群体（training population），训练群体的遗传结构和所用的 SNP 密度决定了各 SNP 位点的碱基（基因）替换效应值及其分布，数量性状 QTL 的数量、在染色体上的分布、各位点方差对总表型变异的贡献等与训练群体遗传结构紧密相关，当用训练群体得到的 SNP 效应估计值组成的选择指数去预测验证群体（validation population）单株育种值，验证群体与训练群体差异程度会影响预测准确度，理论上当两群体遗传组成相似（如，基因型和基因频率接近、均处于 HWE），预测结果会较理想，否则预测不准确性增加。

同样，理论上用随机交配群体建立的基因组选择指数来预测近交群体单株的育种值，效果较好，预测值与真值相关系数较高。这是由于在随机交配条件下，标记与 QTL 位点之间的 LD 降到很小的程度，如果能找到与 QTL 连锁的标记，它们应该是紧密连锁的，具有一定的通用性，而在近交或自交条件下，LD 片段较长，存在大范围的标记与 QTL 连锁，因此用随机交配系统下存在的 LD 在近交群体中应该存在。

如果反过来，用近交群体作为训练群体，用随机交配群体作为验证群体，预测效果不会理想，这是因为近交群体中，标记与 QTL 位点的 LD 在随机交配群体中已经减弱了或不存在。

因此，要获得理想的基因组选择效果，选择合适的训练群体和应用群体，应注意标记密度及在染色体上分布，数量性状的遗传力等因素。

### 6.3.4　育种值预测

前面介绍采用分子标记作为辅助因子预测育种值，这里简要介绍基于表型值估计育种值得方法，已知一植株的育种值可以从该植株与群体其他个体随机交配产生的子代性状均值获得，如在某性状群体分布中，给定一个表型 $P$ 的植株，其遗传型值 $G$，可以从所有相同基因型的植株均值计算得到，该植株与其他植株随机交配产生的子代分布，子代均值与群体均值之差为该植株育种值的一半（$A/2$），这是因为该亲本贡献了一半的基因数给子代。一植株的育种值就是该植株基因的加性效应之和。

例如，某随机交配群体，基因频率 $p_B = 0.5$，其育种值和遗传方差计算见表 6-9。

表 6-9 随机交配群体育种值和遗传方差计算

| 项　目 | 基因型 | | |
|---|---|---|---|
| | *bb* | *Bb* | *BB* |
| 基因型值（$G_{ij}$） | 1.48 | 2.17 | 2.66 |
| 基因型频率（$P_{ij}$） | 0.25 | 0.5 | 0.25 |
| 平均基因型值（$\mu_G$）= 1.48×0.25+2.17×0.5+2.66×0.25 = 2.120 | | | |
| 　加性效应： | | | |
| $\alpha_B = p_B G_{BB} + p_b G_{Bb} - \mu_G = 0.295$ | | | |
| $\alpha_b = p_b G_{bb} + p_B G_{Bb} - \mu_G = -0.295$ | | | |
| 　育种值： | | | |
| $A_{ij} = \alpha_i + \alpha_j$ | -0.59 | 0.00 | 0.59 |
| 　显性离差： | | | |
| $\delta_{ij} = G_{ij} - \mu - A_{ij}$ | -0.05 | 0.05 | -0.05 |
| 　遗传方差： | | | |
| $V_A = p_{bb} A_{bb}^2 + p_{Bb} A_{Bb}^2 + p_{BB} A_{BB}^2 = 0.1740$ | | | |
| $V_D = p_{bb} \delta_{bb}^2 + p_{Bb} \delta_{Bb}^2 + p_{BB} \delta_{BB}^2 = 0.0012$ | | | |
| $V_G = V_A + V_D = 0.1752$ | | | |

该方法应用前提是基因频率和基因型值已知，在通常情况下，数量性状 QTL 的基因频率是未知的，因此，该方法应用有一定局限性。需要用其他方法估计育种值，如借助亲本的一般配合力等于该亲本 1/2 的育种值的关系估计，但配合力的估计借助于特定的遗传交配设计，以下简要介绍采用任意遗传设计或不同设计的组合估计育种值的一般方法。

（1）最优线性无偏预测（BLUP）

考虑一般混合线性模型，有 $n$ 个表型观测值 $y_{n \times 1}$，$p$ 个固定效应，用向量 $\beta_{p \times 1}$ 表示，固定效应设计矩阵为 $X_{n \times p}$，记录各因素和水平发生情况，有 $q$ 个随机效应，对于具体的遗传交配设计，该随机效应可以是可遗传的加性效应，也可进一步分解成加性和显性效应，用 $u_{q \times 1}$ 向量表示：

$$y_{n \times 1} = X_{n \times p} \beta_{p \times 1} + Z_{n \times q} u_{q \times 1} + e_{n \times 1} \qquad (6.96)$$

式中，$e$ 是随机误差向量，各变量的均值为 $E(u) = 0$，$E(e) = 0$，$E(y) = X\beta$，变量方差为 $V(u) = G$，$V(e) = R = \sigma_E^2 I$，于是随机变异服从正态分布，即 $u \sim N(0, G)$，$e \sim N(0, R)$ 及 $y \sim N(X\beta, V)$，其中 $V = ZGZ' + R$。

已知的观测变量有 $y_{n \times 1}$，$X_{n \times p}$ 及 $Z_{n \times q}$，需要估计的有 $\beta_{p \times 1}$，$u_{q \times 1}$，$R$ 及 $G$，假设方差矩阵 $R$ 及 $G$ 已知，余下就是求 $\beta_{p \times 1}$ 和 $u_{q \times 1}$ 值，多元统计分析已给出了估计（Henderson，1950；1975；1984）：

$$\hat{\beta} = (X'V^{-1}X)^{-1}X'V^{-1}y \qquad (6.97)$$

$$\hat{u} = GZ'V^{-1}(y - X\hat{\theta}) \tag{6.98}$$

式中，$\hat{\beta}$ 为最优线性无偏估计（best linear unbiased estimator，BLUE），这里最优的意思是指估计值抽样方差最小，线性为 $\hat{\beta}$ 为 $y$ 变量的线性函数，无偏表示估计的期望值等于真值 $E(\hat{\theta}) = \beta$；类似的，$\hat{u}$ 为最优线性无偏预测（best linear unbiased predictor，BLUP）。

$\hat{\beta}$ 和 $\hat{u}$ 的估计涉及求逆计算 $V^{-1}$，$V$ 为 $n \times n$ 阶矩阵，在样本数（$n$）较大时，该矩阵求逆变得困难，Henderson（1984）提供了一个简洁计算，称为混合模型方程（mixed-model equations，MME），只涉及 $(p+q) \times (p+q)$ 阶矩阵求逆：

$$\begin{pmatrix} X^T R^{-1} X & X^T R^{-1} Z \\ Z^T R^{-1} X & Z^T R^{-1} Z + G^{-1} \end{pmatrix}_{(p+q) \times (p+q)} \begin{pmatrix} \hat{\beta} \\ \hat{u} \end{pmatrix} = \begin{pmatrix} X^T R^{-1} Y \\ Z^T R^{-1} Y \end{pmatrix} \tag{6.99}$$

估计值的标准差可以用下列矩阵求逆计算（Henderson，1975），

$$\begin{pmatrix} X^T R^{-1} X & X^T R^{-1} Z \\ Z^T R^{-1} X & Z^T R^{-1} Z + G^{-1} \end{pmatrix}^{-1} = \begin{pmatrix} V(\hat{\beta}) & Cov(\hat{\beta}, \hat{u} - u) \\ Cov(\hat{\beta}, \hat{u} - u) & V(\hat{u}) \end{pmatrix} \tag{6.100}$$

注意：上述模型计算应用于一般混合线性模型，针对具体的遗传设计模型时，可以用来估计育种值。例如，类似于动物个体模型（Lynch and Walsh，1998，p.755），考虑一群单植株表型值，假设 $\mu$ 为群体均值，$a_i$ 为加性遗传值，$e_i$ 为误差，简单的线性模型如下：

$$y_i = \mu + a_i + e_i$$

应用前面线性模型得到：

$$X = \begin{pmatrix} 1 \\ 1 \\ . \\ . \\ 1 \end{pmatrix}, \quad \beta = \mu, \quad u = \begin{pmatrix} a_1 \\ a_2 \\ . \\ . \\ a_n \end{pmatrix}$$

矩阵 $R = \sigma_e^2 I$，不同的植株观测误差相互独立，矩阵 $G$ 表示成对个体间加性遗传效应的相关性 $Cov_G(x, y) = 2\Theta_{xy} \sigma_A^2$，因此，矩阵 $G = \sigma_A^2 A$，$A$ 为遗传亲缘关系矩阵，其元素 $a_{ij} = 2\Theta_{ij}$。于是 MME 方程简化为：

$$\begin{pmatrix} X^T X & X^T Z \\ Z^T X & Z^T Z + (1/h_N^2 - 1) A^{-1} \end{pmatrix} \begin{pmatrix} \hat{\beta} \\ \hat{u} \end{pmatrix} = \begin{pmatrix} X^T Y \\ Z^T Y \end{pmatrix} \tag{6.101}$$

由式（6.101）求得加性遗传值 $\hat{u}$，从而预测单株育种值。

混合线性模型及 Henderson 的 MME 方程可以应用到许多不同的遗传设计，或更多随机遗传效应估计，有兴趣的读者参见 Lynch 和 Walsh（1998）。

目前应用全基因组变异信息估计个体间亲缘关系 $G$ 矩阵，代替基于谱系关系确定的 $A$ 矩阵，预测个体育种值并进行基因组选择，这方面已有一些方法。例如，VanRaden 等（2008）提出根据个体基因组多位点的基因型和基因频率估计个体间亲缘系数 $G$ 矩阵，预测个体育种值 GBLUP。Misztal（2009）以及 Christensen 和 Lund 等（2010）分析了另一种计算

亲缘关系矩阵 $\boldsymbol{H}$，包括基于谱系关系的 $\boldsymbol{A}$ 矩阵和基于基因组估计的 $\boldsymbol{G}$ 矩阵信息，其中 $\boldsymbol{A}$ 矩阵包含没有基因分型的群体生成 $\boldsymbol{A}_{11}$ 矩阵，有基因分型的群体生成 $\boldsymbol{A}_{22}$ 矩阵以及两类群体个体间的亲缘关系矩阵 $\boldsymbol{A}_{12}$ 和 $\boldsymbol{A}_{21}$，即

$$\boldsymbol{H} = \begin{pmatrix} \boldsymbol{A}_{11} & \boldsymbol{A}_{12} \\ \boldsymbol{A}_{21} & \boldsymbol{G} \end{pmatrix} = \boldsymbol{A} + \begin{pmatrix} 0 & 0 \\ 0 & \boldsymbol{G} - \boldsymbol{A}_{22} \end{pmatrix}$$

$$\mathbf{H}^{-1} = \mathbf{A}^{-1} + \begin{pmatrix} 0 & 0 \\ 0 & \boldsymbol{G}^{-1} - \boldsymbol{A}_{22}^{-1} \end{pmatrix} \tag{6.102}$$

将式(6.100)中的 $\boldsymbol{G}$ 矩阵用上述 $\boldsymbol{H}$ 矩阵替代计算加性效应 $\boldsymbol{u}$ 值，再计算每株的加性效应之和，即育种值，该算法又称为单步基因组最优线性无偏预测 ssGBLUP(single-step genomic best linear unbiased prediction)。计算 $\boldsymbol{G}$ 矩阵的方法可以从不同角度来利用基因分型数据计算，有关这方面的应用将来有可能变得更成熟。

(2)REML 估计

REML(restricted maximum likelihood，REML)估计的矩阵运算较为复杂，详细过程见 Lynch 和 Walsh(1998，第 27 章)，在矩阵 $\boldsymbol{G}$ 和 $\boldsymbol{R}$ 未知情况下，应用限制性最大似然估计方差，其原理就是对 $\boldsymbol{Y}$ 进行线性转换，去除固定效应 $\boldsymbol{B}$（固定效应不会提供估值），然后建立似然函数，对方差成分求一阶和二阶偏导，采用 Newton Raphson 或 expectation maximization (EM)迭代，求解误差方差 $\sigma_e^2$ 及 $\sigma_A^2$。

## 6.4　数量性状遗传变异维持与进化

已知数量性状表现为连续的正态分布，微效多基因假说被用来解释这种表型变异的遗传基础。虽然这一假说现在受到许多研究结果的挑战，即在植物和动物中，具有效应不相等的 QTL 位点，有的数量性状存在主效基因，微效多基因假说也会得到修补，但数量性状受许多类似的基因控制仍是公认的。由于单个基因作用效应微小，多基因联合作用促成数量性状变异，这就决定了研究数量性状变异采用统计学方法，而非单个基因在群体遗传中的表现行为。

除了微效多基因假说外，Fisher(1918)提出将分解表型值剖分为遗传型值+环境值+遗传与环境互作效应值，以这两种理论的结合（微效多基因假说与表型值剖分理论）为数量性状的遗传变异分析提供了理论参考。将表型值剖分就更明确了哪些部分是可遗传和用于预测的，哪些部分在一定的条件下也可以遗传的，从而进一步理解数量性状的遗传模式。分解单个基因效应及利用基因频率计算各种遗传方差，视遗传方差为基因效应值与基因频率的函数，由此揭示了数量性状遗传变异组成及其变化的基本单位。

由于环境效应及遗传与环境互作效应是非遗传的，这样数量性状的进化问题实质上就转化为基因效应值的改变和基因频率的改变，如在微效多基因作用下，随机交配群体遗传均值如下：

$$\mu_G = \sum_i (p_i - q_i) a_i + 2 \sum_i p_i q_i d_i \tag{6.103}$$

式中，$a_i$ 为基因效应；$d_i$ 为显性效应；$p_i$ 为基因频率的函数。遗传均值随时间变化可用

以下式表达：

$$\frac{\partial \mu_G}{\partial t} = \sum_i (p_i - q_i) \frac{\partial a_i}{\partial t} + 2 \sum_i p_i q_i \frac{\partial d_i}{\partial t} + 2 \sum_i [a_i + (q_i - p_i) d_i] \frac{\partial p_i}{\partial t} \qquad (6.104)$$

在给定的环境下，基因效应 $a_i$ 相对稳定，于是数量性状遗传进化问题实质上转化为基因频率的变化，已知群体遗传学研究问题的核心之一就是基因频率在各种进化过程下的变化，这些自然就成为了数量性状遗传进化的基础，进化的基本动力（突变、选择、迁移及漂变）也就成为数量性状遗传进化的基本动力。

Wright（1949，1955）将数量性状变异因素分为三类（见表2-1），即系统变化、随机变化及环境变化。这些因素直接或间接地与基因频率的变化有关，因此，也与自然群体的数量遗传变异有关。然而，各因子的相对影响因 QTL 和数量性状而异。例如，在短期进化中，突变对数量性状的遗传变异贡献很小，但在长期进化中，这种影响不可忽视。与农作物、食草动物和寄生虫相比，林木生长在时空波动的环境中，具有世代周期长、遗传负荷高和环境异质性等特点，这些因素对树木数量遗传变异的综合影响可以通过人类活动或自然事件发生。

### 6.4.1　进化方程

进化方程描述了数量性状平均值每代的变化，Fisher（1931）的自然选择基本定理认为群体的进化速率等于相对适应度的加性方差。Kimura（1958）推导出群体平均适合度的变化等于加性效应方差和其他成分之和。Lynch 和 Walsh（1998）推出平均绝对适合度的变化存在以下关系：

$$\frac{\Delta \overline{W}}{\overline{W}} = \frac{\sigma_A^2(W)}{\overline{W}^2} = \sigma_A^2(w) \qquad (6.105)$$

式中，$\overline{W}$ 为群体绝对适合度 $W$ 的均值；$w$ 为相对适合度（$w = W/\overline{W}$）。这一关系可以简单地从 $\frac{\partial \mu_G}{\partial t}$ 的表达式求得。例如，假设三种基因型的绝对适合度为 $a(AA)$，$d(Aa)$，$-a(aa)$，群体处于 Hardy-Weinberg 平衡，$\mu_G = (p - q) a + 2pqd$，可以推出 $\frac{\partial p}{\partial t} = \frac{\alpha}{\mu_G} pq$，$\alpha = a + (q - p) d$ 为平均等位基因替换效应，于是有下式：

$$\frac{\partial \mu_G}{\partial t} = \sum_i (p_i - q_i) \frac{\partial a_i}{\partial t} + 2 \sum_i p_i q_i \frac{\partial d_i}{\partial t} + 2 \sum_i [a_i + (q_i - p_i) d_i] \frac{\partial p_i}{\partial t}$$

$$= \sum_i (p_i - q_i) \frac{\partial a_i}{\partial t} + 2 \sum_i p_i q_i \frac{\partial d_i}{\partial t} + \frac{\sigma_A^2}{\mu_G} \qquad (6.106)$$

式中，$\sigma_A^2 = \sum_i 2 p_i q_i \alpha_i^2$；$\mu_G$ 就是群体平均绝对适合度（$\mu_G = \overline{W}$）。假设基因效应值稳定不随时间变化（$\frac{\partial a_i}{\partial t} = 0$），$\frac{\partial \mu_G}{\partial t} = \frac{\sigma_A^2}{\mu_G}$，这与 Lynch 和 Walsh 的结果是一致的。Fisher 的定理指出了相对适合度的加性遗传方差的重要性，其值越大，进化的潜势也就越大。

假设该性状为与选择适合关联的数量性状，只考虑加性和显性效应的话，对应于基因

型值 $a(AA)$，$d(Aa)$，$-a(aa)$ 的相对适合度依次为 $1(AA)$，$1 - \dfrac{di}{\sigma_P}(Aa)$，$1 - \dfrac{2ai}{\sigma_P}(aa)$（Falconer and Mackay，1996），$i$ 是选择强度，用来表示选择差有多少个表型标准差（$S = i\sigma_P$），$\overline{W} = 1 - pq\dfrac{2di}{\sigma_P} - q^2\dfrac{2ai}{\sigma_P}$，可以证明基因频率随时间变化为 $\dfrac{\partial p}{\partial t} = \alpha pq\dfrac{i}{\overline{W}\sigma_P}$，对应单个位点，选择效应小，$\overline{W} \approx 1$，于是得到下式：

$$\frac{\partial \mu_G}{\partial t} = \sum_i (p_i - q_i)\frac{\partial a_i}{\partial t} + 2\sum_i p_i q_i\frac{\partial d_i}{\partial t} + \sigma_A^2\frac{i}{\sigma_P} \tag{6.107}$$

性状的加性方差及狭义遗传力与群体均值进化有关。当基因效应不变时，即 $\dfrac{\partial a_i}{\partial t} = 0$，$\dfrac{\partial d_i}{\partial t} = 0$，上述方程变为 $\dfrac{\partial \mu_G}{\partial t} = h_N^2 S$，这样 $\dfrac{\partial \mu_G}{\partial t}$ 就转化为育种者方程。

考虑多个数量性状进化时，可以从两种途径分析表型进化：一种是通过直接用表型值建立模型；另一种方法是根据基因频率和基因型组成，通过完整的遗传分析来建立表型变化模型（Narain，1993；Lande，1988）。表 6-10 概述了在加性效应假设下多性状平均数变化的一些结果。在 Barton 和 Turelli（1989），Turelli（1988）以及 Turrelli 和 Barton（1990）文献中可以找到高于二阶矩和上位性的方程。这些方程的一个共同特点是遗传方差和协方差是数量性状进化潜力的重要组成部分。

表 6-10　不同假设模型下数量性状的进化方程

| 模型 | 方程 | 参考文献 |
|---|---|---|
| I. 表型 | | Lande（1988） |
| a. 自然选择 | $\Delta \bar{z} = A\nabla\ln\overline{W}$ | |
| b. 漂变 | $\dfrac{\partial \Phi}{\partial t} = -\sum_{i=1}^{m}\dfrac{\partial}{\partial \bar{z}_i}(\Delta \bar{z}_i\Phi) + \dfrac{1}{2}\sum_i\sum_j\dfrac{\overline{A}_{ij}}{N_e}\dfrac{\partial^2\Phi}{\partial \bar{z}_i\partial \bar{z}_j}$ | |
| II. 基因频率 | | Narin（1993） |
| a. 截尾选择 | $\Delta \bar{z} = AP^{-1}\Delta M$ | |
| b. 平衡选择 | $\Delta \bar{z} = -A(w + P)^{-1}(M - z_{opt})$ | |

注：$Z$ 是 $m$ 个性状向量，$z = (z_1, z_2, \cdots, z_m)'$；$\Delta \bar{z}$ 是平均向量 $\bar{z}$ 的增量；$\overline{W}$ 是平均群体适应度；$\nabla = (\partial/\partial z_1, \partial/\partial z_2, \cdots, \partial/\partial z_m)$；$A$ 是性状的加性遗传方差—协方差矩阵；$P$ 性状的方差—协方差矩阵和 $w$ 是 $m$ 性状适应度分布；$\Phi$ 是 $\bar{z}$ 在时间 $t$ 的概率密度；$\Delta M$ 是 $m$ 性状平均值的定向变化；$z_{opt}$ 是 $m$ 性状的最佳适应度。引自：Hu and Li，2002a。

## 6.4.2　遗传变异维持

数量遗传理论方面已有大量的研究（Falconer and Mackay，1996；Lynch and Walsh，1998），一些解释数量性状进化过程的假说，如稳定选择假说和突变—选择平衡假说等，已被普遍接受。对数量遗传学研究已有很好的详细综述（Walsh and Lynch，2018），这里我们将简要介绍自然群体数量遗传变异维持的相关理论。

（1）有效群体大小影响

有效群体大小通过漂变过程影响 QTL 基因频率，在小群体中，不同中性 QTL 基因的遗传方差在随机遗传漂变中以相同的速率丢失，但方差的补充速率因不同 QTL 位点突变率的变化而变化（Lande，1999）。有害 QTL 等位基因会被消除，或者有可能被固定，小群体增加有害基因固定。具有较大选择优势的等位基因被固定的概率很大。遗传变异主要归因于选择系数适中的 QTLs，如选择系数略大于 $\frac{1}{2N}$。

在大群体中，中性数量性状的遗传变异是由效应不等的 QTL 组成。对于适应性数量性状，有害（或有利）等位基因被消除（或固定）的概率很大，即使突变可以使这些等位基因处于非常低的多态性水平。影响较大的 QTL 在自然群体的遗传变异中不会占太多的比例，遗传变异主要来源于具有中间等位基因频率的 QTL。

已知在纯漂变过程条件下，在 $t$ 世代，基因频率的方差为 $\sigma_p^2(t) = p_0 q_0 \left[ 1 - \left( 1 - \frac{1}{2N_e} \right)^t \right]$，令 $f_t = 1 - \left( 1 - \frac{1}{2N_e} \right)^t$ 为近交系数，杂合子频率 $H_t = 2 p_0 q_0 (1 - f_t) = 2 p_0 q_0 \left( 1 - \frac{1}{2N_e} \right)^t$，在第 $t$ 世代，加性方差为 $\sigma_A^2(t) = \sum_i 2 p_t q_t \alpha^2$，因此，漂变过程对加性方差的影响可由式（6.108）（Wright，1951）表示：

$$\sigma_A^2(t) = \sigma_A^2(0) \left( 1 - \frac{1}{2N_e} \right)^t \approx \sigma_A^2(0) \, \mathrm{e}^{-t/2N_e} \tag{6.108}$$

与起始加性方差 $\sigma_A^2(0)$ 相比，加性方差以 $\frac{1}{2N_e}$ 速率负指数递减，与杂合子的降低速率是一样的，当基因频率走向固定或丢失，加性方差也趋于零，进化的潜势趋于零。

考虑位点间相互独立，根据 $Cov_G(x, y)$ 公式，当 $x = y$ 时，其表达式如下：

$$\sigma_G^2 = 2\Theta_{xx}\sigma_A^2 + \Delta_{xx}\sigma_D^2 + (2\Theta_{xx})^2 \sigma_{AA}^2 + 2\Theta_{xx}\Delta_{xy}\sigma_{AD}^2 + (\Delta_{xx})^2 \sigma_{DD}^2 + \cdots \tag{6.109}$$

式中，$2\Theta_{xx} = f_t$，$\Delta_{xx} = 1 - f_t$，将 $f_t$ 代入上述公式就可以分析显性及上位性的变化（Walsh and Lynch，2018）。由上式可以看出，基因频率趋于固定或丢失，显性方差及上位性方差也趋于零。当位点间存在连锁不平衡时，重组与漂变联合作用，进一步减少上位性方差。

（2）漂变与选择联合作用

在 3.6 节中介绍了基因的固定或丢失概率，这些结果同样可以应用到数量性状位点上，解释 QTL 等位基因的固定或消失概率。如果一个新的 QTL 突变体的选择系数（$s$），实际群体大小为 $N$ 株（一般情况下不等于有效群体大小 $N_e$），在选择、漂变和突变的联合作用下，则该突变体的固定概率为：$u\left(\frac{1}{2N}\right) = \frac{1 - \mathrm{e}^{-2N_e s/N}}{1 - \mathrm{e}^{-2N_e s}}$（Kimura，1962），由此可知，固定概率随着群体规模减小而增加，有害基因或弱选择的基因固定概率升高。突变体的平均灭绝时间 $\bar{t}_0\left(\frac{1}{2N}\right) = \frac{4N_e}{2N - 1}\ln(2N)$（Kimura，1969），随种群大小升高而显著增加。

已知等位基因的选择系数（$s_i$）与其对应的加性效应（$a_i$）之间的关系可以近似为 $s_i =$

$\dfrac{ai}{\sigma_P}$（Kimura and Crow，1978；Hill，1982），这种关系主要应用于定向选择或稳态选择上。
对于选择性中性 QTL 位点，效应大小对它们之间的固定概率和灭绝时间没有显著差异，但对于效应较大的适应性 QTL，选择系数越大（$s > 0$），固定概率就越大。当新的 QTL 突变等位基因具有较大的效应，往往会产生有害甚至致命的后果，并会被自然选择所淘汰，因此，影响较大的 QTL 在自然群体中通常具有较低的多态性，例如，等位基因频率大于 0.95 或小于 0.05。相比之下，许多效应小的 QTL 选择系数小，固定概率小，多态性高，例如，等位基因频率在 0.5 左右，因而成为数量性状遗传变异维持的主要组成。

当 QTL 位点的效应不均衡时，等位基因分布与数量性状形成的代谢途径密切相关，根据代谢途径的复杂程度，这些 QTL 的数量会因性状的不同而有很大的差异。在许多情况下，数量性状中很少有影响较大的 QTL，基因效应的分布可能是指数型的（Robertson，1967）。指数分布大致代表了许多性状数量遗传变异的一个特征，不同的分布类型在遗传方差占的比率不同（Hu and Li，2006）。

（3）遗传方差的突变输入

遗传变异的增加是群体适应不同环境的遗传基础，QTL 位点效应分布在不同性状可能不同，对总遗传变异的相对贡献是不同的（Hu and Li，2006），从 QTL 突变在果蝇和其他物种中产生数量变异的作用，可以概括出几个 QTL 效应突变特征（Lynch and Walsh，1998）：①突变的影响可以是非相加的，影响大的 QTL 的突变几乎是隐性的，而影响小的 QTL 突变平均来说几乎是加性的，但显性程度不同；②效应较大的 QTL 可以产生一因多效现象；③突变效应分布具有高度的倾斜性，少数 QTL 的效应较大，但平均效应接近于零；④效应小的 QTL 突变率远高于效应大的 QTL 基因；⑤选择系数约为 $\dfrac{1}{2N}$ 的突变体极易受随机遗传漂变的影响，但对群体适应度仍有显著影响。

表 6-11 列出了有几种关于突变引起的遗传方差输入的模型，这些模型是提供了突变和遗传方差之间的基本关系，这些模型是假设突变苦因具有加性效应（无上位性）情况下推出的，并且没有区分具有主效和微效 QTLs（Hill and Heightley，1988）。实际研究表明，通过突变输入的遗传变异大约是 0.001 乘以环境方差，每个数量性状（不是每个基因位点）的总突变率约为 0.1（Lynch and Walsh，1998）。

**表 6-11 不同模型下数量遗传方差与突变的关系**

| 模 型 | 遗传方差 | 参考文献 |
| --- | --- | --- |
| I. 中性情况（多加性 QTL 位点） | $V_G = 2N_e V_M,\ V_M = nuE(a^2)/2$ | Clayton et al.，1955 |
| II. 平衡选择 | | |
| 等位基因连续体（continuum-of-alleles） | $V_G = n[uE(a^2)V_S]^{1/2}$ | Kimura，1965b |
| 多等位基因模型（multi-allelic model） | $V_G = 4nuV_S$ | Turelli，1984 |
| 等位基因连续体—多等位基因模型 | $V_G = \dfrac{4nuV_S}{1 + V_S/N_e a^2}$ | Burger et al.，1989<br>Keightley et al.，1988 |

注：$V_G$ 为遗传方差；$V_M$ 为突变方差；$n$ 为 QTLs 数量；$u$ 为突变率；$a$ 为加性效应；$V_S$ 为基因型稳态选择强度的倒数；$E(a^2)$ 为加性效应平方的期望。

（4）基因流影响

已知高等植物的基因流可以种子和花粉为载体扩散而实现，当基因流改变基因频率时，自然改变遗传方差。基因流与漂变联合作用可以改变遗传方差。例如，在岛屿模型假设下，Wright（1931）给出了一个位点 $i$ 两个等位基因情况下的基因频率密度分布函数：

$$\varphi(p_i) = \frac{\Gamma(4Nm)}{\Gamma(4NmQ_i)\,\Gamma[4Nm(1-Q_i)]} p_i^{4NmQ_i-1}\,(1-p_i)^{4Nm(1-Q_i)-1} \qquad (6.110)$$

式中，$Q_i$ 为平均基因频率或群体分化前的基因频率；$m$ 为迁移率，$m = m_S + m_P/2$（核基因）。基因频率方差为 $\sigma_p^2 = \dfrac{Q_i(1-Q_i)}{1+4Nm}$，由当亚群体的加性方差的均值计算方法如下：

$$E(\sigma_A^2) = E\Big(\sum_i 2p_i q_i \alpha^2\Big) = \Big(1 - \frac{1}{1+4Nm}\Big)\sigma_A^2(0) \qquad (6.111)$$

式中，$\sigma_A^2(0) = \sum_i 2Q_i(1-Q_i)\alpha^2$，可见群体分化会降低加性方差。

已知群体分化系数 $F_{st} = \dfrac{1}{1+4Nm}$，据此可得到下列关系的表达式：

$$\sigma_G^2 = (1-F_{st})\sigma_A^2 + F_{st}\sigma_D^2 + (1-F_{st})^2\sigma_{AA}^2 + \cdots \qquad (6.112)$$

总的趋势是群体分化导致上位性效应方差减小，但随着基因流增加，$F_{st}$ 减小，间接地提高了加性方差。

基因流与选择的联合作用改变遗传方差，例如，在生态杂交带（ecological zone），由基因流导致基因频率的梯度变异（注意：杂交带两边非对称选择会产生双向基因流不相等），由图 6-16 所示，两位点基因频率变化一致（$p_A = p_B$）条件下的空间梯度变异模式，两位点的群体加性和显性方差呈单峰分布类型（图 6-16；Hu，2005），主要位于基因频率 = 0.5 空间处。当花粉和种子扩散方差不同时，加性方差和显性方差空间分布会改变，如基因频率在不同的花粉流和种子流比率可以改变峰值的地理位置（Hu and Li，2001）。

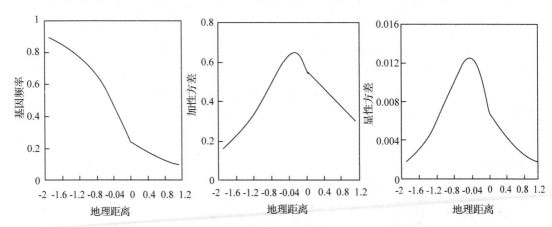

**图 6-16　生态杂交区基因频率、加性及显性方差的空间分布**

注：杂交带所用参数种子和花粉扩散方差 $\sigma_S^2 = \sigma_P^2 = 0.02$，选择系数 $s = 0.01$，生态杂交带两边选择强度之比 $\varepsilon^2 = 1/2$，两位点的基因型值 $AA = aa = 1.0$，$BB = bb = 0.5$，$Aa = 0.2$ 及 $Bb = 0.1$

### 6.4.3　遗传保护中保持进化的潜势

进化数量遗传学知识可以用于指导林木群体遗传资源保护和管理，进一步理解天然群体的数量遗传变异规律，下面结合进化数量遗传学理论，简要讨论目前在遗传资源保护实践中采用的就地和迁地保护问题。有关遗传资源保护还将在第 7 章进一步探讨。

受多种因素的影响，自然种群始终处于动态状态，保存遗传资源就是保持其动态性（Namkoong，1998）。在制定保护策略时，应首先强调维持群体的持续进化。就地保护是在研究种群所在的原始生态系统内"就地"进行的，或在该系统以前占用的地方进行的。它还包括在没有经过有意识的选择的情况下，在收集材料的同一地区种植或播种时进行人工再生（FAO，1993a）。相比之下，迁地保护是在亲本种群的自然分布范围之外（异地）进行的。在基因库中保存种子、组织或花粉，在种植园中保存树木（FAO，1993a）。早期文献详细比较了就地保护和迁地保护的优缺点（FAO，1993a，1993b）。前面所述的理论分析可以应用于就地保护，当就地保护种群足够大时，就可以保持群体的进化潜力。

不同形式的迁地保护的有效性不同，以种子库、花粉库和组织库的形式进行的异地保存，称为静态保存，与动态环境脱钩，意味着遗传负荷积累的风险。例如，在常规种子库条件下，受威胁的旱地棕榈树的种子质量尚未得到保证，并且观察到了一些种子生理特性的变化（Davies and Pritchard，1998）。通过模拟老化试验，种子在长期贮藏过程中，其遗传贡献可能会随着种子年龄的变化而改变，对种子库的依赖性需要评估（El-Kassaby and Edwards，1998）。

当样本量足够大时，种子库中的遗传变异可以保持在与源群体基本相同的水平上（保存前后 $\partial p_i/\partial t \approx 0$）。长期迁地保存后，QTL 的遗传变异可能与就地保持的源群体发生变异（$\partial p_i/\partial t \neq 0$）。与就地保存的源种群相比，异地保存的材料在重复使用时可能出现对环境的"适应滞后"。在长期静态保存过程中，由突变引起的 QTL 遗传变异输入量应非常小。材料在静态保存中的适应性会受到储存条件和持续时间的影响。适应性差的等位基因在贮藏期间没有被消除，将来很可能出现适应性不良的结果，因此，理论上迁地保护和就地保护的群体间存在较大的遗传分化，尤其是对影响较大或足够大的 QTL 效应值（如保存前后基因型值不同，$\partial a_i/\partial t \neq 0$，$\partial d_i/\partial t \neq 0$）。

迁地保护林是一种动态保护，其与自然种群的遗传差异取决于如何建立迁地林分，包括样本大小、表型选择标准和种植地点选择的影响。当样本量足够大时，遗传漂移效应可以忽略。如果所有个体都是从自然种群中随机选择的，那么在迁地林分和自然种群之间不会出现最初显著的遗传分化，遗传分化主要是由于种植后的自然选择造成的（$\partial p_i/\partial t \neq 0$）。迁地保护林常遭受自然选择困难，影响较大的有害等位基因很快就会被消除。迁地保护林分的平均数量性状与自然种群的数量性状有一定的差异（$\partial \mu_G/\partial t \neq 0$）。如果林分迁地群体与自然群体之间的环境因子存在显著的异质性，则适应性 QTL 的遗传分化甚至会增加。

如果根据自然种群的表型来选择植株进行迁地的话，QTL 位点效应较大的稀有等位基因将很有可能被剔除，这种后果类似于森林采伐对自然种群的影响。优势且效应较大的 QTL 等位基因频率在林分迁地时远高于自然群体，然而，迁地林分内的遗传变异减少，与自然群体的遗传组成上产生较大差异。因此，在制定保持遗传资源进化潜力的策略时，区分迁地保护和就地保护种群显然是重要的。

此外，遗传资源保护时，有时借助分子标记与性状关联来分析，用分子标记调查群体的遗传多样性，决定抽样方案（胡新生等，2000，2001），值得注意的是几个限制因素限制了分子标记在自然种群中的应用。基于标记的方法只对那些在标记和 QTL 之间建立紧密联系的群体有效，这种前提条件在许多人工种群中都能满足，但在自然种群中却很少满足。大多数树种，例如，许多针叶树，主要是异交，基因位点间的连锁不平衡（LD）通常很弱。在人工群体中，与 QTL 连锁的分子标记可能会与在自然群体中有不相同的连锁，因此，标记可能只在自然种群中连锁不平衡的树种中有用。

分子标记和 QTL 之间的遗传特性是不一样的，主要表现在以下几个方面：一是效应小的 QTL 位点突变率（$10^{-4}$ ~ $10^{-3}$/每世代）远高于分子标记（核苷酸序列和限制位点的突变率 $10^{-8}$ ~ $10^{-5}$/每世代）。因此，分子标记的进化特性不能很好地用来预测适应性数量性状的进化特殊（Holsinger *et al.*，1999）；二是维持遗传变异的机制不同：选择性中性标记的突变—遗传漂移，而适应性 QTL 的维持机制为突变—选择—遗传漂移；中性标记与适应性 QTL 位点间的关系，如搭便车效应，仍然很难阐明；三是在许多情况下，用分子标记可以检测出效应较大的 QTL。如前所述，效应较大的 QTL 多态性较低，不会对性状的未来适应性有重要贡献。所以，分子标记与效应相对较小的 QTL 之间连锁将是关键，但通常难以在统计上检测，所以，应用分子标记变异来指导数量遗传变异的保护时，必须十分小心。

进化数量遗传理论让我们认识到，遗传保护的目标是保持群体的遗传变异和保持进化潜力，这一思路有助于评估一些保护策略，归纳起来，有以下几个点需要注意：

①自然群体遗传变异的大小是数量性状进化和保护的重要组成部分。

②在许多情况下，无论是微效应还是主效的 QTL 有害突变等位基因都会消失，而大多数影响较大的适应 QTL 等位基因以大概率趋于固定。

③当存在多个效应较大的 QTL 时，效应较大的 QTL 数量是否稳定还有待研究，但要同时保存多个效应大的 QTL 的遗传变异较为复杂，这与保存效应较小的 QTL 位点可能不一样。

④数量选择遗传变异的输入主要归因于效应较小的 QTL 的突变。选择适应性强 QTL 多态性低，对总遗传变异的贡献不大，不需要太多的关注。

⑤现存群体中稀有 QTL 等位基因对种群适应未来环境变化的作用一般不重要。

⑥利用分子标记指导遗传资源的保护有几个限制条件。

⑦在制定保护战略时，应优先考虑维持群体持续进化的环境。在制定保持遗传资源进化潜力的策略时，迁地保护和就地保护的区别是应注意的。

# 6.5 分析软件介绍

有关分子标记连锁群、QTL 定位分析及 GWAS 分析软件较多，这里只介绍我们课堂上用于练习的 3 个程序包：MapDisto 用于构建连锁群，简单容易操作；WinQTLCart 用于 QTL 定位分析，应用不同的方法（单一标记分析、区间定位、复合区间定位等），估计 QTL 位点位置、数量、效应（加性、显性）及占表型变异的百分比等；plink 程序包用于全基因组关联分析，性状—标记间允许不同的基因效应模型分析，并用 Haploview 程序绘制曼哈顿图（Manhattan plot）。

MapDisto：基于 Excel 环境下建立的，方法介绍见使用说明文件

http：//mapdisto. free. fr/；http：//mapdisto. free. fr/Tutorials/

WinQTLCart：基于 Windows 系统下运行，容易操作，具体应用参考程序使用说明

http：//statgen. ncsu. edu/qtlcart/WQTLCart. htm

plink：基于 Windows 系统或 Linux 系统下运行，Windows 版更好用些

http：//zzz. bwh. harvard. edu/plink/download. shtml

## 复习思考题

1. 简述数量性状与质量性状遗传变异的异同。

2. 什么是遗传力？同一性状在不同群体的遗传力相等吗？

3. 什么是加性效应？以 1 个位点 2 个等位基因情况为例，说明加性效应估计方法。

4. 简述回交群体与 $F_2$ 群体在 QTL 定位上的异同。

5. 简述单一标记分析、区间定位及复合区间 QTL 定位分析差异和简述异交天然群体 QTL 与分子标记关联分析的方法。

6. 为什么说亲属间相似性是估计遗传方差的基础？比较亲子、半同胞及全同胞协方差关系的遗传基础。

7. 试证明家系内协方差等于家系间方差，简述不同家系方差分析中的组内相关系数及其意义。

8. 比较北卡罗来纳 II 设计与双列杂交设计的异同点。

9. 为什么 GCA 方差只与加性及加性 × 加性方差有关？为什么 SCA 方差只与显性及显性 × 显性方差有关？

10. 如何估计天然林群体数量性状的遗传力？给定一个线性模型（包含遗传设计和环境设计），怎样计算不同层次的遗传力？

11. 简述遗传增益的遗传基础和如何提高遗传增益。

12. 为什么分子标记辅助选择对遗传力低的性状选择效率高？分子标记辅助选择应注意哪些问题？简述上位性对分子标记辅助选择的贡献。

13. 什么基因组选择？它与全基因组关联分析的异同？

14. 比较 Bayes-A，-B，-C 及 -Cπ 在应用分子标记上的区别。

15. 结束训练群体和验证群体选择对基因组选择的影响。

16. 简述决定数量性状进化的主要因素，讨论突变、迁移、遗传漂变及选择对数量性状遗传方差的影响。

17. 简述就地保护与迁地保护对数量性状遗传变异维持的差异。

# 第7章  群体遗传学在树木改良与遗传保护中的应用

## 7.1  背景

森林是世界上最重要和最有价值的自然资源，覆盖了世界31%以上的陆地表面，是世界陆地上80%生物的栖息地。森林总面积为 $40.6×10^8 hm^2$ ，但分布不均。世界上一半以上的森林分布在五个国家（俄罗斯、巴西、加拿大、美国和中国）。约一半的森林面积相对完整，三分之一以上是自然更新的当地物种，没有明显的人类活动迹象，生态过程也没有受到显著干扰。在这种森林中，由于有效种群规模大和繁殖系统有利于异交，树木具有高度的杂合性。

世界各地森林的物种组成差异很大，从有数百种树种的热带森林到只有很少树种的温带和北方针叶林。这些森林通过为社会需求提供不同的产品发挥着不同的功能。例如，发达国家84%的木材用于工业，而发展中国家80%的木材用于薪材（FAO，1995a）。虽然所有森林都能提供各种经济、生物、环境、娱乐产品和社会效益，但那些生物多样性高的未受干扰的天然林经济收益率低，商业性木材产品往往不理想，尽管在维持生物多样性方面起着至关重要的作用。相反，集约管理的人工林能提供优质丰产的木材和其他产品，但却维持较低的生物多样性水平。

世界上绝大多数人工林是在20世纪50年开设营造的。在满足世界木材需求方面，人工林比天然未受干扰的森林具有许多优势。例如，人工林的生长速率比天然林快得多，特别是应用快速生长的基因型和采用集约经营管理。尤其在热带地区，人工林平均增长率是原生热带森林的10倍（Kanowski et al.，1992）。因此，森林轮伐期短，较小面积的森林就可以生产较多的木材。由于只需要较少的森林面积来满足对木材的需求，这种高效人工林降低了林业对环境的总体影响。人工林还生产出一致性较高的林木，从而降低了采伐、运输和转化的成本，并提高了某些林产品的产量。人工林可以发挥环境功能，例如，稳定土壤以减少侵蚀、提高水质、提供防风林、回收废弃的工业场地和封存碳以减缓全球变暖。所有这些优势加在一起意味着人工林可以在满足全球对木材产品不断增长的需求方面发挥关键作用，从而减少木材生产对天然林的依赖。

## 7.2  树木改良

在大多数大型人工林项目中，使用遗传改良品种，已成为经营性造林的一部分。在全球范围内，大约有 400 种不同的森林树种通过树木改良( tree improvement )计划积极参与到有计划的驯化过程中(FAO，2017)。例如，高达 35%人工林以商业生产木材为目的的中轮伐期松属树种，35%的已建人工林为长轮伐期温带云杉林。林木改良是指在一定的营林系统中应用森林遗传学理论和技术，并结合森林培育学技术和经济学原理，以提高林地森林质量。它的目标是在保持遗传多样性的同时提高种群的遗传值。林木改良要通过选择和育种。在自然界中，自然地选择了种群中最适合的树木。在树木改良计划中，选择是人工完成的，遗传学家提供良种，并且只使用这些良种来种植。如果再加上良好的人工林营造技术和建后营林措施，使用改良品种可以进一步提高人工林的生产力和健康水平。

树木改良计划的目标应该是对一个物种的遗传变异进行可持续的管理，以产生在适应性、生长速率、干形、抗病性、木材质量和耐寒、抗旱性方面改良的繁殖材料。尽管有一系列的树木改良选择和策略，从简单的轮回设计到能够在不同环境中对不同性状利用基因作用的一系列多个群体，树木改良计划建立在以下四个要素的基础种群上。

一是明确需要遗传改良目标。一般来说，应选择生长快、干形好、木材密度大、病害少的优良群体或个体。

二是了解树种各层次的变异模式。其目的是决定选择的重点应当放在哪一个层次。当某个性状种群间的变异大于种群内树间的变异时，选择应首先放在种群水平上，在优良种群中选择优良个体，选择效果会更好。

三是明确是否进行子代测定。这取决于性状遗传力。遗传力是指一个性状与环境相比，受遗传影响的程度。性状的遗传力高，中优树可多些，而性状遗传力低，中优树多了，效果不理想，必需通过子代试验对中选优树进行评定，从中再选择，才能收到遗传改良效果。

四是确定每个生态区域优树数量。目的是能提供具有广泛遗传基础育种群体，满足多世代遗传改良育种资源的需求，能避免育种群体近亲繁殖，并有效抵御病虫害及气候变化。

在理想情况下，初始群体应根据种源试验的遗传检测结果，由优树选择组成。种源试验是一种特殊类型的人工林试验，它有助于了解树木如何通过遗传适应或表型可塑性来适应不同的环境条件。种源的意思是"起源"，是指从物种自然分布的某个特定位置来的树木种群。为了建立种源试验，在感兴趣的区域收集种子，例如，整个物种范围或森林生态/行政区域内收集，然后，在多个试验点进行系统的试验设计，将所有采集地点的幼苗一起种植。对种源试验的数据进行分析，以了解特定种源如何适应环境条件，从而回答如下问题：①物种是否存在遗传分化？②对特定生态位，不同的种源环境的耐受性如何？③种源的表型可塑性是否有差异？

表型可塑性是指树木在没有通过进化改变遗传组成条件下，通过改变其形态或生理特性来适应不同环境条件的能力。例如，如果林分的立地条件较差，来自特定种源的树木可能会通过分配更多养分和水分来适应根系生长。在干旱条件下的种植地，来自特定种源的树木可以通过改变叶片大小和叶片厚度或通过改变生理途径来适应，从而提高水分利用效率。通过表型可塑性进行适应的能力对于树木来说是极其重要的，因为它们是固定不动的，不能离开有害的环境，因此树木必须能够在其漫长的生命周期中生存在变化的环境中。受剧烈环境变化影响的种源可能进化成高表型可塑性，成为"广泛适应者"；经历了非常稳定的环境的种源可能进化成较低环境容忍度，成为"局部适应者"。

## 7.3　种源试验

通过种源试验（provenance trials），了解地理变异及其模式对树木改良和基因保护都很重要。在树木改良计划中，森林遗传学家选择产量和品质最佳的种源。在基因保护计划中，地理变异的知识对于制订取样方案是很重要的，可以确保所有不同种源的基因都得到保护。然而，种源试验是非常昂贵的长期研究，因此，并不是所有的树木改良和基因保护计划都能通过种源试验来指导树木改良计划中优树选择，以及在基因保护计划中捕捉遗传多样性的抽样方案。一个例外是不列颠哥伦比亚省森林部（Illingworth，1978）于1974年在省内的60个地点对140个松种源进行了全分布区试验，试验结果指导了小干松改良计划中的优树选择。

优树选择是基于一棵树的外观或表现型进行的，性状是可观察和测量的特征。它既受树木遗传潜力的影响，也受树木生长环境的影响。用 $P = G + E + G \times E$（表型＝基因型＋环境＋基因型与环境相互作用）公式来说明树木的基因型和环境及其相互作用是共同产生表型的根本原因。环境因素对表型的影响包括气候、土壤、病虫害、树间竞争等所有非遗传因素。一个至关重要的问题是确定观察到的树木之间的表型变异主要是由它们的遗传变异还是由环境影响的差异引起的。传统上，森林物种的遗传变异模式是通过试验林中形态和生长特性来评估的。例如，种源试验的目的是将观察到的表型变异剖分为遗传的和非遗传的成分。然而，一种广泛使用的直接测定林木遗传变异的方法是遗传标记法。

## 7.4　遗传标记

遗传标记（genetic marker）是一种在染色体上具有已知位置的基因或DNA序列，可用于识别个体或物种。它可以用于描述为一种变异，这种变异可能是由于可以观察到的基因组位点的突变或改变而引起的。遗传标记可以是基于生物化学的，例如，萜烯、蛋白质、等位酶等；也可以是基于DNA，例如，1~6个碱基对的短重复序列（如微卫星），或者围绕单个碱基对改变的序列［如单核苷酸多态性（SNP）］。遗传标记的优点是：①开发和使用成本低廉；②能高度显示等位基因变异性；③其表达具有共显性；④不受环境和发育变化的影响；⑤可在不同组织类型和不同实验室重复。表2-2概括了一些标记的特点。

没有遗传标记，林木群体遗传学不可能迅速发展。早期生物化学遗传标记应用，如萜烯（Squillace，1971；Von Rudloff et al.，1988）和等位酶（Yeh，1989；Yeh and Arnott，1986；Yeh and Hu，2005）等开发，使林木群体遗传学家能够解决一系列学术（如 Mitton et al.，1980；Yeh and O'Malley，1980）和应用研究问题（例如，El Kassaby and Ritland，1986；Webber and Yeh，1987）。林木群体遗传学的知识对于理解所有类型森林的可持续性、保护和管理是很有价值的。例如，在一些国家，每年毁林使林地减少近1%（World Resources Institute，1994），这将使一些树种的遗传基础变窄。林木群体遗传学家可以从两个方面帮助纠正这种情况:①制订基因保护计划,以保护受威胁物种的遗传多样性;②支持树木改良计划,以保证种植的林木是适应性良好和经过遗传改良的,以在采伐迹地重新造林。

遗传标记被用来研究树木的自然和驯化种群的遗传学,以了解导致这些种群变化的动力。遗传标记用于如下重要研究:①揭示地理变异模式;②描述交配系统;③推断物种间的分类学和系统发育关系;④评估驯化措施(包括森林管理和树木改良)对遗传多样性的影响;⑤分析就地和迁地待地保存的遗传效果;⑥通过 QTL 定位,开展基因标记辅助育种。

## 7.5 如何研究地理变异

为了分析种源间的遗传差异并描述地理变异(geographic variation)的遗传模式,通常进行以下三类研究:

(1)人工环境中的短期苗木试验

将从不同种源收集的种子播种在温室、生长室或苗圃中,并在数月至数年内培育幼苗,然后测量苗木性状(Campbell and Sorensen, 1973; Kleinschmit, 1978; Rehfeldt *et al.*, 1984; Wu *et al.*, 1997)。

在人工环境中进行短期试验的优点:一是在完整的试验设计下,可以对大量种源进行研究,试验误差较小;二是可以控制人工环境,以评估抗胁迫性疾病的适应性变化,干旱或霜冻;三是在较短的时间内可得到大量的形态、物候和生理性状的数据,以揭示种源间的适应性和生长的差异。这些优点使得短期试验特别适合于:①描述自然地理变异的遗传模式(梯度变异、生态变异或两者兼而有之);②了解导致适应性遗传变异模式的特殊选择压;③淘汰劣质种源,以便在长期的田间试验中,用有希望的种源进行试验,缩小试验规模;④制定初步的种子调拨指南,以便以后通过长期的田间种源试验加以验证。

短期试验的缺点:一是环境是人为造成的,因此观察到的变异模式可能无法模拟大田人工林;二是幼年—成熟相关性可能较低,因此无法确定哪些种源在轮伐期具有更好的生长和质量。基于这些原因,长期的种源试验对于确定种子调拨规则和最终选择优良种源是必要的。

(2)田间试验中的长期种源试验

利用从不同种源收集的种子在多个地点建立田间试验,并对种植的树木进行长达 1/3 轮伐期或更长年龄的观测(Callaham, 1964; Conkle, 1973; Kleinschmit, 1978; Morgenstern *et al.*, 1981; Squillace, 1964; White and Ching, 1985; Xie and Ying, 1996; Wei *et al.*, 2004)。

在野外环境中进行长期种源试验的优点:一是能最准确地描述性状地理变异的模式;二是在重新造林项目中,能提供可靠的种源排序;三是为优树选择确定种源。长期田间种源试验的缺点是:一是成本高;二是存在资金和试验规模限制;三是获取数据所需的时间较长。

(3)遗传标记

从天然林分收集树木种子和组织,并直接用这些植物材料测量遗传标记的研究(Fazekas and Yeh, 2001; Godbout *et al.*, 2008; Moran and Hopper, 1983; Li and Adams, 1989;

Liengsiri *et al.*, 1995; Westfall and Conkle, 1992; Yeh *et al.*, 1994; Yeh *et al.*, 1995; Yuan *et al.*, 2019)。

与人工环境中的短期苗木试验和大田试验中的长期种源试验相比，使用遗传标记的优点包括以下几点：①可以直接从收集的植物材料中确定基因型，而不需要花时间去培育后代和观测表型性状；②可以在1~2年或更短时间内完成，而且成本通常较低；③可以推断基因组水平上的遗传差异，例如，种源间等位基因频率或杂合度水平的差异；④当检测到的遗传差异可能与进化力量有关时，可以进一步了解更多的物种进化和遗传生态学。

由于大多数遗传标记对选择压力似乎是中性的，所揭示的遗传变异的地理格局主要是由除选择以外的进化力量决定的，即导致种群分化的遗传漂变和限制分化的基因流之间的相互作用。因此，遗传标记的缺点是，尽管也有一些例外，它们通常无法解释种群对环境的适应。

这三种类型的研究都可以确定一个物种自然范围内的遗传变异模式，并将这些模式与该范围内的物理、土壤和气候联系起来；能了解各种进化力对变异影响观的相对重要性；还能根据适应性遗传变异的推断模式，制订自然分布范围内的种子调拨方案，并在适宜种源区选择优树。三种类型的研究使用不同的抽样和实验设计，每种类型的研究都有其优缺点，有时是互补的（Yeh and Arnott，1986），综合这三类研究的信息可以用来揭示导致观察到的遗传变异的进化动力和地理变异模式复杂的相互作用。

## 7.6 地理变异模式

研究一个树种在分布区范围内的地理变异是理解树种变异的大小和模式的第一步。通过揭示地理变异，可阐明导致变异的各种进化动力（即自然选择、遗传漂变和迁移）的重要性和它们的相互作用，根据地理变异模式可划分育种区，还可设计基因保护策略，捕捉物种内存在的遗传多样性。

绝大多数森林树种在种源间表现出显著的遗传变异，任一物种的地理遗传变异模式都是现有适应过程和过去进化动力作用的结果。因此，树种的遗传结构不是一成不变的，而是不断变化的。此外，一些分布广泛的物种，如美国西部的花旗松（*Pseudotsuga menziesii*）、澳大利亚的赤桉（*Eucalyptus camaldulensis*）和美国东南部的火炬松（*Pinus taeda*），在物种分布范围的不同部分表现出复杂多变的地理变异格局。三种关键的进化动力相互作用，形成了目前的地理变异模式。

（1）自然选择

自然选择是形成树木地理变异的最重要的力量，最适者生存并留下更多的后代和基因来帮助它们到下一代成功延续。随着时间的推移，这一过程可能会导致专门针对特定生态位的群体（微进化）。换句话说，群体在遗传上适应了当地的土壤气候条件，因此，对适应产生有利影响的等位基因频率增加，而不受欢迎的等位基因频率降低。当环境梯度连续变化时，通常会出现遗传变异的梯度变化模式，而陡峭的环境梯度往往会造成种源间的巨大遗传差异。当不同种源之间的环境差异非常独特时，例如土壤明显不同，生态类型就可以形成。

（2）遗传漂变

影响种源内和种源间的遗传变异，如果一个群体通过遗传瓶颈，经历了严重的规模缩小，然后通过重新定居而扩大，从而导致遗传变异的丧失（杂合度降低和等位基因丢失）。例如，更新世的冰川期导致北半球许多树种的群体数量严重减少，这从两个方面影响了未来的地理变异模式。首先，在冰川作用期间，许多物种的分布范围被向南推进，一些物种减少为几个小的、不连续分布的种群，称为避难所。由于遗传漂变的影响是随机的，今天存在的来自不同避难所的种源可能在遗传上不同，与种源存在的环境差异无关。其次，在间冰期变暖期间，物种再次向北扩展。当一些种子零星地扩散到以前未被占用的土地上时，新种群的建立者只携带了一小部分亲本种群的遗传变异样本。因此，由于奠基者效应的影响，来自不同重建的种源在遗传上会有所不同。

（3）迁移

通过种子和花粉传播的基因流可以减少种群间的遗传差异。如果邻近种群能够连续地自由交换等位基因，自然选择导致的潜在遗传分化可能会大大减少。在另一个极端，有效分离的群体可以自由地更快地分化，并且随着遗传差异的发展，分化会持续下去。选择和迁移之间的平衡取决于迁移率和不同的选择强度。由于杂交和基因渐渗导致的物种间的基因流动也会影响物种内的地理变异模式，因为当一个物种的某个区域内的种源与另一个物种杂交时，那些经历杂交的种源将与该物种其他没有杂交的种源产生遗传差异。

有两种类型的树种在种源之间几乎没有遗传分化。第一类是几乎或完全没有任何遗传变异的树种，如马占相思（*Acacia mangium*，Moran *et al.*，1989）、香榧松（*Pinus torreyana*，Ledig and Conkle，1983）和加州蒲葵（*Washingtonia filifera*，McClenaghan and Beauchamp，1986）。每一物种的现有种群都可能来自于一个单一的、非常小的种群，它们来自于一个缺乏遗传变异性的冰川避难所，而且每一个物种可能没有足够的时间来重新获得遗传多样性，而这种多样性需要 10 万世代以上的时间恢复遗传多样性（Nei *et al.*，1975）。除香榧松（*Pinus torreyana*）外，这些物种都分布在相对较广的自然范围内，气候和土壤也各不相同，因此我们期望差异自然选择会导致种源之间的适应性遗传差异。由于自然选择只能对现有的遗传变异进行操作，而不能产生新的遗传变异，这些遗传性衰退的物种可能缺乏足够的遗传多样性，无法进行自然选择。

第二类树种，湿地松（*Pinus elliottii*）、蓝桉（*Eucalyptus globulus*）等，在种源内表现出丰富的遗传变异，但种源间的遗传差异较小甚至不存在。种源间缺乏遗传分化可能表明，在这些物种的整个自然范围内，土壤、气候条件相对均匀，因此种源间的自然选择可能不足以引起遗传分化，或种源之间存在广泛和持续的基因交换，整个物种范围的主要部分减少了种源间的遗传分化。

虽然少数树种几乎或完全没有任何遗传变异，并且在种源之间几乎没有遗传分化：马占相思（*Acacia mangium*，Moran *et al.*，1989）、红松（*Pinus resinosa*，Fowler and Morris，1977）和香榧松（*Pinus torreyana*；Ledig and Conkle，1983），但大多数树种在种源间表现出明显的遗传变异。这种变异的绝大多数在性质上是适应性的，这意味着种源通过不同的自然选择进化适应物种范围内不同地区的当地土壤、气候条件。梯度变异是最常见的适应性变异模式，表现为所观测性状与降水量、海拔、纬度等环境梯度的连续关系。当环境差异很大且不连续时，就会出现适应性变异的生态模式。

大多数分布广泛的树种表现出复杂的地理变异模式，在大小地理尺度上，同一物种内存在着梯度渐变、生态型和其他模式。这些模式反映了对当前和过去土壤、气候条件的适应，生物地理历史的变化导致遗传漂变和物种分布的不连续性，从而减缓了基因迁移。

鉴于树种间的遗传模式如此复杂多变，适当的遗传研究至关重要。短期苗木研究和遗传标记研究结果有助于了解进化动力、计划基因保护和确定初步的种子调拨方案。然而，确定的种子调拨指导规则应该基于在种植区建立的田间种源试验的长期数据。当这些数据不存在时，种植当地种源是最安全的选择，但可能不会导致最大的生长或产品产量；也可以将种子从气候稍温和的采种区转移到气候稍差的种植区，这可能会导致高于当地来源的增长，不适应的风险较小。

如果目标是使产品产量最大化，并且有足够的长期种源试验数据，则种子调拨有 3 种选择：①当种源之间在种植区没有显著差异时，造林者可以将任何种源部署到任何种源上；②当发现种源差异很大，但不存在种源 × 位点交互作用时，最佳种源可以部署到所有种植地点；③当观察到强烈的种源 × 位点交互作用时，种子调拨必须使种源与它们擅长的特定种植地类型相匹配。

## 7.7  遗传保护

森林遗传保护（genetic conservation）最初的重点是经济上重要的树种，目的是保存种质资源，以便将来在树木改良计划中进行育种。合理的解释是，遗传多样性对于适应和生产力都是必需的，因为商业树种必须在自然条件下，在大田人工林中长时间轮作生长。然而，随着人们对环境恶化的日益关注，森林遗传保护的范围已经扩大到包括非商业物种，特别是那些稀有或濒危的物种，因为它们的内在价值（Namkoong，1986；Ledig，1986）。森林遗传学家认为，物种灭绝和种群系统性贫乏不仅发生在热带生态系统中，而且也发生在温带森林中，是严重的损失。树木在生态系统功能中的作用也越来越受到重视。作为结构上的大型有机体，森林创造了许多其他动植物赖以生存的物理和生物栖息地。

Ledig（1986）提出了树木改良计划必须关注保持生物多样性的三个不同原因：①遗传一致性引起了对害虫和其他环境压力的脆弱性；②遗传多样性能够创造新的基因型或品种，这些基因型或品种在未来可能具有育种价值；③物种的多样性丧失可能会降低整个生态系统的稳定性。因此，自然种群和繁殖种群的遗传多样性下降将限制其对环境中不断变化的自然、经济和社会组成部分进行基因调整的潜力（Frankel，1977；Namkoong，1986）。

森林遗传资源包括初级和次级基因库（Frankel，1977）。原始基因库是未受干扰的天然林，次级基因库是生态系统扰动后的剩余森林（包括繁殖种群）。许多人认为，原始基因库中的遗传多样性可以得到保护而无需维护。然而，随着自然区域逐渐受到人类和非人类干扰的影响，保持天然林及其生态系统的遗传多样性将越来越依赖于特定技术的应用（OTA，1987）。

就地保护和迁地保护是保持遗传多样性的两种主要方法（Frankel and Soulé，1981）。就地保护将保护区内的天然林保持在其原生环境中，因此，保护林随着其生存和非生存环境的变化而不断变化。另外，无论是为了更容易和更好的遗传操作，还是出于安全考虑，受干扰生态系统的繁殖种群或集合群体最好是在受控(迁地)环境中生长。当树木育种者改善育种群体的遗传结构以获得最大的经济收益时，自然选择和其他进化力改变就地自然种群的遗传结构。因此，在保护过程中，从种群的建立到管理过程，通过就地保护和迁地保护，遗传多样性的变化将截然不同的。

综合保护计划，结合就地保护和迁地保护是首选的(Millar and Libby，1991)，在每种方法中，必须决定取样选择，包括哪些基因以及来自何处。就地保护和迁地保护计划的目的是在给定大小的样本中捕获每位点最多等位基因数。然而，很难捕获稀有等位基因，除非样本量大或多个群体被抽样。什么样的最佳取样策略能捕捉到最大数量的等位基因，是森林遗传学家最感兴趣和最重要的问题。这个问题的答案很大程度上取决于对森林种群之间和种群内部等位基因分布的了解。

### 7.7.1 抽样策略

在一个独特且易于管理的森林生态系统中，森林树木的就地保护会留出足够大的代表性种群。一个经常被问到的问题是：我们应该把一个大的群体还是几个部分孤立的亚群体放在一边？根据在两个地点的沿海花旗松(*Pseudotsuga menziesii*)种群结构研究的数据，Adams(1981)认为，每个区域内的种群都具有相似的适应能力，因为在一个区域内的种群中，等位基因的平均数量是相似的，而且没有一个特定的种群的等位基因明显少于整个区域。因此，沿海花旗松就地保护的最佳策略是留出一个单一的、等位基因数量最多的大群体。

尽管大量的遗传多样性可能在大种群中就地保存，但这并不一定意味着就地保护的最佳抽样策略是仅从大量种群中取样。抽取等位基因的能力取决于它在群体中是否存在和其基因频率(Marshall and Brown，1975)。等位基因分布可以用两个变量来描述：首先，等位基因可分为常见(≥0.05)和稀有(<0.05)，一个群体可能保持许多等位基因。然而，每个群体中常见等位基因的数量通常少于4个，其余的等位基因也很少见。其次，等位基因可以进一步分类为它们是广泛分布于群体还是局限于少数群体。在大于25%的群体中出现的任何等位基因都是一个广泛分布的等位基因；否则，它是一个局部等位基因。这种分类产生了四个等位基因的概念分类：普通—广泛类型(C，W)、普通—局部(C，L)、稀有—广泛(R，W)和稀有—局部(R，L)。

第一类等位基因(普通—广泛)被捕获，而不考虑所采用的抽样策略。相比之下，在有限大小的样本中捕捉到第四类等位基因(稀有—局部)的概率非常小。因此，执着于保存这些等位基因将导致不切实际的抽样策略来保存一切(Zobel，1977)。

其余两类等位基因与制定最佳抽样策略有关。第二类等位基因(普通—局部)在制定抽样策略时非常重要。由于这类等位基因在当地很常见，提高将其纳入有限样本的可能性的方法是以每个群体较少的个体为代价，对更多的群体进行抽样。由于种群抽样比种群内的个体树采集更昂贵、更耗时，因此选择这种抽样策略主要取决于群体中这些局部共有的等位基因的比例。

在沿海花旗松等位基因中，第二类的本地常见等位基因占相当比例(11%~17%；Adams，1981)，因此，沿海花旗松迁地保存的最佳抽样策略是从多个种群中的每一个种群中抽取较少的树木来覆盖广泛的环境(Adams, 1981)。在抽样中, 表现出显著遗传分化的群体将是明显的目标。第二类中的本地常见等位基因对树木育种者也很重要。局部普通等位基因可能代表通过某种形式的平衡选择在群体中维持的适应性变异(Dobzhansky, 1970)。因此, 它们代表了对特定当地环境的适应, 并为树木种植者提供了有限的(局部的)病虫害抗性和胁迫耐受能力的来源。

将稀有和广泛分布的第三类等位基因纳入抽样需要考虑以下问题: 给定大小的样本中包含的等位基因的预期数量是多少? Marshall 和 Brown(1975)认为, 在这种情况下, 被抽样的群体数量与制定抽样策略无关。有一个最佳的样本量, 超过这个范围, 即使样本量显著增加, 捕获额外等位基因的概率也很少或略有增加。中性模型的最佳样本量可以估计(Brown, 1989)。尽管在自然种群中涉及复杂的"抽样"结构, 但对于稀有等位基因, 该模型与实际数据的近似性非常好(Chapman, 1984)。对于中性模型, 在一个规模均衡的群体中, 等位基因的预期数量取决于多态性水平。

假设近似正态分布, Brown(1989)计算了样本中等位基因数量的大约 95% 置信区间。10% 的原始群体随机样本应该有 95% 的概率包含 70% 的等位基因。如果沿海花旗松的结果(Adams, 1981)是在其他针叶树中可能发现的典型结果, 那么 Brown 的结论表明, 大量稀有—广泛分布的等位基因应该在原始种群的 10% 组成的样本中捕获。因此, 对于遗传种群结构与沿海花旗松相似的物种, 原始种群的 10% 应是可管理的规模, 以便于迁地收集和保护森林遗传多样性。了解自然群体遗传变异的数量和地理分布, 有助于实施高效、实用的遗传保护计划。

### 7.7.2 案例分析

该例子说明了森林种群遗传学家是如何使用同工酶的(Fowler and Morris, 1977), 利用 RAPD(Mosseler *et al.*, 1992)和微卫星(Boys *et al.*, 2005)标记对红松 (*Pinus resinosa* Ait.)种群遗传结构进行了剖析, 并将所获得的遗传知识应用于红松遗传保护和管理方案的设计。

(1)种群遗传结构

红松分布于加拿大马尼托巴州东南部, 向东穿过五大湖/圣劳伦斯地区到纽芬兰, 南到美国西弗吉尼亚州, 以小而高度分散的种群出现。尽管红松的地理分布很广, 但其形态一致性很高, 从同工酶(Fowler and Morris, 1977)和 RAPD(Mosseler *et al.*, 1992)的调查来看, 红松是北美遗传变异小的针叶树之一。它的遗传一致性可能是由于在最后一个冰川时期通过了一个遗传瓶颈(例如, Fowler and Morris, 1977; Walter and Epperson, 2001, 2005)。在冰河时期, 红松也可能在东岸目前海岸线以外的非冰川岛屿和大陆延伸地带的避难所中存活下来。

在对来自马尼托巴到纽芬兰的 17 个红松种群的 500 多个个体的分析中(Boys *et al.*, 2005), 发现了 5 个多态性微卫星位点, 每个位点平均有 9 个等位基因。6 个群体共有 10 私有等位基因。平均期望杂合度和观察杂合度值分别为 0.508 和 0.185。在所有研究的群体中, 明显偏离 Hardy-Weinberg 平衡, 纯合度过高, 表明近亲繁殖水平较高。群体分化程度高, 28%~35% 的遗传变异发生在群体间。遗传距离分析表明, 东北部的三个种群(两个纽芬兰和一个新布朗什维克)与其他种群的遗传差异较大。基于溯祖分析表明，"东北"和"主要"种群可能在最近的更新世冰川期分离，严重的种群瓶颈可能导致红松高度自交系统的进化。

（2）主要意见和建议

①使用遗传标记：微卫星具有高度的变异性，可以检测同工酶和 RAPD 无法检测到的遗传变异，然而，与其他针叶树相比，微卫星检测到的遗传变异量仍然较低，从而强化了红松具有低遗传变异性的观点。

②微卫星研究的重要意义在于大量的私有等位基因：在 17 个群体的 5 个多态位点检测到的 45 个等位基因中，6 个群体有 10 个等位基因，但频率较低(3 个为 0.014，2 个为 0.015，2 个为 0.019，1 个为 0.016，0.047 和 0.10)；该物种保持高水平的群体分化可能是由于高度的自花授粉和近交；红松种群的地理分布和遗传结构强烈地表明，红松种群从多个避难地向中间混合带扩散。

③保护策略：由于冰川历史，红松似乎经历了自然种群遗传瓶颈，目前，它在整个地理范围内都是一种极其罕见的物种，以小而高度分散的种群出现，特别容易受到遗传和群体大小随机变化影响，这可能导致当地群体灭绝和遗传变异丧失。红松说明了世代时间长的物种在恢复失去的遗传多样性以使有效地适应环境挑战方面存在困难。在就地保护区和迁地保护人工林的自然生态系统中保护和红松林遗传资源，是保护和更新遗传多样性以适应未来不确定环境变化的关键。等位基因的分布格局、17 个群体中的 6 个为独特等位基因的存在以及红松遗传变异的分布可以作为一个遗传标准，在红松的整个保护范围内尽可能多地保护不同的种群。迁地保护将集中于两个阶段的采样方案，首先是采样种群(第一阶段)，然后是采样种群内的采样树(第二阶段)。利用 Boys 等(2005)的微卫星数据，四个等级类型的等位基因比例为 193 普通—广泛(C，W)、8 普通—局部(C，L)、43 稀有—广泛(R，W)和 38 稀有—局部(R，L)。普通—局部类型的等位基因仅占红松微卫星等位基因的 3%（8/282），但它们可能代表种群中某种平衡选择维持的适应性变异。在 8 个普通—广泛(C，W)类型的等位基因中，4 个来自新不伦瑞克，2 个来自纽芬兰，1 个来自魁北克和西弗吉尼亚。最佳抽样策略是开发两个迁地保护地点，一个在大陆，一个在北部，新布郎什维克或纽芬兰。然后从许多种群中的每一个种群中的至少 20 株相距很远的树上采集种子，以覆盖更广泛的环境。

# 7.8　小结

一个种群的遗传多样性水平受到一系列生态、生活史和遗传特征的影响，这些特征共同决定了种群的遗传结构。理解森林种群的遗传结构对管理森林这一世界上最重要和最宝贵的资源至关重要。因此，有必要对影响不同类型森林物种种群遗传结构的关键属性进行回顾。

在森林树木的特性中，促进了种群内高水平的遗传多样性但群体间分化很小的特性有：

①数量庞大的种群使其不易受随机遗传漂变造成的遗传多样性丧失。

②较长的世代间隔，减少了在繁殖过程中可能出现的瓶颈期间减少多样性丧失的机会，并有可能在每一代变异中积累更多的变异。

③高水平异交，异交(相对于自交)产生的可存活后代的比例通常要大，这对针叶树和被子植物或无论是风媒还是动物授粉的林木都是如此。

④群体间频繁迁移，通过花粉的基因流是普遍的，可能占一个林分内可存活后代的25%~50%。大多数种子散布在离母树较近的地方(通常在50 m以内)，而且在大多数情况下，比花粉传播对基因流的影响似乎要小得多。

⑤平衡选择，森林立地的环境高度异质性无疑导致了对林分内不同微环境适应的基因平衡选择，因此，群体内的一些遗传变异具有显著的适应性。

与分布范围广、种群大的物种相比，分布范围有限且种群较小的物种的遗传多样性水平较低，但也有明显的例外。例如，如果一个物种的范围缩小是最近才发生的，那么由于遗传漂变造成的变异损失可能很少，如高加索冷杉(*Abies equitrojani*)和塞尔维亚云杉(*Picea omorika*)。另外，目前分布广泛，但在最近的地质历史中经历了一个或多个极端瓶颈的物种，其多样性可能受到严重限制，如红松(*Pinus resinosa*)。

在物种内部，小而孤立的种群比未被隔离的大种群具有更低的遗传多样性，特别是当种群较小且被隔离了好几代后。

在不同树种中，阻止或限制自交后代产生的依次增强的机制为：同一棵树上不同性别花器官的物理或时间分离、自交胚胎流产、自交不亲和和雌雄异株。不寻常的是，当母树在物理上或时间上与异交花粉源隔离时，自交亲和物种可产生高度的自交后代，当同一物种的个体彼此相对孤立时(即发生在非常低的密度下)，特别是在花期不遇的年份，这种情况最有可能发生。

由于高度的花粉流和种群内树木间异交，异交雄性与雌性交配的有效数量预计会很大。只有在不寻常的情况下，才有可能只有少数雄植株主导交配系统，例如，当一只雄性植株与一棵或两棵树相邻时，产生大量花粉，花粉与雌株开花完全同步。

在林木种群中，特别是在幼龄群体中，由于种子的有限散布和随后的家系空间聚集而导致的弱遗传结构似乎比较普遍。然而，林分空间遗传结构的存在很难预测，因为它受林分历史(如繁殖前的干扰程度)的影响。近亲的空间聚集是双亲近亲交配(亲属间交配)的最可能原因，这种现象在林分中经常被发现。

应当指出，天然林的物种组成差异很大，从有数百种树种的热带森林到包含很少树种的温带和北方针叶林。因此，每个森林物种都不能单独存在，而是作为复杂生态系统的一部分。在有数百种植物的热带森林中，同一物种的树木之间的间距可能很宽，这将导致与许多其他树木物种之间更大的物种间竞争，而同一物种的树木之间在有效土壤、养分和光照方面的种内竞争要小得多。相比之下，温带和北方针叶林的树种较少，同一树种的树间距很窄，因此在土壤、养分和光照方面，与同一树种的树种内竞争要比与其他植物物种的物种间竞争大得多。尽管如此，影响遗传变异和种群分化的进化动力仍然是自然选择、突变、遗传漂变和基因流(迁移)，但不同森林类型的自然选择方式和强度不同，遗传漂变和基因流，以及自然选择与遗传漂移和基因流动相互作用也会不同。森林在很大程度上被视为动态的生态系统，需要人类的智慧来保护、经营管理和指导它们在全球范围内的进化。

## 复习思考题

1. 简述树木改良在林业生产上的意义。
2. 简述种源试验在生物学研究中的意义。
3. 简述在分析种源群体遗传多样性分子标记与表型性状的异同。
4. 简述产生地理变异的生态与进化过程。
5. 简述就地保护与迁地保护优缺点。
6. 简述群体遗传结构与抽样策略的关系。

# 参考文献

陈晓阳，沈熙环，2005. 林木育种学[M]. 北京：高等教育出版社.

程祥，李玲玲，肖钰，等，2020. 种间基因渐渗检测方法及其应用研究进展[J]. 中国科学：生命科学 (50)：1388-1404.

胡文昭，赵骥民，张彦文，2019. 二态混合交配系统的适合度优势及其维持机制研究进展[J]. 生物多样性(27)：468-474.

胡新生，2000. 种子与花粉的随机迁移对植物群体遗传结构分化的影响[J]. 遗传学报 (27)：351-360.

胡新生，2002. 群体遗传结构的理解[J]. 林业科学(38)：119-128.

胡新生，孔繁玲，1992. 胚乳性状配合力模型和杂种优势模型研究[J]. 北京农业大学学报，18(2)：153-160.

胡新生，邬荣领，韩一凡，2000. 林木群体遗传资源可持续经营探讨Ⅰ. 有关群体遗传变异信息理论分析 [J]. 林业科学研究(13)：301-307.

胡新生，邬荣领，韩一凡，2001. 林木群体遗传资源可持续经营探讨Ⅱ. 我国重要乡土树种天然与人工群体经营分析[J]. 林业科学研究(14)：1-7.

胡颖，2019. 基于叶绿体分子标记与生态位模型分析红椿谱系地理结构[D]. 广州：华南农业大学硕士学位论文.

胡颖，王茜，张新新，等，2019. 叶绿体 DNA 标记在谱系地理变异中的应用研究进展[J]. 生物多样性 (27)：219-234.

李忠虎，刘占林，王玛丽，等，2014. 基因流存在条件下的物种形成研究述评：生殖隔离机制进化[J]. 生物多样性，22(1)：88-96.

廖柏勇，2015. 苦楝地理变异和遗传多样性研究[D]. 广州：华南农业大学博士学位论文.

刘义飞，黄宏文，2009. 植物居群的基因流动态及其关适应进化的研究进展[J]. 植物学报(44)：351-362.

王茜，程祥，周玮，等，2019. 细胞核质互作形成的生态与进化过程分析[J]. 中国科学：生命科学(49)：951-964.

张尧庭，陈汉峰，1991. 贝叶斯统计推断[M]. 北京：科学出版社.

张新新，王茜，胡颖，等，2019. 植物边缘种群遗传多样性研究进展[J]. 植物生态学报(43)：383-395.

周纯葆，郎显宇，王彦棡，等，2012. 隔离迁移(Isolation with Migration)模型数值计算的并行实现[J]. 科研信息化技术与应用(3)：24-29.

Adams W T, 1981. Population genetics and gene conservation in Pacific Northwest conifers[C]. In: Scudder G G E and Reveal J L. Evolution Today, Proceedings of the Second International Congress of Systematic and Evolutionary Biology. pp. 401-415. Hunt Institute for Botanical Documentation, Carnegie-Mellon University, Pittsburgh, PA, USA.

Adams W T and Birkes D S, 1991. Estimating mating patterns in forest tree populations[C]. In: Fineschi S, Malvolti M E, Cannata F, *et al.*, Biochemical Markers in the Population Genetics of Forest Trees. pp. 157-

72. The Hague: SPB Academic Publishing.

Ahn J Y, Lee J W, Lee M W , *et al.* , 2019. Genetic diversity and structure of *Carpinus laxiflora* populations in South Korea based on AFLP markers[J]. For. Sci. Tech. , 15: 192-201.

Allard R W, Steinberg R A and Weir B S, 1972. The effect of selection on esterase allozymes in a barley population[J]. Genetics, 72: 489-503.

Alexander D H, Novembre J and Lange K, 2009. Fast model-based estimation of ancestry in unrelated individuals [J]. Genome Res. , 19(9): 1655-1664.

Avise J C, 2000. Phylogeography: the History and Formation of Species[M]. Cambridge, Massachusetts: Harvard University Press.

Avise J C, Arnold J, Ball R M, *et al.* , 1987. Intraspecific phylogeography: The mitochondrial DNA bridge between population genetics and systematics[J]. Ann. Rev. Ecol. Syst. , 18: 489-522.

Baker H G, 1955. Self-compatibility and establishment after "long-distance" dispersal[J]. Evolution, 9: 347-349.

Barbujani G, 1987. Autocorrelation of gene frequencies under isolation by distance[J]. Genetics, 117: 777-782.

Barrett S C H, 2014. Evolution of mating systems: outcrossing versus selfing[C]. In: Losos J. The Princeton guide to evolution. pp. 356-362. Princeton: Princeton Univ. Press.

Barton N H, 1979. Gene flow past a cline[J]. Heredity, 43: 333-339.

Barton N H, 1982. The structure of the hybrid zone in *Uroderma bilohatum*[J]. Evolution, 36: 863-866.

Barton N H, 1983. Multilocus clines[J]. Evolution, 37: 454-471.

Barton N H, 2000. Genetic hitchhiking[J]. Phil. Trans. R. Soc. Lond. B, 355: 1553-1562.

Barton N H, Briggs D E G, Eisen J A, *et al.* , 2007. Evolution[M]. Cold Spring Harbor Laboratory Press, Cold Spring Harbor, New York, USA.

Barton N H and Hewitt G M, 1989. Adaptation, speciation and hybrid zones[J]. Nature, 341: 497-503.

Barton N H and Turelli M, 1989. Evolutionary quantitative genetics: how little do we know? [J]Ann. Rev. Genet. , 23: 337-370.

Barton N H and Wilson I, 1995. Genealogies and geography[J]. Phil. Trans. B, 349: 49-59.

Beaumont M A, 2010. Approximate Bayesian computation in evolution and ecology[J]. Annu. Rev. Ecol. Evol. Syst. , 41: 379-406.

Beerli P and Felsenstein J, 2001. Maximum-likelihood estimation of migration rates and effective population numbers in two populations using a coalescent approach[J]. Genetics, 152: 763-773.

Becquet C and Przeworski M, 2009. Learning about modes of speciation by computational approaches[J]. Evolution, 63: 2547-2562.

Bennett J H, 1954. On the theory of random mating[J]. Ann. Eugen. , 18: 311-317.

Birky C W, 1988. Evolution and variation in plant chloroplast and mitochondrial genomes[C]In: Gottlieb LD and Jain SK. Plant Evolutionary Biology, pp. 23-53. New York: Chapman and Hall.

Blum M G B and François O, 2010. Non-linear regression models for approximate Bayesian computation[J]. Stat. Comput. , 20: 63-73.

Boys J, Cherry M and Dayanandan S, 2005. Microsatellite analysis reveals genetically distinct populations of red pine (*Pinus resinosa* Ait. ) [J]. Am. J. Bot. , 92(5): 833-841.

Broquet T and Petit E J, 2009. Molecular estimation of dispersal for ecology and population genetics[J]. Annu. Rev. Ecol. Evol. Syst. , 40: 193-216.

Broquet T, Yearsley J, Hirzel A H, *et al.*, 2009. Inferring recent migration rates from individual genotypes[J]. Mol. Ecol., 18: 1048-1060.

Brown A H D, 1978. Isozymes, plant population genetic structure and genetic conservation[J]. Theor. Appl. Genet., 52: 145-157.

Brown A H D, 1989. The case of core collections[C]. In: Brown A D H, Frankel O H, Marshall D R and Williams J T. The Use of Plant Genetic Resources. pp. 136-156. Cambridge University Press, Cambridge, U. K.

Brown A H D, 1990. Genetic characterization of plant mating systems[C]. In: Brown A H D, Clegg M T, Kahler A L, Weir B S. Plant population ghenetics, breeding, and genetic resources. pp. 145-162. Sunderland, MA, Sinauer Associates, Inc.

Buhlmann P and de Geer S V, 2011. Statistics for High-Dimensional Data: Methods, Theory and Applications [M]. Dordrecht: Springer-Verlag Heidelberg.

Burger R, Wagner G P and Stettinger F, 1989. How much heritable variation can be maintained in finite populations by mutation-selection balance? [J]. Evolution, 43: 1748-1766.

Caballero A and Hill W G, 1992. Effective size of non-random mating populations[J]. Genetics, 130: 909-916.

Caballero A, Keightley P D and Hill W G, 1991. Strategies for increasing fixation probabilities of recessive mutations[J]. Genet. Res., 58: 129-138.

Callaham R Z, 1964. Provenance research: Investigation of genetic diversity associated with geography[J]. Unasylva, 18: 40-50.

Campbell R K and Sorensen F C, 1973. Cold-acclimation in seedling Douglas-fir related to phenology and provenance[J]. Ecology, 54: 1148-1151.

Case T J and Taper M L, 2000. Interspecific competition, environmental gradients, gene flow, and the coevolution of species' borders[J]. Am. Nat., 155: 583-605.

Cavalli-Sforza L L and Edwards A W, 1967. Phylogenetic analysis: models and estimation procedures[J]. Am. J. Hum. Genet., 19: 233-257.

Chakraborty R and Nei M, 1974. Dymamics of gene differentiation between incomplelty isolated populatioms of uneqnal sizes[J]. Theor. Popul. Biol., 5: 460-469.

Chakraborty R and Schwartz R J, 1990. Selective neutrality of surname distribution in an immigrant Indian community of Houston, Texas[J]. Am. J. Hum. Biol., 2: 1-15.

Chapman C G D, 1984. On the size of a gene bank and the genetic variation it contains[C] In: Holden J H W and Williams J T. Crop genetic resources: conservation and evaluation. pp. 102-119. George Allen & Unwin, London.

Charlesworth B, Morgan M T and Charlesworth D, 1993. The effect of deleterious mutations on neutral molecular variation[J]. Genetics, 134: 1289-1303.

Charlesworth D, 2006. Evolution of plant breeding systems[J]. Curr. Biol., 16: R726-R735.

Charlesworth D and Wright S I, 2001. Breeding systems and genome evolution[J]. Curr. Opin. Genet. Devel., 11: 685-690.

Cheliak W M, Morgan K, Strobeck C, *et al.*, 1983. Estimation of mating system parameters in plant populations using the EM algorithm[J]. Theor. Appl. Genet., 65: 157-161.

Chen C, Chu Y, Ding C, Su X and Huang Q, 2020. Genetic diversity and population structure of black cottonwood (Populus deltoides) revealed using simple sequence repeat markers[J]. BMC Genetics, 21: 2.

Chmielewski M, Meyza K, Chybicki I J, *et al.*, 2015. Chloroplast microsatellites as a tool for phylogeographic studies: the case of white oaks in Poland[J]. iForest-Biogeosciences & Forestry, 8.

Christiansen F B, 2004. Density-dependent selection[C]. In: Singh R S and Uyenoyama M K. The evolution of population biology. pp139-155. Cambridge: Cambridge University Press.

Christiansen F B and Frydenberg O, 1973. Selection component analysis of natural polymorphisms using population samples including mother-offspring combinations[J]. Theor. Popul. Biol., 4: 425-445.

Christensen O F and Lund M S, 2010. Genomic prediction when some animals are not genotyped[J]. Genet. Sel. Evol., 42: 2.

Clayton G A and Robertson A, 1955. Mutation and quantitative variation[J]. Am. Nat. 89: 151-158.

Clegg M T, Kahler A L and Allard R W, 1978. Estimation of life cycle components of selection in an experimental plant population[J]. Genetics 89: 765-792.

Cockerham C C and Weir B S, 1977. Quadratic analyses of reciprocal crosses[J]. Biometrics, 33: 187-203.

Comstock R E and Robinson H F, 1948. The components of genetic variance in populations of biparental progenies and their use in estimating the average degree of dominance[J]. Biometrics, 4: 254-266.

Conkle M T, 1973. Growth data for 29 years from the California elevational transect study of ponderosa pine[J]. For. Sci., 19: 31-39.

Cornuet J M, Santos F, Beaumont M A, *et al.*, 2008. Inferring population history with DIY ABC: a user-friendly approach to approximate Bayesian computation[J]. Bioinfor., 24: 2713-2719.

Costa R J and Wilkinson-Herbots H, 2017. Inference of gene flow in the process of speciation: An efficient maximum-likelihood method for the isolation with-initial-migration model[J]. Genetics, 205: 1597-1618.

Coyne J A and Orr H A, 2004. Speciation[M]. Sunderland, MA: Sinauer Associates, Inc.

Crow J F and Aoki K, 1984. Group selection for a polygenic behavioral trait: estimating the degree of population subdivision[J]. Proc. Natl. Acad. Sci. USA, 81: 6073-6077.

Csilléry K, Blum M G B, Gaggiotti O E, *et al.*, 2010. Approximate Bayesian computation (ABC) in practice [J]. Trends Ecol. Evol., 25: 410-418.

Csilléry K, François O and Blum M G B, 2012. Abc: an R package for approximate Bayesian computation (ABC)[J]. Methods Ecol. Evol., 3: 475-479.

Cutter A D, 2019. Reproductive transitions in plants and animals: selfing syndrome, sexual selection and speciation[J]. New Phyt., 224: 1080-1094.

Damgaard C, Guldbrandtsen B and Christiansen F B, 1994. Male gametophytic selection against a deleterious allele in a mixed mating model[J]. Hereditas, 120: 13-18.

Darwin C, 1859. On the origin of species by means of natural selection, or preservation of favored races in the struggle for life[M]. London: J. Murray.

Davies R I and Pritchard H W, 1998. Seed storage and germination of the palms *Hyphaene thebaica*, *H. petersiana* and *Medemia argun*[J]. Seed Sci. Tech., 26: 823-828.

Dempster A P, Larid N M and Rubin D B, 1977. Maximum likelihood from incomplete data via the EM algorithm [J]. J. Roy. Stat. Soc. B, 39: 1-38.

Dickerson G E, 1969. Techniques for research in quantitative animal genetics[C]. In: Am. Soc. Animal Sci. Techniques and procedures in animal science research, pp. 36-79, Albany, New York.

Dobzhansky Th, 1970. Genetics of the evolutionary process[M]. New York: Columbia University Press.

DuMouchel W H and Anderson W W, 1968. The analysis of selection in experimental populations[J]. Genetics, 58: 435-449.

Durand E Y, Patterson N, Reich D, *et al.*, 2011. Testing for ancient admixture between closely related populations[J]. Mol. Biol. Evol., 28: 2239-2252.

Eaton D A R and Ree R H, 2013. Inferring phylogeny and introgression using RADseq data: An example from flowering plants (*Pedicularis*: Orobanchaceae)[J]. Syst. Biol., 62: 689-706.

Eaton D A R, Hipp A L, González-Rodríguez A, *et al.*, 2015. Historical introgression among the American live oaks and the comparative nature of tests for introgression[J]. Evolution, 69: 2587-2601.

Ecoffier L, Smouse P E and Quattro J M, 1992. Analysis of molecular variance inferred from metric distance among DNA haplotypes: application to human mitochondrial DNA restriction data[J]. Genetics, 131: 479-491.

Ellstrand N C and Marshall D L, 1985. Interpopulation gene flow by pollen in wild radish, Raphanus sativus[J]. Am. Nat., 126: 606-616.

El-Kassaby Y A and Ritland K, 1986. The relation of outcrossing and contamination to reproductive phenology and supplemental mass pollination in a Douglas-fir seed orchard[J]. Silv. Genet., 35: 240-244.

El-Kassaby Y A and Edwards D G W, 1998. Genetic control of germination and the effects of accelerated aging in mountain hemlock seeds and its relevance to gene conservation[J]. For. Ecol. Manag, 112: 203-211.

Ennos R A, 1994. Estimating the relative rates of pollen and seed migration among plant populations[J]. Heredity, 72: 250-259.

Ennos R A, Sinclair W T, Hu X S, *et al.*, 1999. Using organelle markers to elucidate the history, ecology and evolution of plant populations[C]. In: Hollingsworth P M, Bateman R M and Gornall R J. Molecular systematics and plant evolution. pp 1-19. Taylor & Francis, London.

Evanno G, Regnaut S and Goudet J, 2005. Detecting the number of clusters of individuals using the software structure: a simulation study[J]. Mol. Ecol., 14(8): 2611-2620.

Ewens W J, 1964. The maintenance of alleles by mutation[J]. Genetics, 50: 891-898.

Ewens W J, 1972. The sampling theory for selectively neutral alleles[J]. Theor. Popul. Biol., 3: 87-112.

Ewens W J, 1979. Mathematical Population Genetics[M]. Berlin, W. Ger.: Springer-Verlag.

Ewens W J, 1982. On the concept of effective population size[J]. Theor. Popul. Biol., 21: 373-378.

Falconer D S and Mackay T F C, 1996. Introduction to Quantitative Genetics[M]. 4th Edition. Harlow, UK: Longman Sci. and Tech..

FAO, 1993a. Conservation of genetic resources in tropical forest management: Principles and Concepts[R]. Forestry Paper No. 107. Roman, Italy. 105pp.

FAO, 1993b. Ex situ storage of seeds, pollen and in vitro cultures of perennial woody plant species. Principles and Concepts[R]. Forestry Paper No. 113. Roman, Italy. 83pp.

FAO (The Food and Agricultural Organization of the United Nations), 1995. Forest assessment 1990: global synthesis[R]. Paper 124. Rome, Italy.

FAO, 2017. Report of the 14th regular session of the commission on genetic resources for food and agriculture [R]. Italy, p. 1-81.

Faubet P and Gaggiotti O E, 2008. A new Bayesian method to identify the environmental factors that influence recent migration[J]. Genetics, 178: 1491-1504.

Fazekas A and Yeh F C, 2001. Random amplified polymorphic DNA diversity of marginal and central populations in *Pinus contorta* spp. *latifolia*[J]. Genome, 44: 1-10.

Felsenstein J, 1981. Evolutionary trees from DNA sequences: a maximum likelihood approach[J]. J. Mol. Evol., 17: 368-376.

Felsenstein J, 1988. Phylogenies from molecular sequences: inference and reliability[J]. Annu. Rev. Genet.,

22: 521-565.

Felsenstein J, 1992. Estimating effective population size from samples of sequences: a bootstrap Monte Carlo integration method[J]. Genet. Res. , 60: 209-220.

Fernando R L, 2009. Genomic selection: Bayesian methods[R]. Workshop on Animal Breeding and Genetics, Iowa State University, June 1-10, 2009. Iowa State University.

Fisher R A, 1918. The correlation between relatives on the supposition of Mendelian inheritance[J]. Trans. Roy. Soc. Edinburgh, 52: 399-433.

Fisher R A, 1925. Statistical methods for research workers[M]. 13th Edition. New York: Hafner.

Fisher R A, 1931. The Genetic theory of natural selection[M]. Oxford: Clarendon Press.

Fisher R A, 1937. The wave of advance of advantageous genes[J]. Ann. Eugen. , 7: 355-369.

Fisher R A, 1950. Gene frequencies in a cline determined by selection and diffusion [J]. Biometrics, 6: 353-361.

Fitch W M, 1971. Toward defining the course of evolution: minimum change for a specific tree topology[J]. Syst. Zool. 20: 406-416.

Fowler D P and Morris R W, 1977. Genetic diversity in red pine: evidence for low genetic heterozygosity[J]. Can. J. For. Res. , 7: 343-347.

Freeland J R, Kirk H and Petersen S D, 2011. Molecular Ecology[M]. UK: Wiley-Blackwell, A John Wiley & Sons, Ltd. , Publication.

Frankel O H, 1977. Philosophy and strategy of genetic conservation in plants[R]. 3rd World Consult. For. Tree Breeding. Canberra, 1: 1-11.

Frankel O H and Soulé M E, 1981. Conservation and Evolution[M]. Cambridge, London: Cambridge University Press.

Fu Y X, 1994. Estimating effective population size or mutation rate using the frequencies of mutations of various classes in a sample of DNA sequences[J]. Genetics, 138: 1375-1386.

Fu Y X, 1997. Statistical tests of neutrality of mutations against population growth, hitchhiking and background selection[J]. Genetics, 147: 915-925.

Fu Y X and Li W H, 1993a. Maximum likelihood estimation of population parameters [J]. Genetics, 134: 1261-1270.

Fu Y X and Li W H, 1993b. Statistical tests of neutrality of mutations[J]. Genetics, 133: 693-709.

Fyfe J L and Bailey N T J, 1951. Plant breeding studies in leguminous forage crops. I. Natural cross-breeding in winter beans[J]. J. Agri. Sci. , 41: 371-378.

Gagnaire P A, Lamy J B, Cornette F, et al. , 2018. Analysis of genome-wide differentiation between native and introduced populations of the cupped oysters *Crassostrea gigas* and *Crassostrea angulate* [J]. Genome Biol. Evol. , 10: 2518-2534.

Galton F, 1889. Natural Inheritance[M]. London: Macmillan .

Gao X and Starmer J D, 2008. AWclust: point-and-click software for non-parametric population structure analysis[J]. BMC Bioinf. , 9: 77.

Gavrilets S, 2004. Fitness Landscapes and the Origin of Species[M]. Princeton: Princeton University Press.

Gianola D, Fernando R L and Stella A, 2006. Genomic-assisted prediction of genetic value with semiparametric procedures[J]. Genetics, 173: 1761-1766.

Gillespie J H and Langley C H, 1979. Are evolutionary rates really variable? [J]. J. Mol. Evol. , 13: 27-34.

Gilpin M E, 1991. The genetic effective size of a mefepopulation[J]. Biol. J. Linn. Soc. , 42: 165-175.

Glaubitz J C, El-Kassaby Y A and Carlson J E, 2000. Nuclear restriction fragment length polymorphism analysis of genetic diversity in western redcedar[J]. Can. J. For. Res., 30: 379-389.

Glemin S, 2007. Mating systems and the efficacy of selection at the molecular level[J]. Genetics, 177: 905-916.

Glemin S and Muyle A, 2014. Mating systems and selection efficacy: a test using chloroplast sequence data in Angiosperms[J]. J. Evol. Biol., 27: 1388-1399.

Godbout J, Fazekas R, Newtin C H, et al., 2008. Glacial vicariance in the Pacific Northwest: evidence from a lodgepole pine mitochondrial DNA minisatellite for multiple genetically distinct and widely separated refugia[J]. Mol. Ecol., 17: 2463-2475.

Golding G B, Aquadro C F and Langley C H, 1986. Sequence evolution within populations under multiple types of mutation[J]. Proc. Natl. Acad. Sci. USA, 83: 427-431.

Goldman N and Yang Z, 1994. A codon-based model of nucleotide substitution for protein-coding DNA sequences[J]. Mol. Biol. Evol., 11: 725-736.

Goodwillie C, Kalisz S and Eckert C G, 2005. The evolutionary enigma of mixed mating systems in plants: occurrence, theoretical explanations, and empirical evidence[J]. Ann. Rev. Ecol. Syst., 36: 47-79.

Green R E, Krause J, Briggs A W, et al., 2010. A draft sequence of the Neandertal genome[J]. Science, 328 (5979): 710-722.

Griffing B, 1956. Concept of general and specific combining ability in relation to diallel crossing systems[J]. Aust J. Biol. Sci., 9: 463-493.

Grossenbacher D L, Runquist R B, Goldberg E E, et al., 2015. Geographic range size is predicted by plant mating system[J]. Ecol. Lett., 18: 706-713.

Gutenkunst R N, Hernandez R D, Williamson S H, et al., 2009. Inferring the joint demographic history of multiple populations from multidimensional SNP frequency data[J]. PLoS Genet., 5(10): e1000695.

Haldane J B S, 1924. A mathematical theory of natural and artificial selection. Part I[J]. Trans. Cambridge Philos. Soc., 23: 19-41.

Haldane J B S, 1927. A mathematical theory of natural and artificial selection. Part V: selection and mutation [J]. Proc. Camb. Phil. Soc., 23: 838-844.

Haldane J B S, 1930. A mathematical theory of natural and artificial selection. Part VI: Isolation[J]. Proc. Camb. Phil. Soc., 26: 220-230.

Haldane J B S, 1931a. A mathematical theory of natural and artificial selection. Part VII: Selection intensity as a function of mortality rate[J]. Proc. Camb. Phil. Soc., 27: 131-136.

Haldane J B S, 1931b. A mathematical theory of natural and artificial selection. Part VIII: Metastable populations [J]. Proc. Camb. Phil. Soc., 27: 131-136.

Haldane J B S, 1932. The Causes of Evolution[M]. London: Longmans Green.

Haldane J B S, 1948. Theory of a cline[J]. J. Genet., 48: 277-284.

Haldane J B S, 1956. The relation between density regulation and natural selection[J]. Proc. Roy. Soc. London B Biol. Sci., 145: 306-308.

Hanski I, 1994. Patch-occupancy dynamics in fragmented landscapes[J]. Trends Ecol. Evol., 9: 131-135.

Hanski I and Gilpin M, 1991. Metapopulation dynamics: a brief history and conceptual domain[J]. Biol. J. Linn. Soc., 42: 3-16.

Hansson L, 1991. Dispersal and connectivity in metapopulations[J]. Biol. J. Linn. Soc., 42: 99-103.

Hardy G H, 1908. Mendelian proportions in a mixed population[J]. Science, 28: 49-50.

Harry D H, Kinlaw C S and Serderoff R R, 1988. The anaerobic stress response and its use for studying gene expression in conifers[C]. In: Hanover J W and Keathely D E. Genetic Manipulation of Woody Plants, pp. 275-290. New York: Plenum Publishing Corporation.

Haseman J K and Elston R C, 1972. The investigation of linkage between a quantitative trait and a marker locus [J]. Behav. Genet., 2: 3-19.

Hayman B I, 1954. The theory and analysis of diallel crosses[J]. Genetics, 39: 789-809.

Henderson C R, 1950. Estimation of genetic parameters[J]. Ann. Math. Stat., 21: 309-310.

Henderson C R, 1975. Best linear unbiased estimation and prediction under a selection model[J]. Biometrics, 31: 423-447.

Henderson C R, 1984. Applications of Linear Models in Animal Breeding[M]. Univ. Guelph. Guelph, Ontario.

Herman A C, Busch J W and Schoen D J, 2012. Phylogeny of Leavenworthia S-alelles suggests unidirectional mating system evolution and enhanced positive selection following an ancient population bottleneck[J]. Evolution, 66: 1849-1961.

Hey J and Nielsen R, 2004. Multilocus methods for estimating population sizes, migration rates and divergence time, with applications to the divergence of Drosophila pseudoobscura and D. *persimilis*[J]. Genetics, 167: 747-760.

Hey J and Nielsen R, 2007. Integration within the Felsenstein equation for improved Markov chain Monte Carlo methods in population genetics[J]. Proc. Natl. Acad. Sci. USA, 104: 2785-2790.

Hill W G, 1981. Estimation of effective population size from data on linkage disequilibrium[J]. Genet. Res., 38: 209-216.

Hill W G, 1982. Rates of change in quantitative traits from fixation of new mutations[J]. Proc. Natl. Acad. Sci. USA, 79: 142-145.

Hill W G, Goddard M E and Visscher P M, 2008. Data and theory point to mainly additive genetic variance for complex traits[J]. PLoS Genet., 4: 1000008.

Hill W G and Heightley P D, 1988. Interrelations of mutation, population size, artificial and natural selection [C]. In: Weir B S, Eisen E J, Goodman M M, *et al.*, Proceedings of the Second International Conference on Quantitative Genetics. pp. 57-70. Sunderland: Sinauer Associates Inc.

Hill W G and Robertson A, 1968. Linkage disequilibrium in finite populations[J]. Theor. Appl. Genet., 38: 226-231.

Hoban S, Bertorelle G and Gaggiotti O E, 2012. Computer simulations: tools for population and evolutionary genetics[J]. Nat. Rev. Genet., 13: 110-122.

Holsinger K E, 2012. Lecture Notes in Population Genetics[M]. Department of Ecology & Evolutionary Biology, U-3043, University of Connecticut, Storrs, CT 06269-3043.

Holsinger K E, Mason-Gamer R J and Whitton J, 1999. Genes, demes and plant conservation[C]. In: Landweber LF and Dobson AP. Genetics and the Extinction of Species. pp. 23-46. Princeton University Press, Princeton.

Hu X S, 2000. A preliminary approach to the theory of geographical gene genealogy for plant genomes with three different modes of inheritance and its application[J]. J. Genet. Genomics, 27: 440-448.

Hu X S, 2005a. Tension versus ecological zones in a two-locus system[J]. Theor. Popul. Biol., 68: 119-131.

Hu X S, 2005b. Estimating the correlation of pairwise relatedness along chromosomes[J]. Heredity, 94: 338-346.

Hu X S, 2006. Migration load in males and females[J]. Theor. Popul. Biol., 70: 183-200.

Hu X S, 2007. A general framework for marker-assisted selection[J]. Theor. Popul. Biol. , 71: 524-542.

Hu X S, 2008. Barriers to the spread of neutral alleles in the cytonuclear system[J]. Evolution, 62: 2260-2278.

Hu X S, 2010. $F_{ST}$ in the cytonuclear system[J]. Theor. Popul. Biol. , 77: 105-118.

Hu X S, 2011. Mating system and the critical migration rate for swamping selection[J]. Genet. Res. , 93: 233-254.

Hu X S, 2013. Evolution of zygotic linkage disequilibrium in a finite local population [J]. PLoS One, 8 (11): e80538.

Hu X S, 2015. Mating system as a barrier to gene flow[J]. Evolution, 69(5): 1158-1177.

Hu X S and Ennos R A, 1997. On estimation of the ratio of pollen to seed flow among plant populations[J]. Heredity, 79: 541-552.

Hu X S and Ennos R A, 1999a. Scoring the mating systems of natural populations of three Larix taxa in China: *L. gmelinii* (Rupr. ) Rupr. , *L. olgensis* Henry and *L. principis-rupprechtii* Mayr [J]. Sci. Silv. Sin. , 35(1): 21-31.

Hu X S and Ennos R A, 1999b. Impacts of seed and pollen flow on population differentiation for plant genomes with three contrasting modes of inheritance[J]. Genetics, 152: 441-450.

Hu X S and He F L, 2005. Background selection and population differentiation[J]. J. Theor. Biol. , 235: 207-219.

Hu X S and He F L, 2006. Seed and pollen flow in expanding a species' range[J]. J. Theor. Biol. , 240: 662-672.

Hu X S, He F L and Hubbell S P, 2007. Species diversity in neutral local communities[J]. Am. Nat. , 170: 844-853.

Hu X S, Goodwillie C and Ritland K, 2004. Joining linkage maps using a joint likelihood function[J]. Theor. Appl. Genet. , 109: 996-1004.

Hu X S and Hu Y, 2015. Genomic scans of zygotic disequilibrium and epistatic SNPs in HapMap phase Ⅲ populations[J]. PLoS One, 10(6): e0131039.

Hu X S, Hu Y and Chen X Y, 2016. Testing neutrality at copy-number-variable loci under the finite-allele and finite-site models[J]. Theor. Popul. Biol. , 112: 1-13.

Hu X S and Li B L, 2001. Assessment of the ratio of pollen to seed flow in a cline for genetic variation in a quantitative trait[J]. Heredity, 87: 400-409.

Hu X S and Li B L, 2002a. Linking evolutionary quantitative genetics to the conservation of genetic resources in natural forest populations[J]. Silv. Genet. , 51(5-6): 177-183.

Hu X S and Li B L, 2002b. Seed and pollen flow and cline discordance among genes with different modes of inheritance[J]. Heredity, 88: 212-217.

Hu X S and Li B L, 2003. On migration load of seeds and pollen grains in a local population[J]. Heredity, 90: 162-168.

Hu X S and Li B L, 2006. Additive genetic variation and the distribution of QTN effects among sites[J]. J. Theor. Biol. , 243: 76-85.

Hu X S and Yeh F C, 2014. Assessing postzygotic isolation using zygotic disequilibria in natural hybrid zones[J]. PLoS One, 9(6): e100568.

Hu X S, Yeh F C and Wang Z, 2011. Structural genomics: Correlation blocks, population structure, and genome architecture[J]. Curr. Genomics, 12: 55-70.

Hu X S, Yeh F C, Hu Y, *et al.* , 2017. High mutation rates explain low population genetic divergence at copy-number-variable loci in Homo sapiens[J]. Sci. Rep. , 7: 43178.

Hu X S, Zeng W and Li B L, 2003. Impacts of one-way gene flow on genetic variance components in a natural population[J]. Silv. Genet. , 52 (1): 18-24.

Hu X S, Zhang X X, Zhou W, *et al.* , 2019. Mating system shifts a species' range[J]. Evolution, 73(2): 158-174.

Huang J, Yang X, Zhang C, *et al.* , 2015. Development of chloroplast microsatellite markers and analysis of wild Jujube (*Ziziphus acidojujuba* Mill. ) [J]. PLoS One 10: e0134519.

Hubbell S P, 2001. The Unified Neutral Theory of Biodiversity and Biogeography[M]. Princeton: Princeton University Press.

Hudson R R, 2002. Generating samples under a Wright-Fisher neutral model of genetic variation[J]. Bioinformatics, 18: 337-338.

Hudson R R and Coyne J A, 2002. Methematical consequences of the genealogical species concept[J]. Evolution, 56: 1557-1565.

Hudson R R, Kreitman M and Aguade M, 1987. A test of neutral molecular evolution based on nucleotide data [J]. Genetics, 116: 153-159.

Hudson R R and Slatkin M, 1992. Estimation of levels of gene flow from DNA sequence data[J]. Genetics, 132: 583-589.

Hyne V and Kearsey M J, 1995. QTL analysis: further uses of marker regression[J]. Theor. Appl. Genet. , 91: 471-476.

Illingworth K, 1978. Study of lodgepole pine genotype-environment interaction in B. C[C] In: Proceedings of the International Union of Forestry Research Organizations (IUFRO) joint meeting of working parties: Douglas-fir provenances, lodgepole pine provenances, Sitka spruce provenances and Abies provenances. pp151-158. British Columbia Ministry of Forests, Information Services Branch, Victoria, British Columbia, Canada.

Innan H and Watanabe H, 2006. The effect of gene flow on the coalescent time in the human-chimpanzee ancestral population[J]. Mol. Biol. Evol. , 23: 1040-1047.

Jinks J L, 1954. The analysis of continuous variation in a diallel of *Nicotiana rustica* varieties[J]. Genetics, 39: 767-788.

Johnson M O, Porcher E, Cheptou P O, *et al.* , 2009. Correlations among fertility components can maintain mixed mating in plants[J]. Am. Nat. , 173: 1-11.

Kanowski P J, Savill P S, Adlard P G, *et al.* , 1992. Plantation forestry[C] In: Sharma N. Managing the World's Forests. pp. 375-401. Kendall/Hunt, Dubuque, IA.

Kearsey M J and Hyne V, 1994. QTL analysis: a simple marker regression approach[J]. Theor. Appl. Genet. , 89: 698-702.

Kearsey M J and Jinks J L, 1968. A general method of detecting additive, dominance and epistatic variation for metrical traits[J]. Heredity, 23: 403-409.

Keightley P D and Hill W G, 1988. Quantitative genetic variability maintained by mutation-selection balance[J]. Genet. Res. , 52: 33-43.

Kimura M, 1953. Stepping-stone mode of populations[J]. Annual Reports of National Institute of Genetics, 3: 62-63.

Kimura M, 1954. Process leading to quasi-fixation of genes in natural populations due to random fluctuation of selection intensities[J]. Genetics, 89: 280-295.

Kimura M, 1955. Solution of process of random genetic drift with continuous model[J]. Proc. Natl. Acad. of

Sci. USA, 41: 144-150.

Kimura M, 1958. On the change of population fitness by natural selection[J]. Heredity, 12: 145-167.

Kimura M, 1962. On the probability of fixation of mutant genes in a population[J]. Genetics, 47: 713-719.

Kimura M, 1964. Diffusion models in population genetics[J]. J. Appl. Prob. , 1: 177-232.

Kimura M, 1965a. Attainment of quasi linkage equilibrium when gene frequencies are changing by natural selection[J]. Genetics, 52: 875-890.

Kimura M, 1965b. A stochastic model concerning the maintenance of genetic variability in quantitative characters [J]. Proc. Natl. Acad. Sci. USA, 54: 731-736.

Kimura M, 1969. The number of heterozygous nucleotide sites maintained in a finite population due to steady flux of mutations[J]. Genetics, 61: 893-903.

Kimura M, 1983. The Neutral Theory of Molecular Evolution[M]. Cambridge: Cambridge University Press.

Kimura M and Crow J F, 1964. The number of alleles that can be maintained in a finite population[J]. Genetics, 49: 725-738.

Kimura M and Crow J F, 1978. Effect of overall phenotypic selection on genetic change at individual loci[J]. Proc. Natl. Acad. Sci. USA, 75: 6168-6171.

Kimura M and Ohta T, 1969. The average number of generations until fixation of a mutant gene in a finite population[J]. Genetics, 61: 763-771.

Kimura M and Ohta T, 1973. Mutation and evolution at the molecular level[J]. Genet. Suppl. , 73: 19-35.

Kimura M and Ohta T, 1974. On some principles governing molecular evolution[J]. Proc. Natl. Acad. Sci. USA, 71: 2848-2852.

Kimura M and Weiss G H, 1964. The stepping stone model of population structure and the decrease of genetic correlation with distance[J]. Genetics, 49: 561-576.

Kingman J F C, 1982a. The coalescent[J]. Stochastic Processes and Their Applications, 13: 235-248.

Kingman J F C, 1982b. On the genealogy of large populations[J]. J. Appl. Prob. , 19: 27-43.

Kirkpatrick M and Barton N H, 1997. Evolution of a species' range[J]. Am. Nat. , 150: 1-23.

Klein E K, Lavigne C, Picault H, et al. , 2006. Pollen dispersal of oilseed rape: estimation of the dispersal function and effects of field dimension[J]. J. Appl. Ecol. , 43: 141-151.

Kleinschmit J, 1978. Sitka spruce in Germany[C] In: Proceedings of the International Union of Forest Research Organizations (IUFRO), Joint Meeting of Working Parties, Volume 2. British Columbia Ministry of Forests, Information Services Branch, Victoria, BC, Canada, pp. 183-191.

Kolmogorov A, 1931. Uber die analytischen mrthoden in der Wahrschein-lichkeitsrechnung[J]. Math. Ann. , 104: 415-458.

Kuhner M K, Yamato J and Felsenstein J, 1995. Estimating effective population size and mutation rate from sequence data using Metropolis-Hastings sampling[J]. Genetics, 140: 1421-1430.

Lande R, 1988. Quantitative genetics and evolutionary theory[C]. In: Weir B S, Eisen E J, Goodman M M, et al. , Proceedings of the Second International Conference on Quantitative Genetics. pp 71-84. Sinauer Associates Inc. , Sunderland.

Lande R, 1999. Extinction risks from anthropogenic, ecological, and genetic factors[C]. In: Landweber L F and Dobson A P. Genetics and the Extinction of Species. pp1-22. Princeton: Princeton University Press.

Lande R and Thompson R, 1990. Efficiency of marker-assisted selection in the improvement of quantitative traits [J]. Genetics, 124: 743-756.

Ledig F T, 1986. Conservation strategies for forest gene resources[J]. For. Ecol. Manag. , 14: 77-90.

Ledig F T and Conkle M T, 1983. Gene diversity and genetic structure in a narrow endemic, Torrey pine (*Pinus torreyana* Parry ex Cam) [J]. Evolution, 37: 79-85.

Lewontin R C, 1988. On measures of gametic disequilibrium[J]. Genetics, 120: 849-852.

Lewontin R C and Cockerham C C, 1959. The goodness-of-fit test for detecting natural selection in random mating populations[J]. Evolution, 13: 561-564.

Leinonen T, McCairns S, O'Hara R B, *et al.*, 2013. Qst-Fst comparisons: evolutionary and ecological insights from genomic heterogeneity[J]. Nat. Rev. Genet., 14: 179-190.

Levins R, 1970. Extinction[J]. Am. Math. Soc., 2: 75-108.

Li C C, 1955. Population Genetics[M]. Chicago: The University of Chicago Press.

Li H H, 2012. Patterns of genomic variation and whole genome association studies of economically important traits in cattle [D]. PhD Thesis, University of Alberta, Edmonton, Alberta, Canada.

Li P and Adams W T, 1989. Range-wide patterns of allozyme variation in Douglas-fir (*Pseudotsuga menziesii*) [J]. Can. J. For. Res., 19: 149-161.

Li W H, 1977a. Maintenance of genetic variability under mutation and selection pressures in a finite population [J]. Proc. Natl. Acad. Sci. USA, 74: 2509-2513.

Li W H, 1977b. Distribution of nucleotide difference between two randomly chosen cistrons in a finite population [J]. Genetics, 85: 331-337.

Li W H, 1997. Molecular Evolution[M]. Sunderland Massachusetts, USA: Sinauer Associates, Inc., Publisher.

Li S and Jakobsson M, 2012. Estimating demographic parameters from large-scale population genomic data using approximate Bayesian computation[J]. BMC Genet., 13: 22.

Li W H, Wu C I and Lu C C, 1985. A new method for estimating synonymous and non-synonymous rates of nucleotide substitution considering the relative likelihood of nucleotide and codon changes[J]. Mol. Biol. Evol., 2: 150-174.

Liengsiri C, Yeh F C and Boyle T J B, 1995. Genetic structure of a tropical tree, *Pterocarpus macrocarpus* Kurz. from Thailand[J]. For. Ecol. Manag., 74: 13-22.

Linnen C R and Hoekstra H E, 2010. Measuring natural selection on genotypes and phenotypes in the wild[J]. Cold Spring Harbor Symposia on Quantitative Biology Vol. LXXIV: 154-168.

Liu P, Zhu J, Lou X Y, *et al.*, 2003. A method for marker-assisted selection based on QTLs with epistatic effects[J]. Genetica, 119: 75-86.

Lohse K, Harrison R J and Barton N H, 2011. A general method for calculating likelihoods under the coalescent process[J]. Genetics, 189: 977-987.

Luikart G and Cornuet J M, 1999. Estimating the effective number of breeders from heterozygote excess in progeny [J]. Genetics, 151: 1211-1216.

Lynch M and Walsh B, 1998. Genetics and Analysis of Quantitative Traits[M]. Sunderland, Massachusetts: Sinauer Associates, Inc. Publishers. 01375 USA.

Marshall D R and Brown A H D, 1975. Optimum sampling strategies in genetic conservation[C]. In: Franked O H and Hawkes J G. Crop Genetic Resources for Today and Tomorrow. pp. 53-80. Cambridge, London: Cambridge University Press.

Martin S H, Davey J W and Jiggins C D, 2014. Evaluating the use of ABBA-BABA statistics to locate introgressed loci[J]. Mol. Biol. Evol., 32: 244-257.

Maruyama T and Kimura M, 1980. Genetic variability and effective population size when local extinction and recolonization of subpopulations are frequent[J]. Proc. Natl. Acad. Sci. USA, 77: 6710-6714.

Maynard Smith J and Haigh J, 1974. The hitchhiking effect of a dispersive gene[J]. Genet. Res., 23: 23-35.

McClenaghan L R and Beauchamp A C, 1986. Low genetic differentiation among isolated populations of the California fan palm (*Washingtonia filifera*) [J]. Evolution, 40: 315-322.

McDonald J F and Kreitman M, 1991. Adaptive protein evolution at adh locus in *Drosophila*[J]. Nature, 351: 652-654.

Meuwissen T H E, Hayes B J and Goddard M E, 2001. Prediction of total genetic value using genome-wide dense marker maps[J]. Genetics, 157: 1819-1829.

Millar C I and Libby W J, 1991. Strategies for conserving clinal, ecotypic, and disjunct population diversity in widespread species[C]. In: Falk D A and Holsinger K E. Genetics and conservation of rare plants. New York: Oxford University Press, pp. 149-170.

Misztal I, Legarra Aand Aguilar I, 2009. Computing procedures for genetic evaluation including phenotypic, full pedigree, and genomic information[J]. J. Dairy Sci., 92(9): 4648-4655.

Mitton J B, Sturgeon K B and Davis M L, 1980. Genetic differentiation in ponderosa pine along a steep elevational transect[J]. Silv. Genet., 29: 100-103.

Moran G F and Hopper S D, 1983. Genetic diversity and the insular population structure of the rare granite rock species *Eucalyptus caesia* Benth[J]. Aust. J. Bot., 31: 161-172.

Moran G F, Muona O and Bell J C, 1989. *Acacia mangium*: a tropical forest tree of the coastal lowlands with low genetic diversity[J]. Evolution, 43: 231-235.

Morjan C L and Rieseberg L H, 2004. How species evolve collectively: implications of gene flow and selection for the spread of advantageous alleles[J]. Mol. Ecol., 13: 1341-1356.

Morgenstern E K, Corriveau A G and Fowler D P, 1981. A provenance test of red spruce in nine environments in eastern Canada[J]. Can. J. For. Res., 11: 124-131.

Mosseler A, Egger K N and Hughes G A, 1992. Low levels of genetic diversity in red pine confirmed by random amplified polymorphic DNA markers[J]. Can. J. For. Res., 22: 1332-1337.

Muse S V and Gaut B S, 1994. A likelihood approach for comparing synonymous and nonsynonymous nucleotide substitution rates, with application to the chloroplast genome[J]. Mol. Biol. Evol., 11: 715-724.

Nagylaki T, 1975. Conditions for the existence of clines[J]. Genetics, 80: 595-615.

Nagylaki T, 1976. Clines with variable migration[J]. Genetics, 83: 867-886.

Nagylaki T, 1978a. Random genetic drift in a cline[J]. Proc. Natl. Acad. Sci. USA, 75: 423-426.

Nagylaki T, 1978b. Clines with asymmetric migration[J]. Genetics, 88: 813-827.

Nagylaki T, 1979. The island model with stochastic migration[J]. Genetics, 91: 163-176.

Nagylaki T, 1983. The robustness of neutral models of geographical variation[J]. Theor. Popul. Biol., 24: 268-294.

Narain P, 1993. Population genetics of quantitative characters[C]. In: Majumder P P. Human Population Genetics: a Centennial Tribute to J. B. S. Haldane. pp31-47. New York: Plenum Press.

Namkoong G, 1986. Genetics and the forests of the future[J]. Unasylva, 38: 2-18.

Namkoong G, 1998. Genetic diversity for forest policy and management[C]. In: Bunnell F L and Johnson J F. Policy and Practices for Biodiversity in Managed Forests: the Living Dance. pp30-44. Vancouver: UBC Press.

Nei M, 1972. Genetic distance between populations[J]. Am. Nat, 106: 283-292.

Nei M, 1973. Analysis of gene diversity in subdivided populations[J]. Proc. Natl. Acad. Sci. USA, 70:

3321-3323.

Nei M, 1975. The bottleneck effect and genetic variability in populations[J]. Evolution, 29: 1-10.

Nei M, 1977. F-statistics and analysis of gene diversity in subdivided populations[J]. Ann. Hum. Genet., 41 (2): 225-233.

Nei M and Feldman M W, 1972. Identity of genes by descent within and between populatians under mutation and migration pressures[J]. Theor. Biol., 3: 460-465.

Nei M, Maruyama T and Chakraborty R, 1975. The bottleneck effect and genetic variability in populations[J]. Evolution, 29: 1-10.

Nei M and Tajima F, 1981. Genetic drift and estimation of effective population size[J]. Genetics, 98: 625-640.

Nielsen R and Wakeley J, 2001. Distinguishing migration from isolation: a Markov chain Monte Carlo approach [J]. Genetics, 158: 885-896.

Nilsson-Ehle H, 1909. Kreuzungsuntersuchungen an Hafer und Weizen[J]. Lunds Univ. Arsskrif, n. s., series 2, 5(2): 1-122.

Nordborg M, Charlesworth B and Charlesworth D, 1996. The effect of recombination on background selection[J]. Genet. Res., 67: 159-174.

Office of Technology Assessment (OTA), 1987. Technologies to maintain biological diversity[R]. U. S. Government Printing Office, Washington, D. C.

Ohta T and Kimura M, 1970. Development of associative overdominance through linkage disequilibrium in finite populations[J]. Genet. Res., 16: 165-177.

Palstra F P and Ruzzante D E, 2008. Genetic estimates of contemporary effective population size: what can they tell us about the importance of genetic stochasticity of wild population persistence[J]. Mol. Ecol., 17: 3428-3447.

Palumbi S R, Cipriano F and Hare M P, 2001. Predicting nuclear gene coalescence from mitochondrial data: the three-times rule[J]. Evolution, 55: 859-868.

Patterson N, Price A L and Reich D, 2006. Population structure and eigenanalysis[J]. PLoS Genet., 2: e190

Pickrell J K and Pritchard J K, 2012. Inference of population splits and mixtures from genome-wide allele frequency data[J]. PLoS Genet., 8(11): e1002967.

Pickup M, Barton, N H, Brandvain Y, et al., 2019. Mating system variation in hybrid zones: facilitation, barriers and asymmetries to gene flow[J]. New Phytol., 224: 1035-1047.

Pons O and Petit R J, 1996. Measuring and testing genetic differentiation with ordered versus unordered alleles [J]. Genetics, 144: 1237-1245.

Pool J E and Nielsen R, 2009. Inference on historical changes in migration rate from the lengths of migrant tracts [J]. Genetics, 181: 711-719.

Pritchard J K, Stephens M and Donnely P, 2000. Inference of population structure using multilocus genotype data [J]. Genetics, 155: 945-959.

Pritchard J K, Seielstad M T, Perez-Lezaun A, et al., 1999. Population growth of human Y chromosomes: A study of Y chromosome microsatellites[J]. Mol. Biol. Evol., 16: 1791-1798.

Prout T, 1965. The estimation of fitness from genotypic frequencies[J]. Evolution, 19: 546-551.

Provan J, Powell W and Hollingsworth P M, 2001. Chloroplast microsatellites: new tools for studies in plant ecology and evolution[J]. Trends Ecol. Evol., 16: 142-147.

Prunier J, Giguère I, Ryan N, et al., 2019. Gene copy number variations involved in balsam poplar (Populus balsamifera L.) adaptive variations[J]. Mol. Ecol., 28: 1476-1490.

Rannala B and Hartigan J A, 1995. Identity by descent in island–mainland populations[J]. Genetics, 139: 429-437.

Rannala B and Hartigan J A, 1996. Estimating gene flow in island populations[J]. Genet. Res., 67: 152-160.

Razanajatovo M, Maurel N, Dawson W, et al., 2016. Plants capable of selfing are more likely to become naturalized[J]. Nat. Commun., 7: 13313.

Rehfeldt G E, Hoff R J and Steinhoff R J, 1984. Geographic patterns of genetic variation in Pinus monticola[J]. Bot. Gazette, 145: 229-239.

Ritland K, 2002. Extensions of models for the estimation of mating systems using n independent loci[J]. Heredity, 88: 221-228.

Ritland K, 1996a. Estimators for pairwise relatedness and inbreeding coefficients[J]. Genet. Res., 67: 175-186.

Ritland K, 1996b. A marker–based method for inferences about quantitative inheritance in natural populations [J]. Evolution, 50: 1062-1073.

Robertson A, 1967. The nature of quantitative variation[C]. In: Brink R A and Styles E D. Heritage from Mendal. Madison: Univ. Wisconsin Press, pp. 265-280.

Rogstad S H, 1996. Assessing genetic diversity in plants with synthetic tandem repetitive DNA probes[C]. In: Gustafson J P and Flavell R B. Genomes of plants and animals. stadler genetics symposia series. Boston: Springer, pp. 1-14.

Rosenberg N A, 2003. The shapes of neutral gene genealogies in two species: probabilities of monophyly, paraphyly, and polyphyly in a coalescent model[J]. Evolution, 57: 1465-1477.

Ross–Ibarra J, Wright S I, Foxe J P, et al., 2008. Patterns of polymorphism and demographic history in natural populations of Arabidopsis lyrata[J]. PLoS ONE, 3: e2411.

Roughgarden J, 1979. Theory of population genetics and evolutionary ecology: an introduction[M]. New York: Macmillan Publishing Co., Inc.

Rousset F, 1997. Genetic differentiation and estimation of gene flow from F–statistics under isolation by distance [J]. Genetics, 145: 1219-1228.

Rousset F, 2000. Genetic differentiation between individuals[J]. J. Evol. Biol., 13: 58-62.

Sabeti P, Reich D, Higgins J M, et al., 2002. Detecting recent positive selection in the human genome from haplotype structure[J]. Nature, 419: 832-837.

Satterthwaite F E, 1946. An approximate distribution of estimates of variance components[J]. Biometrics Bull., 2: 110-114.

Schrider D R, Ayroles J, Matute D R, et al., 2018. Supervised machine learning reveals introgressed loci in the genomes of Drosophila simulans and D. sechellia[J]. PLoS Genet., 14: e1007341.

Slatkin M, 1973. Gene flow and selection in a cline[J]. Genetics, 75: 733-756.

Slatkin M, 1985. Rare alleles as indicator of gene flow[J]. Evolution, 39: 53-65.

Slatkin M, 1995. A measure of population subdivision based on microsatellite allele frequencies[J]. Genetics, 139: 457-462.

Slatkin M and Barton N H, 1989. A comparison of three indirect methods for estimating average levels of gene flow [J]. Evolution, 43: 1349-1368.

Slatkin M and Maddison W P, 1989. A cladistic measure of gene flow inferred from the phylogenies of alleles[J]. Genetics, 123: 603-613.

Slatkin M and Maruyama T, 1975. Genetic drift in a cline[J]. Genetics, 81: 209-222.

Smouse P E, Dyer R J, Westfall R D, et al., 2001. Two generation analysis of pollen flow across a landscape. I.

Male. gamete heterogenecity amony female[J]. Evolution, 55: 260-271.

Smouse P E and Sork V L, 2004. Measuring pollen flow in forest trees: an exposition of alternative approaches [J]. For. Ecol. Manag. , 197: 21-38.

Slatkin M and Wiehe T, 1989. Genetic hitch-hiking in a subdivided population [J]. Genet. Res. , 71: 155-160.

Slotte T, Hazzouri K M, Agren J A, *et al.* , 2013. The *Capsella rubella* genome and the genomic consequences of rapid mating system evolution[J]. Nat. Genet. , 45: 831-837.

Smouse P E, Dyer R J, Westfall R D, *et al.* , 2001. Two-generation analysis of pollen flow across a landscape. I. Male gamete heterogeneity among females[J]. Evolution, 55: 260-271.

Sokal R R and Oden N L, 1978a. Spatial autocorrelation in biology 1: methodology[J]. Biol. J. Linn. Soc. , 10: 199-228.

Sokal R R and Oden N L, 1978b. Spatial autocorrelation in biology 2: Some biological implications and four applications of evolutionary and ecological interest[J]. Biol. J. Linn. Soc. , 10: 229-248.

Sousa V and Hey J, 2013. Understanding the origin of species with genome-scale data: modeling gene flow[J]. Nat. Rev. Genet. , 14: 404-414.

Squillace A E, 1964. Geographic variation in slash pine (*Pinus elliottii* Engelm. )[D]. Ph. D. Thesis, University of Florida.

Squillace A E, 1971. Inheritance of monoterpene composition in cortical oleoresin of slash pine[J]. For. Sci, 17: 381-387.

Strasburg J L and Rieseberg L H, 2010, How robust are "isolation with migration" analyses to violations of the IM model? A simulation study[J]. Mol. Biol. Evol. , 27: 297-310.

Sved J A and Feldman M W, 1973. Correlation and probability methods for one and two loci[J]. Theor. Popul. Biol. , 4: 129-132.

Takahata N, 1983. Gene identity and genetic differentiation of populations in the finite island[J]. Genetics, 104: 497-512.

Takahata N and Nei M, 1984. Fst and Gst statistics in the finite island model[J]. Genetics, 107: 501-504.

Tajima F, 1983. Evolutionary relationship of DNA sequences in finite populations[J]. Genetics, 105: 437-460.

Tajima F, 1989. Statistical method for testing the neutral mutation hypothesis by DNA polymorphism[J]. Genetics, 123: 585-595.

Tajima F, 1996. Infinite-allele model and infinite-site model in population genetics[J]. J. Genet. , 75: 27-31.

Tang H, Peng J, Wang P, *et al.* , 2005, Estimation of individual admixture: analytical and study design consideration[J]. Genet. Epidemiol. , 28(4): 289-301.

Tavare S, Balding D J, Griffiths R C, *et al.* , 1997. Inferring coalescence times from DNA sequence data[J]. Genetics, 145: 505-518.

Templeton A R, Boerwinkle E and Sing C F, 1987. A cladistic analysis of phenotypic associations with haplotypes inferred from restriction endonuclease mapping. I. Basic theory and an analysis of alcohol dehydrogenase activity in *Drosophila*[J]. Genetics, 117: 343-351.

Templeton A R, Crandall K A and Sing C F, 1992. A cladistic analysis of phenotypic associations with haplotypes inferred from restriction endonuclease mapping and DNA sequence data. III. Cladogram estimation[J]. Genetics, 132: 619-633.

Templeton A R, Routman E and Phillips C A, 1995. Separating population structure from population history: a cladistic analysis of the geographical distribution of mitochondrial DNA haplotypes in the tiger salamander, *Ambystoma tigrinum*[J]. Genetics, 140(2): 767−782.

Teshima K M and Tajima F, 2002. The effect of migration during the divergence[J]. Theor. Popul. Biol., 62: 81−95.

Tibshirani R, 1996. Regression analysis and selection via the Lasso[J]. J Roy. Stat. Soc. Ser. B, 58: 267−288.

Tufto J, Engen S and Hinder K, 1996. Inferring patterns of migration from gene frequencies under equilibrium conditions[J]. Genetics, 144: 1911−1921.

Turelli M, 1984. Heritable genetic variation via mutation−selection balance: Lerch's zeta meets the abdominal bristle[J]. Theor. Popul. Biol., 25: 138−193.

Turelli M, 1988. Population genetic models for polygenic variation and selection[C]. In: Weir B S, Eisen E J, Goodman M M, *et al.*, Proceedings of the Second International Conference on Quantitative Genetics. pp 601−618. Sinauer Associates Inc., Sunderland.

Turelli M and Barton N H, 1990. Dynamics of polygenic characters under selection[J]. Theor. Popul. Biol., 36: 1−57.

Turner B M and Van Zandt T, 2012. A tutorial on approximate Bayesian computation[J]. J. Math. Psychol., 56: 69−85.

Van Raden P M, 2008. Efficient methods to compute genomic predictions[J]. J. Dairy Sci. 1991(11): 4414−4423.

Vitalis R and Couvet D, 2001. Estimation of effective population size and migration rate from one-and two-locus identity measures[J]. Genetics, 157: 911−925.

Von Rudloff E, Lapp M S and Yeh F C, 1988. Chemosystematic study in western red cedar: Multivariate analysis of leaf oil terpene composition[J]. Bioch. Syst. Ecol., 16: 119−125.

Wahlund S, 1928. Zusammensetzung von Populationen und Korrelationserscheinungen von Standpunkt der Vererbungslehre aus betrachtet[J]. Hereditas, 11: 65−106.

Walsh B and Lynch M, 2018. Evolution and Selection of Quantitative Traits[M]. New York: Sinauer Associates; Oxford: Oxford University Press.

Walter R and Epperson B K, 2001. Geographic pattern of genetic variation in *Pinus resinosa*: area of greatest diversity is not the origin of postglacial populations[J]. Mol. Ecol., 10: 103−111.

Walter R and Epperson B K, 2005. Geographic pattern of genetic diversity in Pinus resinosa: contact zone between descendants of glacial refugia[J]. Am. J. Bot., 92: 92−100.

Wang J L, 2005. Estimation of effective population sizes from data on genetic markers[J]. Phil. Tran. Biol. Sci., 360: 1395−1409.

Wang J L and Whitlock M C, 2003. Estimating effective population size and migration rates from genetic samples over space and time[J]. Genetics, 163: 429−446.

Wang Y and Hey J, 2010. Estimating divergence parameters with small samples from a large number of loci. Genetics, 184: 363−379.

Waples R S, 1989. A generalised approach for estimating effective population size from temporal changes in allele frequency[J]. Genetics, 121: 379−391.

Watterson G A, 1975. On the number of segregating sites in genetical models without recombination[J]. Theor. Popul. Biol., 7: 256−276.

Webber J E and Yeh F C, 1987. Test of the first on, first in pollination hypothesis in coastal Douglas fir[J]. Can. J. For. Res., 17: 63−68.

Wei R P, Han S D, Dhir N K, *et al.*, 2004. Population variation in growth and 15−year−old shoot elongation along geographic and climatic gradients in black spruce in Alberta[J]. Can. J. For. Res. , 34: 1691-1702.

Weinberg W, 1908. Uber den nachweis der vererbung beim menschen. Jahreshaft Verein f. vaterlandish[J]. Naturkunde Wurttemberg, 64: 368-382.

Weir B S, 1996. Genetic Data Analysis II: Methods for Discrete Population Genetic Data[M]. Sunderland, Massachusetts: Sinauer Associates, Inc. Publishers.

Weir B S, Allard R W and Kahler A L, 1974. Further analysis of complex allozyme polymorphism in a barley population[J]. Genetics, 78: 911-919.

Weir B S and Cockerham C C, 1978. Testing hypotheses about linkage disequilibrium with multiple alleles[J]. Genetics, 88: 633-642.

Weir B S and Cockerham C C, 1984. Estimating F-statistics for the analysis of population structure. Evolution, 38(6): 1358-1370.

Weir B S and Cockerham C C, 1989. Complete characterization of disequilibrium at two loci[C]. In: Feldman M E. Mathematical Evolutionary Theory. pp. 86-110. Princeton University Press, Princeton.

Weir B S and Hill W G, 1980. Effect of mating structure on variation in linkage disequilibrium[J]. Genetics, 95: 477-488.

Weiss G M and Kimura M, 1965. A mathematical analysis of the stepping stone model of genetic correlation[J]. J. Appl. Prob. , 2: 129-149.

Westfall R D and Conkle M T, 1992. Allozyme markers in breeding zone designation[J]. New Forests, 6: 279-309.

White T L and Ching K K, 1985. Provenance study of Douglas-fir in the Pacific Northwest region. Ⅳ. Field performance at age 25 years[J]. Silv. Genet. , 34: 84-90.

Whitlock M C, 1992. Temporal fluctuation in demographic parameters and the genetic variance among populations [J]. Evolution, 46: 608-615.

Wilson G A and Rannala B, 2003. Bayesian inference of recent migration rates using multilocus genotypes[J]. Genetics, 163: 1177-1191.

Wilkinson-Herbots H M, 2015. A fast method to estimate speciation parameters in a model of isolation with an initial period of gene flow and to test alternative evolutionary scenarios[R]. Available from: URL: https: //arxiv. org/abs/1511. 05478.

Workman P L and Jain S K, 1966. Zygotic selection under mixed random mating and self-fertilization: theory and problems of estimation[J]. Genetics, 54: 159-171.

Wolfe K H, Li W H and Sharp P M, 1987. Rates of nucleotide substitution vary greatly among plant mitochondrial, chloroplast, and nuclear DNAs[J]. Proc. Natl. Acad. Sci. USA, 84: 9054-9058.

World Resources Institute, 1994. World Resources 1994-1995: A report by the World Resources Institute in collaboration with the United Nations Environment Programme and the United Nations Development Programme [R]. New York, NY: Oxford University Press.

Wright S, 1921. Systems of mating. II. The effects of inbreeding on the genetic composition of a population[J]. Genetics, 6: 111-123.

Wright S, 1931. Evolution in Mendelian populations[J]. Genetics, 16: 97-159.

Wright S, 1937. The Distribution of gene frequencies in populations[J]. Proc. Natl. Acad. Sci. USA, 23: 307-320.

Wright S, 1940. The statistical consequences of Mendelian heredity in relation to speciation[C]. In: Huxley JS. The New Systematics. London: Oxford Univ. Press, pp. 161-183.

Wright S, 1942. Statistical genetics and evolution[J]. Bull. Amer. Math. Soc. , 48: 223-246.

Wright S, 1943. Isolation by distance[J]. Genetics, 28: 114-138.

Wright S, 1946. Isolation by distance under diverse systems of mating[J]. Genetics, 31: 39-59.

Wright S, 1949. Adaptation and selection[C]. In: Jepson G L, Simpson G G and Mayr E. Genetics, Paleontology and Evolution. Princeton: Princeton University Press. pp365-389.

Wright S, 1951. The genetic structure of populations[J]. Ann. Eugen. , 15: 323-354.

Wright S, 1955. Classification of the factors of evolution[J]. Cold Spring Harbor Symposium on Quantitative Biology, 20: 16-24.

Wright S, 1969. Evolution and the genetics of populations Vol. 2. the theory of gene frequencies[M]. Chicago: Univ. of Chicago Press.

Wright S, 1977. Evolution and the Genetics of populations. Volume 3: experimental results and evolutionary deductions[M]. Chicago: The Univ. of Chicago Press.

Wright S, 1978. Evolution and the genetics of populations. Vol. 4. variability within and among natural populations[M]. Chicago: Univ. of Chicago Press.

Wright S, 1982. The shifting balance theory and macroevolution[J]. Ann. Rev. Genet. , 16: 1-19.

Wu H X M, Yeh F C, Dhir N K, et al. , 1997. Genotype-by-environment interaction and genetic correlation of greenhouse and early field performance of lodgepole pine[J]. Silv. Genet. , 46: 170-175.

Wu W R and Li W M, 1994. A new approach for mapping quantitative trait loci using complete genetic marker linkage maps[J]. Theor. Appl. Genet. , 89: 535-539.

Xie C, Dancik B P and Yeh F C, 1992. The genetic structure in natural populations of *Thuja orientalis* Linn[J]. Bioch. Syst. Ecol. , 20: 433-441.

Xie C Y and Ying C C, 1996. Heritabilities, age-age correlations, and early selection in lodgepole pine (*Pinus contorta* ssp. *latifolia*) [J]. Silv. Genet. , 45: 101-105.

Yang Z, 2010. A likelihood ratio test of speciation with gene flow using genomic sequence data[J]. Genome Biol. Evol. , 2: 200-211.

Yang Z, 1998. Likelihood ratio tests for detecting positive selection and application to primate lysozyme evolution [J]. Mol. Biol. Evol. , 15: 568-573.

Yang Z, 2006. Computational Molecular Evolution[M]. London: Oxford University Press.

Yates F, 1934. Contingency tables involving small numbers and the $X^2$ test[J]. J. Roy. Stat. Suppl. , 1: 217-235.

Yeh F C, 1988. Isozyme variation of *Thuja plicata* in British Columbia[J]. Bioch. Syst. Ecol. , 16: 373-377.

Yeh F C, 1989. Isozyme analysis for revealing population structure for use in breeding strategies[C]. In Gibson G L, Griffin A R. and Matheson A C. Breeding Tropical Trees: Population Structure and Genetic Improvement Strategies in Clonal and Seedling Forestry. Oxford: Oxford Forestry Institute and Arlington: Winrock International, pp. 119-131.

Yeh F C and Arnott J T, 1986. Electrophoretic and morphological differentiation of *Picea sitchensis*, *P. glauca*, and their hybrids[J]. Can. J. For. Res. , 16: 791-798.

Yeh F C, Cheliak W M, Dancik B P, et al. , 1985. Population differentiation in lodgepole pine, *Pinus contorta* spp. *latifolia*: a discriminant analysis of allozyme variation[J]. Can. J. Genet. Cytol. , 27: 210-218.

Yeh F C, Chong K X and Yang R C, 1995. RAPD variation within and among natural populations of trembling aspen (*Populus tremuloides*) from Alberta[J]. J. Heredity, 86: 454-460.

Yeh F C and Hu X S, 2005. Genetic structure and migration from mainland to island populations in *Abies procera*

Rehd[J]. Genome, 48: 461-473.

Yeh F C and Layton C, 1979. The organization of genetic variability in central and marginal populations of lodge-pole pine *Pinus contorta* spp. *latifolia*[J]. Can. J. Genet. Cytol. , 21: 487-503.

Yeh F C and O'Malley D M, 1980. Enzyme variation in natural populations of Douglas fir, *Pseudotsuga menziesii* (Mirb. ) Franco from British Columbia. I. Genetic variation patterns in coastal populations[J]. Sil. Genet. , 29: 83-92.

Yeh F C, Shi J S, Yang R C, *et al.* , 1994. Genetic diversity and multilocus associations in *Cunninghamia Lanceolata* (Lamb. ) Hook from People's Republic of China[J]. Theor. Appl. Genet. , 88: 465-471.

Yeh F C, Chong K X and Yang R C, 1995. RAPD variation within and among natural populations of trembling aspen (*Populus tremuloides*) from Alberta[J]. J. Heredity, 86: 454-460.

Yuan J Q, Fang Q, Liu G H, *et al.* , 2019. Low divergence among natural populations of *Cornus kousa* subsp. *chinensis* revealed by ISSR markers[J]. Forests, 10: 1082.

Zeng K, Fu Y X, Shi S, *et al.* , 2006. Statistical tests for detecting positive selection by utilizing high-frequency variants[J]. Genetics, 174: 1431-1439.

Zeng Z B, 1993. Theoretical basis for separation of multiple linked gene effects in mapping of quantitative trait loci [J]. Proc. Natl. Acad. Sci. USA 90: 10972-10976.

Zeng Z B, 1994. Precision mapping of quantitative trait loci[J]. Genetics, 136: 1457-1468.

Zhang D Q and Zhang Z Y, 2005. Single nucleotide polymorphisms (SNPs) discovery and linkage disequilibrium (LD) in forest trees[J]. Forestry Study in China, 7: 1-14.

Zhang X X, Cheng X, Li L L, *et al.* , 2020. The wave of gene advance under diverse systems of mating[J]. Heredity, 125: 253-268.

Zhao Z, Guo C, Sutharzan S, *et al.* , 2014. Genome-wide analysis of tandem repeats in plants and green algae [J]. G3 (Bethesda, Md. ), 4(1): 67-78.

Zheng Y and Janke A, 2018. Gene flow analysis method, the D-statistic, is robust in a wide parameter space [J]. BMC Bioinf. , 19: 10.

Zhou W, Zhang X X, Ren Y, *et al.* , 2020. Mating system and population structure in the natural distribution of *Toona ciliata* (Meliaceae) in South China[J]. Sci. Rep. , 10: 16998.

Zhu T and Yang Z, 2012. Maximum likelihood implementation of an isolation-with-migration model with three species for testing speciation with gene flow[J]. Mol. Biol. Evol. , 29: 3131-3142.

Zobel B, 1977. Gene conservation - as viewed by a forest tree breeder[J]. For. Ecol. Manag. , 1: 339-344.

Zobel B and Talbert J, 1984. Applied forest tree improvement[M]. New York: John Wiley & Sons Inc.

# 附　录

## 附录1　专业词汇表

绝对适合度（absolute fitness）

加性效应（additive effect）

加性方差（additive genetic variance）

等位基因频率分布（allele frequency distribution）

等位基因频率谱（allele frequency spectrum，AFS）

基因家谱/基因树（allele genealogy）

异域物种形成（allopatric speciation）

同工酶（allozyme）

扩增片段长度多态性（amplified fragment length polymorphisms，AFLP）

分子方差分析（analysis of molecular variance，AMOVA）

近似贝叶斯计算（approximate Bayesian computation，ABC）

选型交配（assortative mating）

背景选择（background selection）

贝克定律（Baker's law）

平衡选择（balancing selection）

最优线性无偏估计（best linear unbiased estimator，BLUE）

贝叶斯定理（Bayes theorem）

最优线性无偏预测（best linear unbiased predictor，BLUP）

贝塔分布（Beta distribution）

二叉树（bifurcating tree）

二项分布（binomial distribution）

自助抽样（bootstrap sampling）

瓶颈效应（bottleneck effect）

分枝—位点模型（branch-site model）

育种者方程（breeder's equation）

育种值（breeding value）

广义遗传力（broad sense heritability）

向心选择（centripetal selection）

特征长度（characteristic length）

进化枝分析（clade analysis）

渐变群（cline）

溯祖理论（coalescent theory）

同质园试验（common-garden experiments）

复合区间定位分析（composite interval mapping，CIM）

复合选择（compound selection）

置信区间（confidence interval，CI）

拷贝数变异体（copy number variation，CNV）

协方差（covariance）

细胞核质系统（cytonuclear system）

双列杂交（diallels）

扩散过程（diffusion process）

定向选择（directional selection）

狄利克雷分布（Dirichlet distribution）

歧化选择（disruptive selection）

显性效应（dominant effect）

显性方差（dominance genetic variance）

生态杂交带（ecological zone）

有效群体大小（effective population size）

环境方差（environmental variance）

上位性效应（epistasis）

进化过程（evolutionary process）

E-M 算法（expectation-maximization algorithm）

迁地保护（ex situ conservation）

生育力选择（fecundity selection）

费希尔基本自然选择定理（Fisher's fundamental theorem of natural selection）

适合度（fitness）

奠基者效应（founder effect）

频率依赖性选择（frequency-dependent selection）

F-统计量（F-statistics）

全同胞家系（full-sibs）

基因流（gene flow）

谱系物种（genealogical species）

基因频率（gene frequency）

基因渐渗（gene introgression）

一般配合力（general combining ability，GCA）

遗传漂变（genetic drift）

遗传增益(genetic gain)

基因树(gene tree)

遗传搭乘效应(genetic hitchhiking effect)

遗传标记(genetic marker)

亲缘关系(genetic relatedness)

遗传抽样(genetic sampling)

基因组选择(genomic selection, GS)

基因组自交综合症状(genomic selfing syndrome)

全基因组关联分析(genome-wide association study, GWAS)

基因型频率(genotype frequency)

基因分型(genotyping)

地理变异(geographic variation)

吉布斯抽样(Gibbs sampling)

半同胞家系(half-siblings)

单倍型网络(haplotype network)

哈迪—温伯格定律(Hardy-Weinberg law)

遗传力(heritability)

理想群体(ideal population)

血缘相同(identity by descent, IBD)

近交系数(inbreeding coefficient)

近交有效群体大小(inbreeding effective population size)

无限等位基因模型(infinite alleles model)

无限位点模型(infinite sites model)

原地保护(in situ conservation)

区间定位方法(interval QTL mapping, IM)

简单序列重复区间扩增(inter simple sequence repeats, ISSR)

组内相关(intraclass correlation)

岛屿模型(island model)

距离隔离(isolation by distance)

隔离—起始迁移模型(isolation-with-initial-migration model, IIM)

隔离—迁移模型(isolation-with-migration, IM)

刀切法(Jackknife)

似然函数(likelihood function)

谱系分选(lineage sorting)

连锁不平衡(linkage disequilibrium, LD)

连锁构相(linkage phase)

大陆—岛屿(mainland-island model)

主效基因(major gene)

曼哈顿图(Manhattan plot)

分子标记辅助选择(marker-assisted selection，MAS)

马尔科夫链蒙特卡罗抽样(Markov Chain Monte Carlo sampling，MCMC)

交配系统(mating system)

最大似然估计(maximum-likelihood estimates，MLE)

减少分裂驱动(meiotic drive)

集合群体(metapopulation)

矩法(method of moment，MM)

迁移(migration)

迁移—溯祖过程(migration-coalescent process)

迁移负荷(migration load)

最小等位基因频率(minor allele frequency，MAF)

失配分布(mismatch distribution)

混合线性模型(mixed linear model)

混合模型方程(mixed-model equations，MME)

分子钟(molecular clock)

单系(monophyly)

多叉树(multifurcating tree)

多项分布(multinomial distribution)

多基因假(multiple factor hypothesis)

突变(mutation)

突变负荷(mutation load)

狭义遗传力(narrow sense heritability)

自然选择(natural selection)

近中性理论(nearly neutral theory)

负选择(negative selection)

嵌套进化枝分析(nested clade analysis)

中性理论(neutral theory)

非加性效应(non-additive effects)

非同义突变(non-synonymous substitution)

北卡罗来纳Ⅱ设计(North Carolina design Ⅱ，NCII)

异交群体(outbred population)

邻域物种形成(parapatric speciation)

并系(paraphyly)

亲本分析(parentage analysis)

系统树(phylogeny)

谱系地理(phylogeography)

点估计(point estimate)

多态性(polymorphism)

聚合酶链式反应(polymerase chain reaction, PCR)

复系(polyphyly)

群体遗传结构(population genetic structure)

正选择(positive or Darwin selection)

后验分布(posterior probability distribution)

先验分布(prior probability distribution)

种源试验(provenance trials)

纯化选择(purifying selection)

准平衡(quasi-equilibrium)

数量性状基因定位(quantitative trait locus mapping, QTL)

随机扩增多态性 DNA (random amplified polymorphic DNA, RAPD)

随机过程(random process)

随机位点模型(random site model)

现实遗传力(realized heritability)

重组(recombination)

回复突变(recurrent mutation)

相对适合度(relative fitness)

选择响应(response to selection)

限制性片段长度多态性(restriction fragment length polymorphisms, RFLP)

限制性最大似然(restricted maximum likelihood, REML)

岭回归(ridge regression)

分离位点(segregating sites)

选择组分(selection components)

选择差(selection differential)

选择指数(selection index)

选择强度(selection intensity)

自交不亲和(self-incompatibility, SI)

自交综合症状(selfing syndrome)

序列相关扩增多态性 (sequence related amplifiedpolymorphism, SRAP)

转移平衡理论(shifting balance theory, SBT)

短串联重复序列(short tandem repeat, STR)

位点—频率谱(site-frequency spectrum)

简单序列重复 (simple sequence repeat, SSR)

单步基因组最优线性无偏预测(single-step genomic best linear unbiased prediction, ssGBLUP)

特殊配合力(special combining ability, SCA)

随机选择(stochastic selection)

选择系数(selection coefficient)

选择清除效应(selective sweep)

短串联重复序列(short tandem repeat, STR)

单核苷酸多态性 (single nucleotide polymorphisms, SNPs)

位点—频率谱(site-frequency spectrum)

稳态分布(stationary distribution)

统计简约网络(statistical parsimony network)

统计抽样(statistical sampling)

同域物种形成(sympatric speciation)

同义突变(synonymous substitutions/mutation)

Tajima D 测验(Tajima's D test)

张力型杂交带(tension zone)

训练群体(training population)

转换(transition)

颠换(transversion)

三重测交(triple test cross)

行波(traveling wave)

树木改良(tree improvement)

验证群体(validation population)

可变数目串联重复序列 (variable number of tandem repeat, VNTR)

方差有效群体大小(variance effective population size)

华伦德效应(Wahlund effect)

# 附录 2　物种学名

高加索冷杉[*Abies equi-trojani* (Asch. & Sint. ex Boiss.) Mattf.]

壮丽冷杉(*Abies procera* Rehd)

马占相思(*Acacia mangium* Willd.)

荠菜(*Capsella rubella* Reut.)

巨牡蛎(*Crassostrea gigas* Thunberg)

角牡蛎(*Crassostrea angulate* Lamark)

拟暗果蝇(*Drosophila pseudoobscura*)

波斯果蝇(*Drosophila persimilis*)

赤桉(*Eucalyptus camaldulensis* Dehnh.)

蓝桉(*Eucalyptus globulus* Labill.)

地梅芥属(*Leavenworthia* Torr.)

苦楝(*Melia azedarach* L.)

塞尔维亚云杉[*Picea omorika* (Pancic) Mast.]

湿地松(*Pinus elliottii* Engelm.)

红松(*Pinus resinosa* Ait)

火炬松(*Pinus taeda* Linn. )

花旗松[*Pseudotsuga menziesii* (Mirb. ) Franco]

香榧松(*Pinus torreyana* Parry ex Carriere)

加州蒲葵[*Washingtonia filifera* (Linden ex André) H. Wendl. ex de Bary]